A MESSIEURS

DE

L'INSTITUT DE FRANCE.

MESSIEURS,

Encouragé à l'étude par l'exemple que vous ne cessez de donner ; animé du désir de me rendre utile à mes concitoyens ; jaloux de vous faire connaître la profonde admiration que m'inspire votre mérite, j'ai entrepris ce *Traité*, et je satisfais au plus pressant besoin de mon cœur en vous le présentant. Puisse-t-il être digne de fixer votre attention !

Je n'ose m'en flatter ; mais, en vous en faisant l'hommage, je compte, Messieurs, sur votre indulgence, persuadé, comme je le suis, que si je n'ai pas entièrement atteint le but que je m'étais proposé, et aplani les difficultés sans nombre que rencontrent ceux qui se livrent aux mathématiques , vous reconnaîtrez du moins que j'ai fait tous mes efforts pour rendre mon travail utile à notre intéressante et studieuse jeunesse.

Si donc, Messieurs, cet ouvrage était favorablement accueilli de vous, qui, par vos vastes connaissances, honorez non-seulement la France, mais l'Europe entière, à combien plus forte raison n'aurai-je pas lieu d'espérer qu'il le sera du public? Voilà toute mon ambition.

Dans cette attente, Messieurs, j'ai l'honneur d'être, avec la plus haute considération,

Votre très-obéissant serviteur,

BOILLOT.

EXPLICATION

De quelques signes et termes techniques que nous emploierons dans le cours de ce Traité.

$+$ C'est le signe de l'addition ; il veut dire *plus*.

$-$ C'est le signe de la soustraction ; il s'énonce *moins*.

$\times$ C'est le signe de la multiplication ; il signifie *multipliant*, ou *multiplié par*. Ce signe se remplace par le point (.).

: Ces deux points ainsi disposés forment le signe de la division, qui s'énonce *divisé par*. Dans les rapports, proportions et progressions par quotient, ils veulent dire *est à*, et dans l'équidifférence ils signifient *comme*; ils ont la même signification quand ils sont séparés par un trait ($\div$), et placés en avant de l'équidifférence continue et de la progression par différence.

:: Ces quatre points s'énoncent *comme*; ils s'emploient dans les proportions par quotient; ils ont encore la même signification lorsqu'ils sont séparés par un trait ($\dot{\div}$), et qu'ils précèdent la proportion continue et les progressions par quotient.

$\sqrt{}$ C'est le signe radical; il indique *une racine à extraire*.

$=$ C'est le signe de l'égalité; il se prononce *égal*.

$>$ $<$ Ces deux angles servent à désigner l'inégalité entre deux quantités : on place la plus grande de ces deux quantités du côté de l'ouverture de l'angle.

Axiôme. C'est une vérité incontestable, ou une proposition évidente par elle-même.

Théorème. C'est une vérité qui devient évidente à la suite d'une démonstration.

Problème. C'est une question proposée qui exige une solution.

Lemme. C'est une proposition qui prépare la démonstration d'une autre.

Porisme. C'est une proposition à démontrer.

Le nom commun de *proposition* se donne indifféremment aux quatre termes précédens.

Corollaire. C'est la conséquence qui découle d'une ou de plusieurs propositions précédentes.

Hypothèse. C'est une supposition faite soit dans l'énoncé d'une proposition, soit dans le cours d'une démonstration.

PRÉFACE.

L_{ES} Mathématiques sont aujourd'hui
plus que jamais l'objet de nos recherches;
mais les grands hommes qui s'y sont li-
vrés, en s'attachant de préférence aux
parties transcendantes de ces sciences
exactes, semblent avoir voulu laisser à
d'autres le soin de s'occuper de l'Arithmétique, qui en est la base fondamentale, et qui, à ce titre, mérite toute notre
attention : c'est pourquoi j'ai cherché à
présenter le premier germe de ces sciences
naturelles sous ses véritables formes, en

suivant pour la démonstration de chaque proposition un procédé analytique qui conduit toujours de découverte en découverte, et qui va par conséquent du simple au composé, dans une progression telle que les différentes théories et propositions dont je m'occupe successivement, sont classées dans un ordre naturel. Par ce moyen les jeunes-gens pourront acquérir, à l'aide de ce Traité, toutes les connaissances nécessaires pour se livrer aux autres parties des mathématiques.

Dans le cours de mes développemens, j'ai placé entre parenthèses les numéros des propositions auxquelles on aura recours pour faciliter la démonstration.

Afin de rendre ce Traité moins volumineux, j'ai employé deux caractères *différens : le* cicéro *pour tout ce qui est texte et proposition ; et le* petit-romain *pour les exemples et les démonstrations.*

Cet ouvrage fut soumis à l'examen de MM. les membres de l'Institut, dans le courant du mois d'août 1819, sous le titre de Traité Logico - Mathématique - Arithmétique - Analytique. *Trois de ces savans ont été chargés d'en faire le rapport, qu'ils soumirent à l'Académie le 3 avril suivant, et dont la copie précède l'ouvrage que je publie, d'après leurs sages observations, sous le titre plus convenable de* Traité complet d'Arithmétique.

Quant aux incorrections qui ont été signalées dans leur rapport, j'observerai que j'ai mis tous mes soins à les faire disparaître. Je me suis principalement attaché aux remarques qui ont été faites sur l'origine des fractions ordinaires. J'ai supprimé les règles du calcul des nombres décimaux, que je donnais immédiatement après celles du calcul des nombres entiers; mais je n'ai pas cru devoir transposer la génération et la numération des décimales, qui ne sont autre chose qu'une extension du système adopté pour les nombres entiers.

En un mot, je n'ai rien négligé pour me conformer aux justes observations qui m'ont été faites dans le rapport approuvé par l'Académie royale des Sciences, et dont la copie est ci-contre :

Rapport fait à l'Institut sur un Traité Logico-Mathématique-Arithmétique-Analytique.

Le Secrétaire perpétuel de l'Académie, pour les sciences mathématiques, certifie que ce qui suit est extrait du procès-verbal de la séance du lundi 3 avril 1820.

L'académie nous a chargés, MM. Legendre, Poisson et moi, de lui rendre compte d'un *Traité d'Arithmétique* dont nous venons d'énoncer le titre. Ce titre, par sa bizarrerie, n'est pas fait pour prévenir en faveur de l'ouvrage; mais on serait injuste envers l'auteur si l'on n'en jugeait que sur cette indication. Il l'a heureusement oublié pendant qu'il rédigeait son ouvrage, et a présenté en général les matières dont il s'occupe successivement, à peu près de la même manière que tous ceux qui ont publié des traités d'arithmétique élémentaire; mais il a eu soin de choisir presque toujours parmi les différentes méthodes qu'on peut employer pour exposer et démontrer les principes de l'arithmétique, celle qui laisse dans l'esprit des élèves les idées les plus nettes et les plus précises. Ce traité est d'ailleurs très-complet : l'extraction des racines, les diverses applications de l'arithmétique, la partie de la théorie des progressions qui sert à l'exposition de celle des logarithmes, comme on les présente ordinairement quand on veut le faire sans avoir recours à l'algèbre, et cette dernière théorie elle-même, y sont présentées d'une manière satisfaisante.

Nous ne balancerions pas à signaler ce *Traité* comme le meilleur des ouvrages de ce genre, si l'auteur n'avait mêlé à des développemens très-bien faits, à des définitions précises, et à des raisonnemens clairs et rigoureux, des passages où l'on voit avec peine des incorrections et même des fautes trop évidentes pour qu'on ne soit pas surpris de ce qu'elles ont pu lui échapper. Il serait facile de faire disparaître la plupart de ces fautes, telles que la manière dont il énonce les quantités exprimées en décimales, et qui est aussi embarrassante que contraire à l'usage généralement adopté. L'expression, forcer un nombre pour augmenter un nombre; la phrase où il dit le mot *ième* au lieu de la terminaison *ième;* celle où il dit que le cube est formé du carré, comme celui-ci l'est de la racine, etc., etc.

Mais on ne peut se dissimuler qu'il y en a quelques-unes qu'on ne pourrait corriger qu'en faisant des changemens assez considérables dans l'ouvrage. Par exemple, l'auteur a

tiré, comme Euler, la notion des fractions ordinaires de la
nécessité d'exprimer le quotient de la division de deux
nombres entiers quand ce quotient n'est pas lui-même un
nombre entier. Cette manière de présenter les fractions offre
quelques avantages quand on n'a parlé jusqu'alors que de
nombres entiers : mais comment peut-on y avoir recours
lorsqu'on a déjà, en traitant des fractions décimales, en-
seigné à partager l'unité en des parties qu'on a nommées
dixièmes, *centièmes*, non pour exprimer le quotient d'une
division, mais pour mesurer des grandeurs plus petites que
l'unité ?

L'auteur, après avoir donné les règles du calcul des
nombres décimaux, en même temps que celles du calcul des
nombres entiers, d'après des raisonnemens dont il est difficile de se faire une idée bien nette lorsqu'on ne connaît pas
encore les fractions ordinaires, revient, après avoir traité
de ces dernières, au calcul des décimales, et l'expose avec
autant de clarté que de simplicité. Nous pensons qu'il n'aurait dû en parler que dans cet endroit : ce qui aurait rendu
plus facile à saisir le commencement de son *Traité*, et aurait
aplani toutes ces difficultés que présente aux commençans le
calcul des décimales sur lequel sa première manière laisse
tant de nuages, tandis que la seconde peut être regardée

comme un modèle de la précision et de la clarté qui font le principal mérite d'un ouvrage de ce genre.

Tel qu'il est, nous pensons qu'il peut être très-utile pour l'enseignement des premiers élémens des sciences mathématiques, et que l'auteur a droit aux encouragemens de l'académie, si, par une nouvelle rédaction de quelques chapitres, il fait disparaître les défauts dont nous venons de parler, et quelques autres dont il lui sera facile de s'apercevoir en examinant de nouveau son ouvrage dans l'esprit qui a présidé à la plus grande partie de son travail.

Signé POISSON, LEGENDRE, AMPÈRE, *Rapporteurs.*

L'académie approuve le rapport, et en adopte les conclusions.

Certifié conforme à l'original :

Le Secrétaire perpétuel, Chevalier des Ordres royaux de Saint-Michel et de la Légion-d'Honneur,

DELAMBRE.

TRAITÉ COMPLET
D'ARITHMÉTIQUE.

NOTIONS PRÉLIMINAIRES.

1. On appelle *sciences* une collection de connaissances fondées sur des principes sûrs et certains.

Cela posé, les *mathématiques* sont une science exacte* qui a pour objet les *grandeurs* ou les *quantités*.

On entend par grandeur ou quantité ce qui est susceptible d'augmentation ou de diminution. Par cette définition des mathématiques, on voit combien leur champ est vaste.

A l'égard des quantités, il n'en existe aucune d'absolue : car l'absolu détruit toute espèce de comparaison ; tandis que toutes les grandeurs ne sont autre chose que des résultats ou des termes de quelques comparaisons : d'où il suit que rien n'est absolu dans la nature.

Ainsi une chose ou un être quelconque, qui serait pris isolément, ne serait ni grand ni petit : la baleine, par exemple, si on l'éloigne de tous les autres animaux, et qu'ensuite on l'envisage, on ne pourra dire ni qu'elle est grosse, ni qu'elle est petite ; mais si on la rapproche de l'animalcule des infusions, c'est alors que l'on dira qu'elle est grosse, et que celui-ci est petit.

---

* A cette définition des mathématiques, nous ajoutons au mot science celui exacte, parce que ces sciences semblent être au-dessus des autres par leur évidence.

Il résulte de là qu'une quantité n'est grande ou petite qu'autant qu'elle est comparée à une autre qui lui est inférieure ou supérieure, et en même temps *homogène ;* car si l'on comparait des quantités *hétérogènes*, il est évident que l'on ne pourrait en retirer aucun résultat : telle serait la comparaison de l'odeur d'une fleur au son d'une cloche. Donc il faut comparer les odeurs aux odeurs, les sons aux sons, etc. Le résultat de chacune de ces comparaisons se nomme *rapport.* On entendra donc par rapport *le résultat de la comparaison de deux quantités homogènes.*

Comme l'on peut comparer les quantités sous divers points de vue, c'est-à-dire que l'on peut avoir pour but de déterminer ou leur longueur, ou leur pesanteur, etc., il s'ensuit que l'on obtiendra autant de rapports différens que l'on fera de comparaisons différentes ; savoir : dans le premier cas, rapport de longueur ; dans le second, rapport de poids.

Pour comparer ainsi les quantités, il a donc fallu imaginer pour chaque comparaison une autre quantité plus petite et de même espèce que le rapport que l'on veut obtenir : chacune de ces quantités imaginées à cette fin, est appelée *unité.* On entendra donc par unité *une quantité qui sert de terme de comparaison à toutes les quantités de même espèce.*

L'unité de longueur est le *pied-de-roi*, que tout le monde connaît : on s'en sert pour mesurer les petites distances. Lorsqu'il est question de longueurs plus considérables, on se sert de la *toise*, qui est une autre unité de longueur composée de plusieurs fois la première. L'unité de poids est la *livre*, etc. Mais, comme ces sortes d'unités ont été rejetées à cause de leur peu d'uniformité, il est inutile de les définir ici, avec d'autant plus de raison que par la suite nous aurons occasion de nous en occuper lorsque nous traiterons la nouvelle nomenclature des poids et mesures, où nous ferons connaître en outre les rapports qui existent entre ces unités et les nouvelles; mais, en attendant, nous nous servirons de ces anciennes unités comme nous étant plus familières, et par conséquent plus propres à nous faire comprendre l'origine du nombre.

NATURE DU NOMBRE.

2.   Pour bien concevoir la nature du nombre, il suffit de résoudre cette question : déterminer la pesanteur d'un corps quelconque.

A cet effet on mettra le corps en question dans l'un des bassins d'une balance; puis dans l'autre bassin on placera l'unité livre autant de fois qu'il sera nécessaire pour établir l'équilibre des deux bassins. En supposant que l'unité livre ait été prise une fois, plus une fois pour établir cet équilibre, il en résultera, d'après ce qui a été dit, que le rapport de cette comparaison sera une livre, plus une livre; résultat dont on ne peut se rendre compte : mais, afin de l'évaluer d'une manière plus précise, je m'avise de comparer la quantité d'unités le composant, à l'unité même; et la quantité de fois que celle-ci est contenue dans la quantité même, me fournit le *nombre* exprimant le rapport de poids du corps en question. C'est ainsi que, par le secours du nombre, nous parvenons à nous rendre compte de l'idée de pluralité que nous concevons naturellement sur chaque objet qui s'offre à notre vue dans le magnifique tableau de la nature.

Il suit de ce que nous venons de dire *que le nombre est le rapport de l'unité à la quantité, et qu'il peut être considéré comme étant l'assemblage ou la collection de plusieurs unités de même espèce.*

Ainsi, pour former le nombre, il suffit d'ajouter l'unité à elle-même : opération qui, pouvant être répétée indéfiniment, nous fournit une collection indéfinie de nombres qui ne peuvent être distingués les uns des autres que par un nom particulier : ce qui nous conduit à un système de numération.

DE LA NUMÉRATION.

3.   La numération est l'art d'exprimer tous les nombres possibles avec des caractères que l'on appelle *chiffres*; elle offre trois parties, qui sont : 1.º la formation des nombres; 2.º les noms des nombres; 3.º l'écriture en chiffres des nombres.

PREMIÈRE PARTIE.

Formation des Nombres.

4.   Quant à la formation des nombres, il suffit de se rappeler que l'on part de l'unité, qui est le premier nombre. Ce premier nombre, augmenté de l'unité, donne un nouveau nombre, qui, étant augmenté encore de l'unité, en donne un nouveau; ce dernier étant augmenté de l'unité, en donnera encore un nouveau : ainsi de suite. D'après cela, on voit que la quantité des nombres est illimitée; car, quel que soit le nombre que l'on imagine, on en découvre de suite un plus grand en lui ajoutant l'unité. Cette opération pouvant se répéter indéfiniment, il s'ensuit que la limite des nombres est indéfinie. Cette collection indéfinie de nombres nous conduit, comme je l'ai déjà dit, à la né-

cessité de donner à chacun d'eux un nom, afin de pouvoir les distinguer.

DEUXIÈME PARTIE.

Noms des Nombres.

5. On entrevoit d'abord le grand inconvénient que l'on rencontrerait si l'on se proposait d'imaginer un nom pour chaque nombre, puisque leur quantité est illimitée ; mais, afin d'obvier à cet obstacle, on a d'abord donné aux premiers nombres les noms *un, deux, trois, quatre, cinq, six, sept, huit, neuf.* Ce dernier, augmenté de l'unité, donne le nombre *dix*; puis de cette collection de dix unités on a formé un nouvel ordre d'unités nommées *dixaines* : de sorte que l'on comptera autant d'unités dixaines que l'on vient de compter d'unités simples; c'est-à-dire que l'on dira : *une dixaine, deux dixaines, trois dixaines..... et neuf dixaines.* Ces collections d'unités dixaines expriment respectivement les nombres *dix, vingt, trente, quarante, cinquante, soixante, septante, octante* et *nonante.* Comme chaque dixaine se compose des neuf premiers nombres, plus de l'unité, il est évident que, pour aller d'une dixaine à l'autre, on comptera neuf nombres intermédiaires, et qui sont les neuf premiers : en sorte que l'on aura entre dix et vingt les neuf nombres *dix-un, dix-deux, dix-trois, dix-quatre, dix-cinq, dix-six* (et que par bizarrerie on a appelés *onze, douze, treize, quatorze, quinze* et *seize*), *dix-sept, dix-huit* et *dix-neuf*; de vingt à trente on comptera :

*vingt-un, vingt-deux, vingt-trois, vingt-quatre,
vingt-cinq, vingt-six, vingt-sept, vingt-huit*
et *vingt-neuf :* même répétition de trente à quarante, de quarante à cinquante, etc. De cette
manière on arrivera au nombre *nonante-neuf,*
qui est composé des collections de neuf dixaines
et neuf unités simples ; lequel nombre, étant augmenté d'une unité, donne le nombre *cent.* Ce
nombre *cent* est donc composé de neuf dixaines
neuf unités, et plus encore de l'unité, c'est-à-
dire de dix dixaines. Cela étant, on comptera
autant d'unités de cette dernière collection
qu'on en a compté des précédens ordres ; c'est-
à-dire qu'on dira : *une centaine, deux centaines, trois centaines..... et neuf centaines,*
ou *cent, deux cents, trois cents..... et neuf
cents.* Comme chaque centaine est composée
des nonante-neuf premiers nombres, plus de
l'unité, il est évident que l'on doit compter ces
mêmes nonante-neuf premiers nombres d'une
centaine à l'autre ; c'est-à-dire que l'on doit
ajouter successivement chacun d'eux à chacune
des collections de une, de deux, de trois.....
et de neuf centaines, de la même manière que
les neuf premiers de ces nombres ont été ajoutés
à chacune des neuf collections de dixaines : en
opérant ainsi on arrive au nombre *neuf cent
nonante-neuf,* qui se compose des collections
de neuf centaines neuf dixaines et neuf unités.
Ce nombre, étant augmenté de l'unité, donne le
nombre *mille,* qui est par conséquent composé
de dix unités centaines. Cette collection de dix
centaines forme encore un nouvel ordre d'unités nommé *mille :* en sorte que l'on comptera
par mille, comme on a compté par unités sim-

ples, par unités dixaines et centaines. Il n'est donc pas difficile de remarquer que, d'une unité de mille à l'autre, il y a neuf cent nonante-neuf nombres intermédiaires, et qui sont les neuf cent nonante-neuf premiers, puisque chaque unité de mille est elle-même composée de ceux-ci, plus de l'unité : ainsi, ajoutant successivement chacun de ces neuf cent nonante-neuf premiers nombres à chacune des collections de une, de deux, de trois..... et de neuf unités de mille, on arrivera au nombre neuf mille neuf cent nonante-neuf, qui, étant augmenté de l'unité, donne le nombre *dix mille*, qui se compose de dix unités de mille, et qui, par les mêmes raisons que ci-dessus, formera encore un nouvel ordre d'unités nommé *dixaines de mille*. On remarque encore que les mêmes neuf cent nonante-neuf premiers nombres sont intermédiaires entre chacune de ces nouvelles unités à l'autre. Ainsi, en les ajoutant successivement à chacune des collections de une, de deux, de trois..... et de neuf unités de dixaines de mille, on arrive au nombre *nonante-neuf mille neuf cent nonante-neuf*, qui, augmenté de l'unité, donne le nombre *cent mille*, égal à la collection de dix dixaines de mille : en sorte que cette collection de dixaines de mille forme l'ordre des *centaines de mille*, et dont les différentes collections de une, de deux, de trois..... et de neuf unités de cet ordre, ont encore pour intermédiaires les neuf cent nonante-neuf premiers nombres. Chacun de ceux-ci étant ajoutés successivement à la collection de neuf centaines de mille, donnera le nombre *neuf cent nonante-neuf mille neuf cent nonante-*

neuf, qui, augmenté de l'unité, donne le nombre *million.* Comptant autant d'unités millions qu'on en a compté des précédentes, on formera l'ordre des unités millions, qui auront toujours pour intermédiaires les mêmes neuf cent nonante-neuf premiers nombres. Actuellement on formera les dixaines et centaines de millions de la même manière que l'on a formé les dixaines et centaines de mille, et on aura ainsi les unités de cet ordre-là, dont celles de chaque espèce auront encore pour intermédiaires les neuf cent nonante-neuf premiers nombres. Tous ceux-ci étant alors ajoutés successivement à la collection de neuf unités de centaines de millions, et le tout angmenté de l'unité, donne le nombre *billion,* qui lui - même compose encore un nouvel ordre d'unités de ce nom, et dont les unités dixaines et centaines se forment comme celles des millions. On continuera de former ainsi les unités dixaines et centaines de chacun des ordres *trillions, quatrillions, quintillions, sextillions,* etc. ; c'est-à-dire que ces unités seront toujours de dix en dix fois plus grandes ou *décuples.*

Examinant attentivement la liaison de cette infinité d'ordres d'unités continuellement décuples, on voit que l'on peut en simplifier le nombre (si je puis m'exprimer ainsi) en n'en composant qu'un seul avec trois de ceux-ci, et qui seront alors mille fois plus grands ; savoir : 1.º unités, dixaines et centaines pour le premier ordre, qui sera celui des unités simples ; 2.º unités, dixaines et centaines de mille pour le second ordre, qui sera celui des mille ; 3.º mêmes unités de millions, de billions, etc., pour les troisième, quatrième, etc., ordres, qui seront respectivement ceux des millions, des billions, etc.

On remarque sur la formation de ces unités que d'une unité à l'autre de chaque ordre, et même de la plus haute unité de cet ordre à l'unité simple de l'ordre immédiatement supérieur, on compte les neuf cent nonante-neuf premiers nombres; et que de l'une des unités de chaque ordre à celle de même espèce de l'ordre immédiatement supérieur, on compte les nonante-neuf mille neuf cent nonante-neuf premiers nombres.

TROISIÈME PARTIE.

Ecriture en chiffres des nombres.

6. Le but de cette troisième partie de la numération est d'imaginer des caractères pour représenter les nombres, afin d'obvier à l'inconvénient qu'on rencontrerait en effectuant immédiatement sur ces nombres écrits en toutes lettres, les différentes opérations que leur composition et décomposition nécessitent.

La grande difficulté que l'on entrevoit d'imaginer un caractère particulier pour chacun des nombres composant la suite naturelle et indéfinie des nombres, se trouve levée, si l'on se rappelle que, dans leur formation, on a composé des unités continuellement décuples, et qu'alors le plus grand nombre possible d'unités de chaque ordre ne saurait excéder neuf : ce qui fait voir qu'en imaginant des caractères pour les neuf premiers nombres seulement, on pourra avec ceux-ci représenter tous les nombres possibles si on leur donne en outre les deux valeurs ; savoir : valeur *réelle* ou *naturelle*, et valeur *locale*.

La valeur réelle ou naturelle qu'ont les caractères 1, 2, 3, 4, 5, 6, 7, 8 et 9, qui désignent respectivement les nombres *un, deux, trois, quatre, cinq, six, sept, huit* et *neuf*, est une propriété qu'ont ces chiffres d'exprimer toujours le même nombre d'unités. La valeur locale est une autre propriété qu'ont les chiffres d'exprimer des unités de différentes valeurs ; c'est-à-dire que chacun d'eux, 5 par exemple, pourra exprimer cinq unités simples, cinq unités de dixaines, cinq unités de centaines, etc. ; ou bien ils exprimeront des unités de dix en dix fois plus grandes en allant de la droite vers la gauche. Telle est la propriété la plus remarquable du système de numération.

Exemple : Ecrire en chiffres le nombre *cinq dixaines* et *cinq unités*. Pour y parvenir, je substitue à l'expression en toutes lettres de chaque nombre d'unités les caractères qui lui conviennent ; et j'ai 5 dixaines 5 unités ; mais, afin de simplifier davantage cette expression, je vais chercher à supprimer le mot intermédiaire *dixaines*. Pour cela, il me suffit de rappeler cette convention, qu'un chiffre placé à la gauche d'un autre exprime des unités dix fois plus grandes que celles exprimées par celui qui est à sa droite ; et alors j'écris 55 unités : expression qui s'énonce *cinquante-cinq unités*, puisque la collection de cinq dixaines donne le nombre cinquante.

Autre exemple : Ecrire en chiffres le nombre *huit centaines cinquante-cinq unités*, on a 8 centaines 55 unités.

De même, pour faire disparaître le mot intermédiaire *centaine*, l'on écrira les huit centaines à la gauche des cinq dixaines : par ce moyen le chiffre 8 exprimera les huit unités dix fois plus grandes que celles exprimées par le chiffre 5 de sa droite ; et on aura 855 unités que j'énonce *huit cent cinquante-cinq unités* : car la collection de huit centaines donne le nombre *huit cents*.

Le cas où les nombres à écrire n'ont pas d'unités d'un certain ordre, a fait imaginer un dixième caractère auxiliaire (o) qu'on appelle *zéro*. Ce caractère n'a aucune valeur réelle ; il servira seulement à marquer l'absence des unités de chaque ordre, et en même temps à conserver aux chiffres significatifs le rang qui leur conviendra par rapport aux unités qu'ils auront la propriété d'exprimer.

Exemple : Écrire en chiffres le nombre *huit centaines cinq unités*, ou *huit cent cinq unités* : employant le zéro pour remplacer les dixaines, on a 805.

D'après ce qui précède, on voit que, pour exprimer des dixaines, il faut deux chiffres ; que, pour exprimer des centaines, il en faut trois ; et que si l'on voulait exprimer des unités dix fois plus grandes, ou des mille, il faudrait quatre chiffres : car elles se placeraient immédiatement à la gauche des centaines ; et ainsi de suite.

Cela étant, qu'on se propose d'écrire en chiffres le nombre *cent douze millions deux cent vingt-un mille quatre cent septante-neuf unités*.

Pour parvenir à écrire ce nombre, nous allons, sans avoir égard au nombre de chiffres qu'il faut employer pour exprimer telles ou telles unités, substituer à chacun des nombres *cinq cent douze*, *deux cent vingt-un*, *et quatre cent septante-neuf*, qui renferment toutes les unités des différens ordres du nombre proposé, les caractères qui conviennent pour les représenter : ce qui nous donne

5,2 millions 221 mille 479 unités. Or comme , par la convention qu'un chiffre placé à la gauche d'un autre exprimerait des unités dix fois plus grandes, on a pu supprimer les mots intermédiaires dixaines, centaines, etc., qui désignent des ordres d'unités continuellement décuples ; de même on pourra supprimer les mots *mille*, *millions*, *billions*, etc., intermédiaires à des ordres d'unités de mille en mille fois plus grands : car l'unité simple de chacun de ces derniers ordres est décuple de la plus haute de l'ordre immédiatement inférieur. Ainsi on aura 512221479 unités pour l'expression en chiffres du nombre proposé.

D'après cela et ce que nous avons déjà dit, on voit qu'effectivement les trois ordres d'unités de mille composent la seconde tranche ternaire ; que ceux de millions composent la troisième tranche aussi ternaire : ainsi de suite, à l'exception de la première tranche de gauche, qui pourra n'être composée que de deux ou d'un seul chiffre si elle n'exprime que des dixaines ou des unités simples de son ordre. Cela posé, il sera facile d'écrire en chiffres un nombre quelconque : *il suffira de déterminer d'abord le nombre des tranches qui le composeront, par la seule inspection des plus hautes unités qui soient contenues dans ledit nombre, parce que celles-ci composent toujours la première tranche de gauche ; puis on écrira chaque tranche comme si elle était seule, en commençant par celle des plus hautes unités, ayant soin de marquer par le zéro l'absence soit des ordres d'unités décuples, soit des tranches ternaires.*

Exemple : Ecrire en chiffres le nombre *trente-cinq millions trois cent quatre unités.*

Comme les plus hautes unités de ce nombre sont des

millions, il devra être composé de trois tranches ; savoir : de celle des millions, qui ne sera composée que de deux chiffres, en ce qu'elle ne renferme point de centaines de son ordre ; de celle des mille, et de celle des unités. En faisant usage du zéro pour marquer l'absence des trois ordres d'unités de mille, ainsi que pour les dixaines de même des unités simples, on aura 35000304 unités pour l'expression en chiffres du nombre proposé.

7. *RÉCIPROQUEMENT.* Pour traduire en langage ordinaire un nombre quelconque exprimé en chiffres, *on partagera ce nombre en tranches par ordre ternaire, en allant de la droite vers la gauche ; puis on énoncera chaque tranche séparément, comme si elle était seule, en commençant par la première de gauche, et observant de donner à chacune d'elles la dénomination qui conviendra à son rang.*

Exemple : Enoncer dans le discours le nombre 1102885487709090909091.

A cet effet je commence d'abord par le partager en tranches ternaires, comme il a été dit ci-dessus ; ce qui me donne sept tranches : d'où je conclus que la première de gauche exprime des *quintillions.* J'ai donc *onze quintillions vingt-huit quatrillions huit cent cinquante-quatre trillions huit cent septante-sept billions nonante millions neuf cent neuf mille nonante-une unités* pour l'énoncé du nombre proposé, qui exprime la pesanteur en livres de l'atmosphère, calculée à vingt lieues de hauteur.

Le poids de cette masse d'air, qui est représenté par ce nombre, nous fait voir combien l'accroissement des nombres est prodigieux. Un autre exemple non moins sensible est que l'unité qui serait suivie de quarante zéros, exprimerait un nombre plus grand que celui des grains de sable de notre globe, en supposant qu'il ne fût composé que de sable, et que le grain ne fût que la dixième partie de celui de chenevis.

De cette manière d'énoncer les nombres, on en déduit le moyen de les écrire avec plus de facilité que ne le porte la règle du numéro précédent : car on remarque qu'il suffit d'écrire chaque tranche comme si elle était seule, à fur et à mesure qu'on l'énonce. Quant aux autres conditions de la règle que nous venons de citer, elles sont les mêmes.

8.   COROLLAIRE. Il résulte de la propriété remarquable du système de numération *que, si l'on ajoute un, deux, trois, etc., zéros sur la droite d'un nombre, on le rend dix fois, cent fois, mille fois, etc., plus grand.*

RÉCIPROQUEMENT. *Si on retranche un, deux, trois, etc., zéros sur la droite d'un nombre, on le rend dix fois, cent fois, mille fois, etc., plus petit.*

GÉNÉRATION

ET NUMÉRATION DES DÉCIMALES.

9.   L'unité simple qui sert d'échelle à la numération, étant dans tous les cas une quantité arbitraire *, est susceptible d'augmentation et de diminution ; de la même manière qu'en la décuplant continuellement, nous avons formé des dixaines, des centaines, etc., qui composent une suite ascendante de droite à gauche.

---

* Car si je dis que tel corps pèse une livre, je puis également dire qu'il pèse seize onces, puisque toutes celles-ci égalent la première.

Rien n'empêche de prendre la suite dans un ordre tout opposé, et de former, en allant de gauche à droite, une nouvelle suite d'unités qui soient continuellement *sous-décuples*, c'est-à-dire la *dixième*, la *centième*, la *millième*, etc., partie de l'unité principale, qui par conséquent prendront les noms de *dixième*, de *centième*, de *millième*, etc., et généralement celui de *décimales*.

- On entendra donc par *décimales des parties de dix en dix fois plus petites que l'unité principale.*

Ainsi le dixième sera dix fois plus petit que l'unité ; le centième dix fois plus petit que le dixième, et par conséquent cent fois moindre que l'unité ; le millième dix fois plus petit que le centième ou la centième partie du dixième ; ou enfin une unité dont il en faudrait mille pour composer l'unité principale : ainsi de suite à l'égard des *dix millièmes*, des *cent millièmes*, etc.

o. D'après ce qui précède, on voit que la manière d'exprimer des parties décimales de l'unité ne doit offrir aucune difficulté : *il suffit de placer successivement chacun des chiffres qui indique les dixièmes, les centièmes, etc., au rang des dixièmes, des centièmes, etc., que nous allons lui assigner.*

A cet effet il suffit de se rappeler la valeur des unités exprimées par un chiffre placé à la gauche d'un autre, pour en conclure *que le chiffre des dixièmes doit être placé immédiatement à la droite de celui des unités simples ; celui des centièmes au second rang ; celui des millièmes au troisième ;* et ainsi de suite.

Mais, afin de ne pas confondre les unités

décuples avec celles-ci, on est convenu d'employer la virgule (,) pour les en séparer.

Ainsi, si on a 4 unités 5 dixièmes 7 centièmes à exprimer en chiffres, on aura 4,57.

Lorsqu'il n'y aura pas d'unités d'un certain ordre, on emploiera le zéro, qui servira aux mêmes fins que dans les nombres entiers.

Exemple : Ecrire le nombre *quatre unités cinq dixièmes sept millièmes :* employant le zéro pour la colonne des centièmes, on aura 4,507.

Autre exemple : Ecrire en chiffres *sept millièmes :* faisant usage du zéro pour les colonnes des unités simples, des dixièmes et des centièmes, on aura 0,007.

Si ce chiffre 7 exprimait des unités de beaucoup inférieures aux précédentes, on serait peut-être embarrassé sur la quantité de zéros à placer sur sa gauche pour lui faire exprimer les unités sous-décuples demandées ; mais, afin de lever toute difficulté sur ce point, nous allons chercher le moyen de déterminer le nombre de chiffres qu'il faudra pour exprimer des unités d'un ordre décimal quelconque. Pour cela nous n'avons qu'à jeter un coup d'œil sur les deux échelles de numération qui partent de l'unité simple, et dont celle-ci peut être considérée comme le centre : on y remarquera que les chiffres exprimant les dixièmes, les centièmes, les millièmes, etc., correspondent respectivement à ceux qui expriment les dixaines, les centaines, les mille, etc. : d'où l'on conclut qu'il faudra autant de chiffres pour exprimer des dixièmes, des centièmes, des millièmes, etc., qu'il en faudra pour exprimer des dixaines, des centaines, des mille, etc., y compris toujours, dans l'un comme dans l'autre cas, celui des unités simples qui sera toujours détaché des parties décimales par le signe convenu (,).

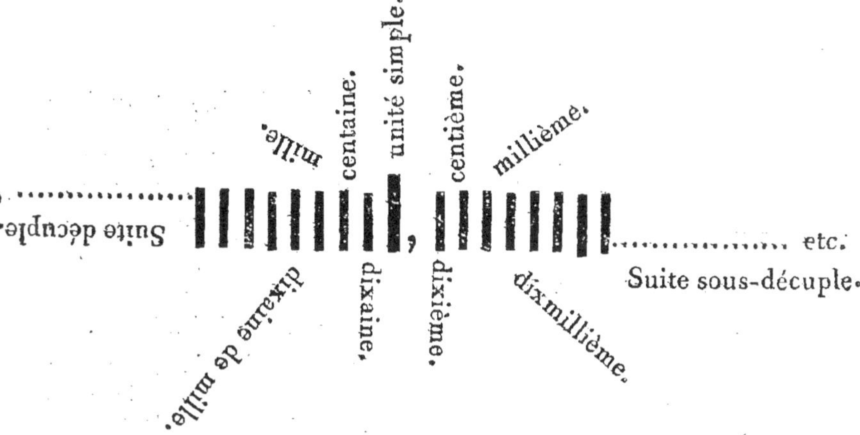

Ce tableau nous fait voir que les décimales ne sont autre chose qu'une extension du système adopté pour les nombres entiers. Donc, *pour écrire les quantités exprimées en décimales, il faut les écrire comme les nombres entiers; puis détacher sur leur droite, par une virgule, autant de chiffres qu'il sera nécessaire pour faire exprimer au premier chiffre à droite les unités de l'ordre décimal demandé. Ce nombre de chiffres à détacher se déterminera toujours, si, comme on le voit par le tableau précédent, on sait quel est l'ordre décuple correspondant à cet ordre décimal donné: car il faudra autant de chiffres, moins un, pour exprimer les unités de cet ordre décimal donné, qu'il en faut pour exprimer les unités de l'ordre décuple correspondant; ce moins un est tou-*

jours le chiffre des unités simples, qui doit être détaché par la virgule. Enfin si le nombre ne renferme pas assez de chiffres pour en détacher le nombre prescrit, on y suppléera par des zéros mis sur la gauche.

Appliquons cette règle aux exemples suivans :

1.º Ecrire le nombre *trois mille quatre cent vingt-huit centièmes.*

Les unités du plus bas ordre décimal qui soit contenu dans le nombre proposé, étant celui des centièmes correspondant à celui des centaines, on en conclut que les unités de la suite décuple compteront à partir du troisième chiffre de droite, qui est alors celui des unités simples. Ainsi on détachera deux chiffres sur la droite du nombre 3428, et on aura 34,28 pour l'expression en chiffres du nombre proposé.

2.º Ecrire le nombre *trente-deux dix millionièmes.*

Ce nombre proposé renfermant pour plus basses unités des dix millionièmes correspondans aux dixaines de millions, on en conclut qu'il faut huit chiffres pour les exprimer, y compris celui des unités; mais, comme le nombre proposé n'en renferme que deux, on y suppléera par six zéros mis sur sa gauche, et dont le premier sera détaché : ce qui donnera 0,0000032.

11. Réciproquement. Pour traduire dans le langage ordinaire les quantités exprimées en décimales, *on les énonce comme les nombres entiers, et on donne au dernier chiffre à droite la dénomination qui convient à l'ordre des unités décimales qu'il a la propriété d'exprimer.*

Ce qui est évident, puisque les parties décimales s'écrivent d'après les mêmes conventions que les nombres entiers; c'est-à-dire qu'en allant de la gauche vers la droite, on rencontre également des unités de dix en dix fois plus petites.

Quant à l'espèce des unités du dernier chiffre

décimal, *on la trouvera toujours en comptant successivement de gauche à droite, sur chaque chiffre, depuis la virgule, les noms dixièmes, centièmes, millièmes,* etc.

Exemple : Traduire, dans le discours, le nombre 0,0000032. On dira donc :

Le dernier chiffre de droite exprimant des dix millionièmes, j'énoncerai d'abord le nombre propos é comme s'il exprimait 32 unités, et lui donnerai ensuite la terminaison *dix millionièmes ;* c'est-à-dire que j'énoncerai *trente-deux dix millionièmes.*

dixièmes.	centièmes.	millièmes.	dix millièmes.	cent millièmes.	millionièmes.	dix millionièmes.
0,0	0	0	0	0	3	2

12. Cette réciprocité nous reconduit à la proposition directe : car, en nous offrant le moyen de déterminer l'espèce des unités du dernier chiffre décimal, elle nous offre aussi le moyen de déterminer le nombre de chiffres qu'il faut détacher sur la droite d'un nombre décimal pour lui faire exprimer des unités d'un ordre décimal donné, sans, au préalable, avoir comparé cet ordre d'unités sous-décuples à l'ordre des unités décuples correspondantes. Ce moyen consiste *à écrire le nombre proposé comme s'il exprimait des unités décuples ; à compter sur chacun de ses chiffres, en commençant par la droite, les noms dixièmes, centièmes, millièmes, etc., jusqu'à ce que l'on soit arrivé à celui de ces noms qui conviendra à l'unité du plus bas ordre décimal donné, et à placer la virgule décimale immédiatement sur la gauche du chiffre affecté de ce dernier nom. Si ce nombre proposé ne renfermait pas assez*

*de chiffres pour compter les noms nécessaires
à cette fin, on y suppléerait par des zéros mis
sur sa gauche.*

Exemple : Ecrire le nombre *vingt-quatre mille deux cent
octante-cinq millièmes.*

On écrira d'abord 24285, et l'on comptera : | 2 4,2 8 5

dixièmes. centièmes. millièmes.

Ce qui donnera 24,285 pour l'expression
demandée.

Ce nombre peut donc encore s'énoncer de
cette manière : *ving-quatre unités deux cent
octante-cinq millièmes.*

Autre exemple : Ecrire le nombre *trente-deux dix millionièmes.*

De même que ci-dessus, on écrira le nombre proposé,
comme si c'étaient 32 unités, puis on
comptera : | .,.....3 2

dixièmes. centièmes. millièmes. dix millièmes. cent millièmes. millionièmes. dix millionièmes. unités simples.

Et on aura, en remplaçant les points
par des zéros, 0,0000032 pour l'expression demandée.

PROPRIÉTÉS DES NOMBRES DÉCIMAUX.

13. Outre la propriété qu'ont les nombres décimaux
de s'écrire et de s'énoncer comme les nombres
entiers, ils jouissent encore de deux autres
propriétés non moins remarquables par rapport
à leur grande utilité.

14. 1.º *Si on rapproche la virgule décimale de
un, de deux, de trois, etc., rangs vers la*

droite, on rend le nombre décimal dix fois, cent fois, mille fois, etc., plus grand.

Exemple : Soit le nombre 3,25 ; rapprochant la virgule d'un rang vers la droite, on a 32,5 : nombre dix fois plus grand que celui donné.

En effet le chiffre 3, qui était au rang des unités, a passé au rang des dixaines, le chiffre 2, qui était au rang des dixaines, a passé par la même raison à celui des unités ; et le chiffre 5, qui était au rang des centaines, se trouve par là au rang des dixièmes. Donc, etc.

15. On démontrerait de la même manière que le nombre serait rendu cent fois, mille fois, etc., plus grand, si l'on eût avancé la virgule de deux, de trois, etc., rangs vers la droite.

RÉCIPROQUEMENT. *Si l'on recule la virgule décimale de un, de deux, de trois, etc., rangs vers la gauche, on rend le nombre décimal dix fois, cent fois, mille fois, etc., plus petit.*

2.º *On peut ajouter autant de zéros que l'on veut sur la droite d'un nombre décimal, sans changer sa valeur.*

Exemple : Le nombre 3,2, est la même chose que 3,20, ou que 3,200, etc.

En effet chacun de ces derniers nombres ne renferme toujours que trois unités et deux dixièmes, ou trente-deux dixièmes, avec cette différence que ce nombre de dixièmes a été dans le premier cas converti en centièmes ; et dans le second cas ce même nombre de dixièmes a été converti en millièmes : ce qui est fondé sur ce qu'un nombre de dixièmes doit exprimer dix fois plus de centièmes que de dixièmes, et que ce même nombre de dixièmes doit exprimer cent fois plus de millièmes qu'il n'exprime de dixièmes, etc. Donc, etc.

RÉCIPROQUEMENT. *On peut supprimer autant*

de zéros que l'on veut sur la droite d'un nombre décimal, sans changer sa valeur.

Comme on ne saurait être trop exercé sur les nombres décimaux, tant sur la manière de les écrire que sur celle de les énoncer, nous engageons le lecteur à s'y familiariser.

DES DIFFÉRENTES ESPÈCES DE NOMBRES.

16. On distingue plusieurs espèces de nombres, savoir : le nombre concret, qui est celui dans lequel on désigne la nature des unités, tels que 20 hommes, 4 f. 25 c., etc. ; le nombre abstrait, qui est celui dans lequel on n'indique pas l'espèce des unités, tels que 20 et 43,25, etc. Quant aux autres espèces de nombres, nous les définirons à fur et à mesure qu'elles se présenteront.

DES OPÉRATIONS ÉLÉMENTAIRES QUI S'EFFECTUENT SUR LES NOMBRES.

17. Toutes les opérations qu'on peut faire sur les nombres se réduisent à leur composition ou à leur décomposition ; c'est-à-dire à leur augmentation ou à leur diminution. Il y a trois opérations élémentaires par lesquelles on compose les nombres ; savoir : *l'addition, la multiplication* et *la formation des puissances.* Les trois opérations inverses par lesquelles on décompose les nombres sont : *la soustraction, la division* et *l'extraction des racines.*

Ces six opérations élémentaires sur les nombres sont du ressort de la première partie des mathématiques, qui se nomme *arithmétique.*

DE L'ARITHMÉTIQUE.

18. *L'arithmétique est donc la science des nombres; elle a pour but le développement de la composition et de la décomposition des nombres.* A ces causes, nous allons analyser successivement chacune des opérations ci-dessus énoncées.

ORIGINE DE LA PREMIÈRE OPÉRATION ÉLÉMENTAIRE OU DE L'ADDITION.

19. La formation des nombres par l'addition successive de l'unité a elle-même suggéré l'idée de former des nombres par le moyen d'autres nombres déjà tout formés : tel est le but de l'addition, *qui est donc une opération par laquelle on découvre un nombre appelé* somme, *qui contienne en lui seul toutes les unités de plusieurs autres nombres donnés.*

D'après cette définition, la somme de plusieurs nombres donnés s'obtiendra en ajoutant successivement à l'un d'eux toutes les unités contenues dans tous les autres : pour cela il faut observer deux cas; savoir : celui où les nombres proposés sont des nombres simples; et celui où ces nombres proposés sont composés de plusieurs chiffres.

PREMIER CAS. Former une somme avec les deux nombres 7 et 5.

Il suffit donc d'ajouter cinq fois successivement l'unité au nombre 7, ou sept fois aussi successivement au nombre 5 : ce qui donnera toujours 12 pour la somme totale de ces deux nombres.

En effet, $7+1+1+1+1+1=12$, de la même manière que $5+1+1+1+1+1+1+1=12$.

On voit que cette manière d'opérer sur des nombres simples est très-longue : de quelle longueur ne serait-elle pas sur des nombres considérables, si l'on n'eût obvié à cet inconvénient en faisant dépendre l'addition des nombres composés, d'additions partielles de nombres simples ? Ainsi, pour effectuer cette opération sur tous les nombres possibles, il est important de bien savoir ajouter entre eux tous les nombres simples 1, 2, 3...... et 9, sachant que $7+5=12$; que $3+4=7$, etc.

DEUXIÈME CAS. Former une somme avec deux nombres quelconques; par exemple avec 53 et 36.

20. On pourrait, comme dans le cas précédent, ajouter successivement trente-six fois l'unité au nombre 53, ou, à partir du nombre 53, compter trente-six nombres dans la suite naturelle et indéfinie des nombres; ce qui nous conduirait au nombre 89, qui exprime effectivement la somme demandée : car, à fur et à mesure que l'on a compté un nombre, on a ajouté l'unité à 53, puisque ces nombres diffèrent tous entre eux de cette quantité.

Par ce moyen d'opérer, on aperçoit aisément la réalité de ce que nous avons déjà dit sur cette manière de proceder à la recherche de la somme de plusieurs nombres quelconques. Voici donc comment on a imaginé le moyen

que nous avons annoncé pour obtenir plus aisément cette somme 89 :

Il faut remarquer que la somme des deux nombres 53
et 36 se compose de celle de toutes les unités simples,
plus de celle de toutes les dixaines, etc., que ces deux
nombres renferment; ce qui réduit l'opération à ajouter
séparément toutes les unités simples, toutes les dixaines,
toutes les centaines, etc., contenues dans les nombres proposés, et à réunir ces sommes partielles de dix en dix fois
plus grandes, d'après la convention faite dans le système de
numération : ce qui donnera la somme totale. Pour faciliter
l'exécution de ces dernières opérations, on écrira les nombres
proposés les uns au-dessous des autres, de manière que les
unités simples de chacun soient dans une même colonne
verticale; il en sera de même des dixaines, des centaines, etc.

Ainsi, pour revenir à notre exemple, on écrira les
nombres proposés comme ci-contre; puis on dira,   53
en commençant par la colonne des unités :   36
3+6=9, résultat que l'on écrira au-dessous de
cette colonne. Passant ensuite à la colonne des   89
dixaines, on dira : 5+3=8. Ce dernier résultat s'écrira
à la gauche de la précédente somme partielle : ce qui
donnera 89 pour la somme totale des deux nombres donnés.

Cette manière d'opérer est évidemment générale pour tous les nombres possibles; mais
on remarque que chacune des sommes partielles peut souvent donner des unités de la
colonne immédiatement supérieure, qui par
conséquent y seront réunies.

Exemple : On demande un nombre qui seul égale les
quatre nombres suivans : 195, 212, 243 et 326.

Ecrivant ces quatre nombres comme il a été   195
dit ci-dessus, puis commençant, comme dans   212
l'exemple précédent, par ajouter tous les chiffres   243
qui composent la colonne des unités, on trouvera   326
pour cette première somme partielle seize unités
qui égalent une dixaine et six unités. On écrira   976

donc les six unités au-dessous de leur colonne, et l'on retiendra la dixaine pour la joindre aux autres unités de cet ordre : ce qui donnera dix-sept dixaines ou une centaine et sept unités de dixaines. Celles-ci étant pareillement écrites au-dessous de la colonne de leur ordre, et la centaine retenue pour l'ajouter aux autres unités centaines, on trouvera neuf unités de ce dernier ordre, qui se placeront à la gauche des dixaines ; et l'on aura 976 pour le nombre demandé.

On pourrait effectuer l'addition par la gauche ; mais il est plus commode de la commencer par la droite.

En effet, si on la commençait par la gauche, voici les inconvéniens que l'on rencontrerait : en faisant la somme des chiffres qui composent la première colonne à gauche, on obtiendrait bien la somme des unités de cet ordre ; mais, en faisant la somme des chiffres de la colonne immédiatement à droite, on pourrait obtenir des unités de l'ordre plus élevé ; ce qui forcerait de revenir sur le précédent résultat : puis si, en revenant sur ce précédent résultat, on commençait encore par la gauche, on rencontrerait les mêmes inconvéniens qu'auparavant.

Ce sont là les considérations qui ont engagé à commencer l'addition par la droite.

Exemple : Soient à ajouter entre eux les nombres 587, 198, 274.

En commençant par la gauche, on trouvera huit centaines pour la somme de tous les chiffres qui composent cette première colonne à gauche. La somme de tous les chiffres qui composent la colonne immédiatement à droite est vingt-quatre dixaines ou deux centaines et quatre dixaines. Réunissant ce dernier résultat vingt-quatre dixaines au précédent, en plaçant seulement les unités de chaque ordre au-dessous de leur colonne respective ;

puis, faisant la somme de la colonne des unités simples, on trouvera 19 que l'on écrira au-dessous des précédens résultats, comme on a fait du dernier de ceux-ci. Actuellement, ajoutant de nouveau ces résultats en commençant toujours par la gauche, on obtiendra les trois sommes partielles suivantes : 1000, 50 et 9, lesquelles étant encore ajoutées entre elles, en commençant toujours par la gauche, donneront enfin 1059 pour la somme totale des nombres proposés.

587
198
274
800
240
19
1000
50
9
1059

1. De ce qui précède touchant l'addition, nous concluons généralement que, *pour effectuer cette opération, il faut écrire tous les nombres à ajouter les uns au-dessous des autres, de manière que les unités de chaque ordre soient placées dans une même colonne verticale; tirer un trait dessous le dernier nombre écrit; ensuite ajouter successivement tous les chiffres qui composent chaque colonne, en commençant par la première de droite. Si chacune des sommes partielles ne surpasse pas 9, on l'écrira telle qu'elle est au bas de la colonne qui l'aura produite; et si elle renferme des dixaines de son ordre, on retiendra autant d'unités qu'elle en contiendra, afin de les ajouter avec celles de la colonne immédiatement à gauche, en observant d'écrire l'excédant de ces dixaines, s'il en existe un, au-dessous de la colonne productive : dans le cas contraire, on le remplacera par un zéro qui marquera l'absence des unités de cet ordre, et en même temps forcera les chiffres qui doivent exprimer les résultats à venir, de passer au rang qui conviendra à la nature de leurs unités.*

ORIGINE
DE LA SECONDE OPÉRATION ÉLÉMENTAIRE
OU DE LA SOUSTRACTION.

22.   Après avoir appris à composer les nombres par l'addition successive de l'unité, ou par le moyen d'autres nombres déjà tout formés, on a dû se proposer le problème inverse qui consiste à retrancher des nombres formés toutes les parties qui y sont entrées. Si le résultat de cette décomposition est nul, il est bien évident que l'on doit en conclure l'exactitude de celui de la composition.

Si, au lieu de retrancher toutes les parties qui sont entrées dans un nombre, on n'en retranchait qu'une partie, il est évident que l'on obtiendrait l'autre partie pour résultat. Tel est l'objet de la soustraction, qui est donc une opération qui a pour but, *connoissant une somme et l'une de ses parties, de découvrir l'autre partie.*

D'après cet *axiome, que les deux parties réunies égalent le tout,* il résulte que la soustraction a aussi pour but *de trouver un nombre qui, ajouté à un autre nombre donné, produise un troisième nombre aussi donné.* Le résultat s'appelle *reste, excès* ou *différence;* c'est-à-dire que ce résultat est, ou le reste de la somme donnée après en avoir retranché la partie donnée, ou l'excès de la somme sur la partie donnée, ou enfin la différence qui existe entre la somme et la partie donnée.

Devant toujours retrancher la partie donnée de la somme connue, et ayant connaissance de cet axiome, *que le tout est plus grand que l'une de ses parties*, il en résulte *que la partie à retrancher sera toujours inférieure au nombre dont on voudra la retrancher.*

Cela posé, la soustraction nous présente, comme la précédente opération, deux cas que nous allons successivement développer.

Premier cas. Retrancher un nombre simple d'un autre nombre simple; par exemple, 5 à retrancher de 8.

Pour effectuer cette opération, il suffira d'ôter successivement du plus grand de ces deux nombres, autant d'unités qu'il y en aura dans l'autre : ce qui se fera par l'opération inverse de celle indiquée dans le n.º 18; ou on peut, à partir du plus grand nombre, compter de droite à gauche dans la suite naturelle et indéfinie des nombres, autant de nombres qu'il y en a pour arriver au plus petit des deux proposés. La quantité d'unités égale à celle des nombres comptés, exprimera le reste cherché : car, à fur et à mesure que l'on arrive à un nombre immédiatement à gauche, on diminue d'une unité le plus grand de ces deux nombres proposés. Donc, etc. Ainsi, 8—5=3.

Ces moyens de procéder à la décomposition des nombres plus considérables, présenteraient les mêmes difficultés que les procédés inverses employés primitivement à leur composition par voie d'addition; mais, afin d'obvier à ces inconvéniens, on a fait, comme dans cette dernière opération, dépendre la soustraction de nombres composés, de soustractions partielles de nombres simples : c'est pourquoi il importe beaucoup de savoir retrancher un nombre simple d'un autre nombre simple.

DEUXIÈME CAS. Retrancher un nombre composé d'un autre nombre composé ; par exemple, 35 de 68.

Il est évident que l'on obtiendrait la différence de ces deux nombres, comme dans le premier cas, en retranchant successivement 35 fois l'unité du nombre 68 ; mais, afin de ramener cette opération à des soustractions partielles de nombres simples, comme il a été dit, il faut remarquer que la différence qui existe entre deux nombres se compose de celles qui existent entre leurs unités simples, leurs unités dixaines, leurs unités centaines, etc. Ainsi on sera donc conduit à obtenir séparément les différences qui existent entre les unités simples, entre les unités dixaines etc., des nombres proposés : ce qui ramènera bien l'opération à des soustractions partielles de nombres simples, puisque le plus grand nombre d'unités de chaque ordre ne saurait excéder 9, qui est le plus grand des nombres simples ; et, afin d'obtenir plus facilement ces différences partielles, on fera le même dispositif que dans l'addition, ayant soin d'écrire le premier, le plus grand de ces deux nombres, comme on le voit ci-contre.

$$\begin{array}{r} 68 \\ 35 \\ \hline 33 \end{array}$$

Cela étant, la différence de ces deux nombres s'obtiendra donc en retranchant successivement les unités, les dixaines, etc., du nombre inférieur, respectivement des unités, des dixaines, etc., du nombre supérieur. Commençant cette opération par la droite, on dira : 5 ôté de 8, reste 3 ; que l'on écrira au-dessous de cette première colonne ;

Passant à celle immédiatement à gauche, on dira : 3 ôté de 6, reste 3. Ce dernier reste s'écrira pareillement au-dessous de la colonne à laquelle il appartient. Réunissant ces deux restes partiels, on obtiendra 33 pour la différence des deux nombres proposés.

Malgré que le nombre à retrancher ne puisse excéder celui duquel on doit le retrancher, il arrive très-souvent dans les soustractions partielles de nombres simples, que ce dernier ne contient pas assez d'unités pour pouvoir en ôter toutes celles contenues dans le premier.

Exemple : Soit à déterminer la différence qui existe entre les deux nombres 345 et 238.

3. Après avoir disposé ces deux nombres comme dans l'exemple précédent, il est évident que l'on ne pourra retrancher les 8 unités du nombre inférieur des 5 unités du nombre supérieur. Mais, afin de rendre cette soustraction possible, remarquons que le nombre 345 est décomposable en ces parties : 3 centaines, 3 dixaines et 15 unités, desquelles il faut ôter successivement les parties suivantes : 2 centaines, 3 dixaines et 8 unités qui composent le nombre 238.

Effectuant, on aura pour le dispositif :

$$\text{De } 3\cancel{0}\cancel{0}+3\cancel{0}+15$$
$$\text{Otez } 2\cancel{0}\cancel{0}+3\cancel{0}+\ 8$$
$$\overline{\text{Reste } 1\cancel{0}\cancel{0}+\ 0+\ 7=107}$$

Actuellement, pour exécuter l'opération indiquée, on commencera par ôter les huit unités du nombre inférieur, des 15 unités correspondantes du nombre supérieur. Le reste 7 s'écrira au-dessous de cette colonne. Retranchant ensuite les trois dixaines du même nombre inférieur des trois dixaines du nombre supérieur, il ne restera rien. Ce dernier reste étant nul, on écrira zéro au-dessous de sa colonne pour marquer qu'il n'existe point de différence entre les dixaines des deux nombres proposés. Enfin, passant à la colonne suivante de gauche, on trouvera une centaine de reste, laquelle unité centaine s'écrira au-dessous de celles de cet ordre ; puis, joignant ces trois restes partiels, on aura 107 pour la différence demandée.

Autre exemple : Soit à retrancher 54734 de 80025.

Après avoir écrit le premier de ces deux nombres au-dessous du second, on voit que les chiffres qui expriment les dixaines, centaines et mille du nombre inférieur, excèdent leur correspondant du nombre supérieur.

Ainsi, pour obtenir la différence de ces deux nombres, on les décomposera ainsi qu'il suit :

$$\text{De} \quad 7\cancel{0}\cancel{0}\cancel{0}+9\cancel{0}\cancel{0}\cancel{0}+9\cancel{0}\cancel{0}+12\cancel{0}+5 \text{ unités,}$$
$$\text{otez} \quad 5\cancel{0}\cancel{0}\cancel{0}+4\cancel{0}\cancel{0}\cancel{0}+7\cancel{0}\cancel{0}+3\cancel{0}+4 \text{ unités.}$$

$$\text{Reste} \quad 2\cancel{0}\cancel{0}\cancel{0}+5\cancel{0}\cancel{0}\cancel{0}+2\cancel{0}\cancel{0}+9\cancel{0}+1=25291 \quad \text{pour la}$$
différence totale des deux nombres proposés.

Si l'on observe attentivement ce qui s'est passé dans les deux exemples précédens, on en concluera facilement que, toutes les fois qu'un chiffre quelconque du nombre supérieur se trouve trop petit pour pouvoir en retrancher les unités contenues dans son correspondant inférieur, on doit l'augmenter de dix unités de son ordre ; c'est-à-dire d'une de l'ordre immédiatement supérieur, laquelle unité se prend parmi le nombre de celles-ci, et le chiffre qui les exprime diminue d'autant. Quand le chiffre de cet ordre immédiatement supérieur sera zéro, on passera à celui qui est immédiatement à sa gauche ; ainsi de suite jusqu'à ce que l'on rencontre un chiffre significatif sur lequel on prendra cette unité, qui sera convertie en celles de l'ordre immédiatement inférieur, dont neuf resteront sur le zéro qui tient la place de celles-ci, et la dixième de ces mêmes unités se convertira encore en celles d'un ordre immédiatement inférieur ; ainsi de suite jusqu'à ce que l'on soit arrivé au chiffre pour lequel on était allé à l'emprunt. De cette manière les zéros intermédiaires se trouveront convertis en 9.

4.   Ce principe évident, *que la différence entre deux nombres n'est point altérée lorsque l'on augmente l'un et l'autre de ces nombres de la même quantité*, va nous fournir un procédé plus commode pour résoudre le problème de la soustraction : *ce sera alors d'augmenter le chiffre supérieur de dix unités de son ordre toutes les fois qu'il sera plus petit que son correspondant, et d'augmenter d'autant le nombre inférieur en comptant le chiffre suivant de gauche de ce dernier nombre pour une unité de plus.*

Exemple : Trouver un nombre qui, ajouté à 54734, donne 80025.

Après avoir disposé ces deux nombres comme ci-contre, on dira : 4 ôté de 5, reste 1 ; 3 ôté de 12, reste 9 ; 8 ôté de 10, reste 2 ; 5 ôté de 10, reste 5 ; et enfin 6 ôté de 8, reste 2. En sorte que la différence 25291 satisfera à la question.

$$\begin{array}{r} 80025 \\ 54734 \\ \hline 25291 \end{array}$$

5.   Remarque. Quand tous les chiffres du nombre supérieur sont respectivement plus grands que ceux du nombre inférieur, il est alors indifférent de commencer la soustraction par la gauche ou par la droite.

Exemple : Retrancher le nombre 5232 de celui 8645.

$$\begin{array}{r} 8645 \\ 5232 \\ \hline 3413 \end{array}$$

Mais, si tous les chiffres du nombre supérieur ne sont pas respectivement plus grands
que ceux du nombre inférieur, il ne sera pas
indifférent de commencer l'opération par la
gauche ou par la droite ; car, en commençant
par la gauche, on tomberait dans les inconvéniens de l'exemple suivant :

En retranchant le chiffre des unités   8645
de mille du nombre inférieur de son   6956
correspondant supérieur, on trouve   ―――
bien deux unités de mille de différence   ~~2779~~
(car le premier chiffre à gauche du   1689
nombre supérieur excède toujours son correspondant du nombre inférieur) ; mais, en passant
ensuite au chiffre des centaines, on voit qu'il
ne peut se retrancher de son correspondant.
Dans ce cas-ci, pour continuer la soustraction,
on est obligé de diminuer le précédent résultat
d'une unité, et de rapporter cette unité de mille
aux six centaines du nombre supérieur, etc.
Ce sont ces circonstances qui ont engagé à
commencer la soustraction par la droite.

De ce qui précède touchant la soustraction, on
en conclut *que, pour effectuer cette opération,
il faut écrire le plus petit nombre sous le plus
grand, de manière à ce que les unités du même
ordre se correspondent ; souligner les deux nombres pour les séparer du résultat qui sera placé
au-dessous ; puis on retranchera chaque chiffre
inférieur de son correspondant supérieur, en
commençant par son premier de droite ; et on
écrira chaque reste partiel sous la colonne qui
l'aura produit. Si ce reste est nul, on écrira
zéro au-dessous de cette colonne. Dans le cas
où le chiffre inférieur serait plus grand que
son correspondant supérieur, on augmentera*

*celui-ci de dix unités de son ordre, en obser-
vant d'augmenter le chiffre suivant du nombre
inférieur d'une unité. Enfin, étant parvenu au
dernier chiffre de gauche, on écrira le reste
au-dessous s'il n'est pas nul : ce qui terminera l'opération.*

PREUVES DES DEUX PREMIÈRES OPÉRATIONS ÉLÉMENTAIRES.

6. La preuve de l'addition se fait par la soustraction : il est évident que, si d'une somme on retranche toutes les parties qui y sont entrées, on doit obtenir zéro pour résultat. *En commençant par la gauche, on ajoutera tous les chiffres qui composent cette première colonne, et on retranchera le résultat de la partie similaire de la somme totale qui se trouve écrite au-dessous. S'il y a un reste, il ne pourra provenir que de la retenue faite sur la somme partielle qui suit immédiatement. C'est pourquoi ce reste sera converti en unités de l'ordre immédiatement inférieur pour les réunir au chiffre suivant de la somme totale ; puis on retranchera la somme de tous les chiffres qui composent la colonne de cet ordre d'unités ; ainsi de suite jusqu'à la colonne des unités simples qui donnera zéro pour dernier résultat. Dans le cas contraire, la première opération sera irrégulière.*

EXEMPLE.

La somme des chiffres de la première colonne de gauche est 12 mille, qui, ôtée de 13 mille écrits au-dessous, donne pour reste une unité de mille exprimant la retenue qui a été faite sur la somme des centaines; c'est pourquoi cette unité de mille sera convertie en centaines, en l'ajoutant aux trois unités de cet ordre conte-

$$
\begin{array}{r}
3279 \\
2456 \\
7304 \\
278 \\
\hline
13317 \\
12210
\end{array}
$$

nues dans la somme totale : ce qui donnera 13 centaines ; desquelles ôtant les 11 unités contenues dans la colonne de cet ordre, on aura deux centaines de reste. Ce dernier reste sera, par les mêmes raisons que ci-dessus, joint au chiffre des dixaines de la somme totale : ce qui donnera 21 dixaines. De celles-ci ôtant les 19 dixaines qui composent la colonne de cet ordre d'unités, on aura 2 pour la retenue qui a été faite sur la somme des unités simples ; laquelle retenue, étant jointe aux 7 unités simples de la somme totale, donne un résultat 27, égal à toutes les unités contenues dans la première colonne de droite : d'où je conclus l'exactitude de la somme.

27.   La preuve de la soustraction se fait par l'addition ; en général la preuve d'une opération se fait toujours par l'opération inverse. Pour faire la preuve de la soustraction, *il suffit d'ajouter le reste avec le nombre que l'on a retranché ; et si cette première opération a été bien faite, on doit obtenir le nombre supérieur, c'est-à-dire le nombre duquel on a retranché :* cela est évident, d'après la définition de la soustraction (22).

ORIGINE

DE LA TROISIÈME OPÉRATION ÉLÉMENTAIRE

OU DE LA MULTIPLICATION.

28.   Dans l'addition on a remarqué que l'on avait à réunir ensemble des nombres tous égaux entre eux, ou inégaux. Le cas particulier de l'addition où les nombres à ajouter sont égaux, a donné naissance à la *multiplication ;* voici comment : on a d'abord appelé *somme double,* celle formée de deux nombres égaux ; *somme triple,* celle formée de trois nombres égaux ; *somme quadruple,* celle formée de quatre nombres égaux, etc. : d'où sont nés les mots

doubler, tripler, quadrupler, etc. Mais, comme ces sommes qui contiennent un nombre donné, un nombre quelconque de fois, ont été qualifiées du nom général *multiples*, il en est résulté le mot général *multiplier*, pour dire *ajouter un nombre quelconque deux fois, trois fois, quatre fois, etc., à lui-même.*

Le nombre à ajouter a reçu le nom de *multiplicande*; celui qui marque combien de fois ce dernier doit être ajouté à lui-même, s'appelle *multiplicateur* (ces deux nombres se nomment aussi *facteurs*), et le résultat se nomme *produit*. Ainsi la multiplication est donc une opération par laquelle on ajoute à lui-même un nombre appelé multiplicande, autant de fois qu'il y a d'unités dans un autre nombre appelé multiplicateur ; ou bien, plus généralement, *la multiplication sert à découvrir un nombre appelé produit, qui se compose d'un autre nombre appelé multiplicande, de la même manière qu'un autre appelé multiplicateur se compose de l'unité.* Donc *le produit est au multiplicande ce que le multiplicateur est à l'unité;* c'est-à-dire que, si le multiplicateur est le double, le triple, etc., de l'unité, le produit sera le double, le triple, etc., du multiplicande. Réciproquement *le multiplicande est au produit ce que l'unité est au multiplicateur;* c'est-à-dire que, si le multiplicande est la deuxième, la troisième, etc., partie du produit, l'unité sera la deuxième, la troisième, etc., partie du multiplicateur.

29.   Il résulte de là que le produit peut être envisagé comme un tout dont le multiplicande est la partie, et dont le multiplicateur exprime le nombre des parties. Ainsi, 1.° plus le multi-

plicande est grand, plus le produit est grand ; car plus les parties d'un tout sont grandes, plus le tout lui-même est grand ; 2.º plus le multiplicateur est grand, plus le produit encore est grand. Donc *le produit augmente en raison directe de chacun de ses facteurs ; et réciproquement il diminue aussi en raison directe de chacun d'eux.*

Il suit encore de là que le multiplicateur doit être essentiellement *abstrait :* car il n'a d'autre propriété que celle d'indiquer le nombre de fois que le multiplicande doit être ajouté à lui-même. Enfin on en conclut que le produit est toujours de la nature du multiplicande.

30. Ce qui précède étant bien compris, passons à l'analyse de chacun des cas que nous présente la multiplication.

Pʀᴇᴍɪᴇʀ ᴄᴀs. Multiplier un nombre simple par un nombre simple, tel que 8 par 7.

Il est évident que, pour obtenir la solution de cette question, il faut se servir de l'addition ; c'est-à-dire qu'il faut ajouter le multiplicande 8 sept fois à lui-même, en l'écrivant six fois au-dessous de lui-même : ce qui donnera 56 pour résultat.

De cette manière on a obtenu les sommes doubles, triples..... et nonuples de chacun des nombres simples, c'est-à-dire les produits entre eux de tous les nombres depuis un jusqu'à neuf ; et on a placé chacun de ces produits dans une case, comme on le voit dans le tableau ci-contre, qui porte le nom de son auteur :

TABLE DE PYTHAGORE.

1	2	3	4	5	6	7	8	9
2	4	6	8	10	12	14	16	18
3	6	9	12	15	18	21	24	27
4	8	12	16	20	24	28	32	36
5	10	15	20	25	30	35	40	45
6	12	18	24	30	36	42	48	54
7	14	21	28	35	42	49	56	63
8	16	24	32	40	48	56	64	72
9	18	27	36	45	54	63	72	81

Pour faire usage de cette table, il faut bien concevoir sa formation (*).

On a d'abord écrit dans les neuf cases composant la première ligne horizontale, les neuf nombres simples; puis on a ajouté chacun de ces nombres à lui-même, et on a écrit la somme dans la case immédiatement au-dessous de ce nombre : on a ainsi obtenu les sommes doubles des neuf nombres simples, ou le produit de chacun d'eux par deux; on a ensuite ajouté chacun de ces mêmes nombres trois fois à lui-même, et chaque somme a été placée dans la seconde case au-dessous du nombre respectif : de cette manière on a eu la somme triple de ce nombre, ou son produit par trois; ainsi de

---

(*). Cette table, qui ne nous paraît qu'un jeu, n'en est pas moins l'effet d'un grand coup de génie de Pythagore.

suite jusqu'à ce que l'on ait eu le produit de chacun de ces nombres simples par 9.

D'après cela, il sera facile de trouver le produit d'un nombre simple par un nombre simple.

Par exemple : Celui de 8 par 7.

Pour cela on descendra le long de la ligne verticale du multiplicande 8, jusqu'à ce que l'on soit arrivé à la case correspondante à la ligne horizontale du multiplicateur 7. Cette case renfermera le produit demandé.

31. Il est bon de remarquer que, pour se servir de la table de multiplication, deux nombres abstraits, multipliés en quelque ordre que ce soit, donnent toujours le même produit,

Et qu'ainsi $8 \times 7 = 7 \times 8$.

Pour le démontrer, dans le premier cas, comme le multiplicande 8 représente l'assemblage de 8 unités, je développe ces 8 unités sur une même ligne horizontale, et j'écris sept fois cette ligne : ce qui me donne un tableau composé de 56 unités. Donc $8 \times 7 = 56$.

1	1	1	1	1	1	1	1
1	1	1	1	1	1	1	1
1	1	1	1	1	1	1	1
1	1	1	1	1	1	1	1
1	1	1	1	1	1	1	1
1	1	1	1	1	1	1	1
1	1	1	1	1	1	1	1

Pareillement, en renversant le tableau, je trouve les sept unités du multiplicande du second cas développées sur une même ligne horizontale, et qui s'y trouve répétée autant de fois qu'il y a d'unités dans le multiplicateur 8; mais comme rien n'a été dérangé dans le tableau, il est évident que la totalité des unités est toujours 56. Donc 7×8 égale encore 56 : ce qu'il fallait démontrer. Donc, etc.

Ainsi on pourra prendre indifféremment le multiplicande pour le multiplicateur, et établir cette propriété caractéristique de chaque facteur, *que l'un d'eux marque toujours le nombre de fois que l'autre est entré dans le produit.*

52. DEUXIÈME CAS. Multiplier un nombre composé par un nombre simple, tel que 537 par 6.

Il faut, comme précédemment, ajouter 537 six fois à lui-même. A cet effet, j'écris 537 cinq fois au-dessous de lui-même. Cela étant fait, je remarque que le chiffre 7 des unités entre six fois dans la somme, celui des dixaines y entre aussi six fois, et celui des centaines pareillement six fois, etc.

Comme le plus grand nombre possible d'unités de chaque ordre ne saurait excéder 9, et que l'on connaît tous les produits partiels de nombres simples, on rappellera donc la multiplication d'un nombre composé par un nombre simple, à des multiplications partielles de deux nombres simples (*).

Ici je prendrai donc six fois le chiffre 7 des unités, six fois celui des dixaines, et un pareil nombre de fois celui des centaines. A cet effet, et pour plus de commodité, on écrira le multiplicateur 6 au-dessous du multiplicande, comme on le voit ci-contre; et on dira : 6 fois 7 font 42. J'écris les deux unités de ce produit partiel, et retiens ses quatre dixaines pour les réunir au produit partiel des unités de

$$
\begin{array}{cc}
 & 537 \\
 & 537 \\
 & 537 \\
 & 5S7 \\
537 & 537 \\
6 & 537 \\
\hline
3222 & 3222
\end{array}
$$

ce dernier ordre, en disant : 6 fois 3 font 18, et 4 de retenues font vingt-deux dixaines, ou deux centaines et deux dixaines. J'écris les deux dixaines à la gauche des unités simples, et je retiens les deux centaines pour les joindre au produit des unités de cet ordre; puis je dis : 6 fois 5 font 30, et 2 de retenues font trente-deux centaines, ou trois mille et deux centaines. Ecrivant les deux centaines à la gauche des dixaines, et les trois unités de mille à la gauche des centaines, on aura 3222 pour le produit demandé.

TROISIÈME CAS. Multiplier 634 par 32, ou bien trouver un nombre qui contienne 32 fois 634.

Il est évident qu'il faut, comme dans l'exem-

(*) A cette considération, il est à propos de bien connaître la table de multiplication. Pour l'apprendre avec facilité, on pourra s'exercer à la former, comme il a été dit n.º 29.

ple précédent, prendre successivement 32 fois les chiffres exprimant les unités simples, les dixaines, les centaines, etc., du multiplicande; mais, comme on n'a pas les produits partiels de nombres simples par des nombres composés de deux chiffres, il faudra (31) multiplier successivement le multiplicateur 32 par le chiffre des unités, puis par celui des dixaines, et enfin par celui des centaines du multiplicande (deuxième cas); alors on réunira entre eux ces trois produits partiels dont chacun résulte d'un nombre composé par un nombre simple, en observant que le premier sera exprimé en unités simples; que le second qui, dans le principe, devait résulter des 3 dixaines du multiplicande par le multiplicateur 32, et qui vient d'être obtenu en multipliant 32 par 3, sera exprimé en dixaines (29); que le troisième sera exprimé en centaines, etc. Mais comme ce procédé du second cas devient trop long pour la recherche du produit de facteurs composés, on a fait dépendre la multiplication de ceux-ci, de multiplications partielles de nombres simples; c'est-à-dire que l'on trouvera pour le cas actuel deux nombres, dont l'un contiendra deux fois 634 (deuxième cas), et l'autre le contiendra 30 fois. Pour obtenir ce dernier, il suffira de découvrir celui qui contiendra 3 fois 634, nombre qui sera alors dix fois trop petit (29), et que l'on rappellera à sa juste valeur, en plaçant un zéro sur sa droite (8). La somme de ces deux produits partiels sera bien le nombre qui contiendra 32 fois 634.

En disposant mes deux facteurs comme il a été dit,

puis multipliant successivement chaque chiffre
du multiplicande par le chiffre des unités du
multiplicateur (deuxième cas), on aura 1268
pour le premier produit partiel. Multipliant
ensuite, et d'après les mêmes lois, les mêmes
chiffres du multiplicande par le chiffre 3 du
multiplicateur, observant d'écrire ce dernier produit au-
dessous du premier en colonne d'addition, en mettant
d'abord sous la colonne des unités le zéro qui doit être
placé sur la droite de ce dernier produit partiel, pour le
rendre dix fois plus grand, l'addition de ces deux produits partiels donnera 20288 pour le produit ou le nombre
demandé.

$$\begin{array}{r} 634 \\ 32 \\ \hline 1268 \\ 19020 \\ \hline 20288 \end{array}$$

QUATRIÈME CAS. Multiplier 34228 par 535, ou trouver un nombre qui contienne 535 fois le nombre 34228.

On obtiendra la solution de ce problème en
découvrant la somme de trois nombres, dont
le premier de ces nombres contiendra le multiplicande 5 fois (deuxième cas); le second le
contiendra 30 fois (troisième cas); et le troisième 500 fois. Pour obtenir ce dernier nombre,
il suffira d'en découvrir un qui contiendra le
multiplicande 5 fois seulement : lequel nombre
sera alors 100 fois trop petit (29), et que l'on
rappellera à sa juste valeur en plaçant deux
zéros sur sa droite (8).

Afin d'obtenir ces trois nombres, on disposera les facteurs comme plus haut, et on trouvera pour
premier produit partiel 171140. Le produit
partiel résultant des dixaines du multiplicateur sera 1026840. Avant que de passer à la
recherche du troisième de ces nombres, on
placera d'abord un zéro sous la colonne des
unités, et un sous celle des dixaines des
deux produits précédens : ce qui fera exprimer à ce produit partiel des unités cent fois plus grandes, qui par là
se trouvera rappelé à sa juste valeur ; c'est-à-dire que
l'on aura 17114000. Faisant la somme de ces trois produits partiels, on obtiendra 18311980 pour le produit ou
le nombre demandé.

$$\begin{array}{r} 34228 \\ 535 \\ \hline 171140 \\ 1026840 \\ 17114000 \\ \hline 18311980 \end{array}$$

33.　　On remarque par les exemples ci-dessus que les dixaines du multiplicateur donnent un produit dont les plus basses unités sont des dixaines, et que les centaines de ce même facteur donnent des centaines pour plus basses unités de leur produit ; ainsi de suite : (d'où l'on conclut que toutes les fois que le multiplicateur sera des unités simples (31), les plus basses unités du produit seront de même nature que les plus basses du multiplicande). Ce qui est évident : car le plus petit nombre possible, composé de dixaines, qui est 10, étant multiplié par le plus petit nombre d'unités simples, qui est 1 , donne 10. Ainsi, si le nombre des dixaines du premier de ces facteurs, et le nombre des unités simples du second , étaient plus considérables, le produit exprimerait certainement des dixaines pour ses plus basses unités.

On démontrerait de la même manière que des unités simples multipliées par des centaines, donnent un produit dont les plus basses unités sont des centaines ; et que ces mêmes unités simples, étant multipliées par des mille , donnent des mille pour plus basses unités du produit.

D'après cela, on pourra se dispenser de mettre les zéros nécessaires sur la droite de chaque produit partiel , pour lui faire exprimer les unités convenables , pourvu que l'on ait soin de placer le premier chiffre de chacun sous la colonne à laquelle ses plus basses unités appartiendront. La colonne des plus basses unités de chaque produit partiel sera toujours la même que celle du chiffre qui aura servi de multiplicateur.

Exemple : Multiplier 728 par 804.

On a fait abstraction du zéro intermédiaire
du multiplicateur , parce qu'il ne s'agissait que
de trouver deux nombres , dont l'un contînt
4 fois le multiplicande , et l'autre 800 fois.
A l'égard de ce dernier, on a pris seulement
8 fois le multiplicande , ce qui a donné 5824 :

$$\begin{array}{r} 728 \\ 804 \\ \hline 2912 \\ 5824 \quad \\ \hline 585312 \end{array}$$

nombre 100 fois trop petit , et qui a été rappelé à sa
valeur en mettant son premier chiffre de droite sous la
colonne des centaines.

D'où il résulte que si l'un des facteurs , et
même tous les deux étaient terminés par des
zéros, on pourrait supprimer mentalement ces
zéros pour les placer sur la droite du produit
total, sans que ce produit soit altéré. En effet
le produit diminue en raison directe de chacun
de ses facteurs (29). Il faudra donc , pour le
rappeler à sa juste valeur, le rendre autant de
fois plus grand que l'un et l'autre facteurs auront été rendus plus petits.

Exemple : Multiplier 2400 par 170.

Je détermine donc le produit de 24 par 17 ,
et j'ai 408 : nombre qui est 100 fois trop
petit par rapport au multiplicande , et 10 fois
trop petit par rapport au multiplicateur , en
tout 10 fois, 100 ou 1000 fois trop petit :
car ce dont le multiplicande est trop petit ,

$$\begin{array}{r} 2400 \\ 170 \\ \hline 168 \\ 24 \quad \\ \hline 408000 \end{array}$$

doit être multiplié par ce dont le multiplicateur est trop
petit. Ainsi, rendant ce produit 408 mille fois plus grand ,
on aura 408000 pour le produit demandé. Donc , etc.

D'après ce qui précède touchant la multiplication nous concluerons en général que , pour
effectuer cette opération, *il faut écrire le mul-*
tiplicateur au-dessous du multiplicande , et tirer
un trait sous ces deux facteurs pour les sépa-
rer des produits partiels ; multiplier successi-

vement le multiplicande par chacun des chiffres du multiplicateur ; écrire tous ces produits partiels les uns au-dessous des autres , de manière que le premier chiffre de chacun soit dans la colonne du même ordre que celle du chiffre du multiplicateur qui aura donné ce produit partiel ; et enfin tirer un trait sous ces produits partiels ainsi disposés , afin de placer au-dessous leur somme qui exprimera le produit total des deux facteurs proposés.

PRINCIPAUX USAGES DE LA MULTIPLICATION.

34.   1.º *Le principal usage de la multiplication est de trouver le prix de plusieurs unités , quand le prix d'une seule est donné.*

Exemple : La toise d'ouvrage coûte 23 francs ; combien coûteront 3252 toises : il faut multiplier 23 fr. par 3252. En effet , autant de fois l'unité toise est comprise dans le nombre 3252 , autant de fois on doit prendre 23 fr.

2.º *La multiplication sert à réduire les espèces d'unités supérieures en espèces d'unités inférieures.*

Par exemple : Les livres en sous, les sous en deniers ; les toises en pieds, les pieds en pouces, les pouces en lignes , etc.

La multiplication a encore d'autres usages que l'on apprendra par la suite, surtout lorsque l'on sera bien familier avec la définition de cette opération.

ORIGINE DE LA QUATRIÈME OPÉRATION ÉLÉMENTAIRE OU DE LA DIVISION.

35.   Après avoir formé le produit de deux nom-

bres, on a dû s'assurer de l'exactitude du résultat en retranchant du produit l'un des facteurs autant de fois qu'il y avait d'unités dans l'autre ; étant convaincu d'avance que, dans cette hypothèse, le reste de la dernière de ces soustractions devra être nul : car chacun des facteurs exprime le nombre de fois que l'autre est entré dans le produit (31). Donc, etc. Ainsi la soustraction présente un moyen naturel de vérifier la multiplication.

Exemple : On demande si le produit 2140, qui résulte de la multiplication de 428 par 5, est exact?

Pour résoudre cette question, il suffit de s'assurer si 428 est entré cinq fois dans le produit 2140, ou bien si 5 y est entré 428 fois.

En s'arrêtant à ce dernier moyen d'obtenir la solution du problème, on retranchera consécutivement 428 fois le facteur 5 du produit 2140. Mais, afin de simplifier le nombre des soustractions, on le rendra cent fois plus grand en mettant deux zéros sur sa droite : ce qui fera faire cent soustractions dans une seule. Or on aura à retrancher 500 de 2140 autant de fois qu'il pourra en être retranché ; et, chaque fois que l'on effectuera cette soustraction, on ôtera 100 fois 5 de 2140. On voit par le tableau ci-contre que cette opération s'est réitérée quatre fois avec un reste 140. Comme on ne peut plus faire cent soustractions dans une seule, on en fera dix seulement, en ôtant de ce reste le facteur 5 rendu 10 fois plus grand. Ainsi on retranchera 50 de 140 autant de fois qu'on le pourra. Cette dernière opération s'effectue deux fois, et donne un reste 40, qui est précisément la somme octuple de 5. Donc 5 est contenu huit fois exactement dans ce reste 40.

2140	
500 = 100 fois	
1640	
500 = 100 *id.*	
1140	
500 = 100 *id.*	
640	
500 = 100 *id.*	
140	
50 = 10 *id.*	
90	
50 = 10 *id.*	
40 = 8	
428 fois	

Réunissant les différens nombres de fois que 5 a été retranché de 2140, on trouvera 428 pour somme. Donc, 5 y étant entré 428 fois, le produit est exact.

Par ce qui précède, on remarque que le nombre de fois que le facteur 5 a été retranché du produit 2140 exprime précisément l'autre facteur de ce produit ; en sorte que, si ce facteur 428 eût été inconnu, il n'en eût pas moins été trouvé, c'est-à-dire que de ce procédé de la vérification d'un produit naît le problême suivant : *Un produit et l'un de ses facteurs étant donnés, découvrir l'autre facteur.*

Mais si un produit était donné, et que l'on demandât ses facteurs, alors le problême serait indéterminé ; c'est-à-dire qu'il présenterait un nombre indéfini de solutions. Si, par exemple, le produit donné était 60, on pourrait dire qu'il provient de la multiplication des cinq couples de facteurs suivans : 3×20, 10×6, 12×5, 4×15 et 30×2.

Ceci fait voir qu'il faut absolument joindre au produit donné l'un de ses facteurs, afin de découvrir l'autre facteur.

Le procédé des soustractions successives employé plus haut pour vérifier un produit, donne toujours la solution de ce problême.

En effet si le produit donné est 2140, et le facteur donné est 5, on sait que l'autre facteur, quel qu'il soit, marque le nombre de fois que 5 est entré dans 2140. Or, le nombre de fois que 5 est entré dans 2140 est égal au nombre de fois qu'il peut en être retranché. Donc, etc.

36. Malgré que le procédé des soustractions successives du n.º 35 ait été simplifié en retranchant par centaines, puis par dixaines, etc., à la fois, le facteur connu du produit donné, ce procédé devient encore très-long ; car il se compose d'un

nombre de soustractions successives égal au nombre de toutes les unités contenues dans chaque ordre du facteur inconnu. Ce procédé serait beaucoup plus simple si l'on pouvait parvenir à déterminer par une seule soustraction le nombre des unités de chaque espèce qui doivent composer le facteur inconnu ; car l'opération serait ramenée à un nombre de soustractions partielles, égal au nombre de chiffres composant ce facteur inconnu. C'est à quoi l'on est parvenu : l'opération porte le nom de *division*, le produit celui de *dividende*, et le facteur donné celui de *diviseur*. Le résultat se nomme *quotient*.

Il résulte de là que la division n'est autre chose qu'un cas de la soustraction, puisqu'elle est le plus haut degré de simplification d'un procédé de soustractions successives.

37. Pour définir la division, il suffit de se rappeler qu'elle a pris naissance dans la solution de ce problème : *Un produit et l'un de ses facteurs étant donnés, découvrir l'autre facteur ?* Elle a donc pour but *de déterminer un nombre appelé quotient, qui, multiplié par un nombre donné, appelé diviseur, produise un autre nombre aussi donné, nommé dividende.* D'où l'on voit que le dividende ne sera dans tous les cas qu'un produit dont le diviseur et le quotient seront les facteurs. Ainsi, d'après ce qui a été dit n.° 31, on peut considérer le quotient comme étant le multiplicande. Or on a vu (28) que le produit était au multiplicande ce que le multiplicateur était à l'unité. *Donc le dividende est au quotient ce que le diviseur est à un, c'est-à-dire que le dividende se forme du quotient de la même manière que*

le diviseur se forme de l'unité ; et réciproquement.

38. Ce qui précède touchant l'origine et la définition de la division, étant bien compris, nous passerons successivement à l'analyse de chacun des cas que nous présente cette troisième opération élémentaire.

Premier cas, où le diviseur est un nombre simple ; tel est l'exemple : trouver un nombre qui, multiplié par 5, donne 2140.

Solution. J'observe que j'aurai ce facteur inconnu si je découvre ses unités simples, ses dixaines, ses centaines, etc. A cet effet je m'attache d'abord à trouver les plus hautes unités de ce facteur, sachant que ses plus hautes unités, multipliées par le diviseur, ont donné les plus hautes unités du dividende ; mais, avant que de déterminer le nombre des plus hautes unités du quotient, il faut commencer par découvrir quel est leur ordre ; à quoi l'on ne peut parvenir qu'en déterminant la limite supérieure de cet ordre d'unités. Pour parvenir à ce dernier point (après avoir disposé mes deux facteurs comme on le voit ci-contre), je suppose que le quotient puisse avoir une unité de mille : par là je suppose que le diviseur est entré mille fois dans le dividende 2140. Or le produit de 5 par 1000, qui est 5000, excède mon dividende : 5 n'est donc pas entré mille fois dans le produit. Supposant une centaine au quotient, je vois que le diviseur est entré des centaines de fois dans le dividende : d'où je conclus que la limite supérieure des plus hautes unités du quotient, est ici l'ordre des unités de mille. Or, sachant que le quotient renfermera des centaines, il me reste à en déterminer le nombre, qui ne peut excéder 9, puisque la limite supérieure est l'unité de mille. Ce nombre de centaines, quel qu'il soit, a donc la propriété de m'indiquer le nombre de centaines de fois que 5 est entré dans les 21 centaines de mon dividende (33). Partant, le nombre de centaines de fois que 5 est entré dans 2100, est égal au nombre de fois qu'il y est contenu. Si l'on considère les centaines du quotient comme étant un nombre d'unités simples, le dividende 2100 deviendra 21 ; car le produit diminue en raison directe de chacun de ses facteurs : et alors il s'agira de déterminer le nombre simple de fois que 5 est contenu dans 21. On voit sans peine que ce nombre est 4, que l'on écrit au-dessous du diviseur. Le produit de ces deux facteurs est 20 centaines, lequel produit étant ôté des 21 centaines du dividende, donne une centaine de reste, qui est probablement la retenue faite sur les produits partiels résultant des dixaines et unités du quotient par le diviseur; c'est pourquoi on joint à ce reste les autres chiffres 4 et 0 du dividende, qui en avaient été détachés comme ne faisant point partie du produit des centaines du quotient par le diviseur : ce qui donne 140 pour second dividende partiel. Ce second dividende partiel est donc le produit des dixaines et des unités du quotient par le diviseur; en sorte qu'il sagit actuellement de trouver un nombre composé de dixaines et d'unités, qui, multiplié par 5, donne 140. Cette question est la même que celle qui a été proposée, offrant même cet avantage de plus, que les plus hautes unités du quotient sont connues. Ainsi les unités du quotient par le diviseur ont donné les dixaines du dividende (33); c'est pourquoi le chiffre des unités n'en fera pas partie. Partant, ce nombre de dixaines du quotient, qui ne peut excéder neuf, a donc la propriété d'indiquer le nombre de fois que 5 est entré dans 14. Or le nombre de fois que 5 est entré dans 14, est égal au nombre de fois qu'il y est contenu. On est donc conduit à chercher le nombre de fois que 14 contient 5 : le quotient 2 s'écrira à la droite de celui des centaines qui l'a précédé. Cela étant, on retranchera du dividende 14 le produit 10 qui résulte des deux dixaines du quotient par le diviseur : le reste 4 que l'on obtient est sans doute la retenue qui a été faite sur le produit des unités du quotient par le diviseur. Si donc on joint à ce reste le caractère zéro qui a été détaché du précédent produit, comme n'en faisant point partie, il viendra 40 pour le produit des unités du quotient par le diviseur. Or le nombre d'unités simples du quotient, quel qu'il soit, a la propriété d'indiquer le nombre de fois que 5 est entré dans 40. Donc les unités du quotient sont au nombre de 8; car 5 est contenu 8 fois dans 40, sans reste : d'où l'on conclut que le quotient total 428 est le nombre qui, multiplié par 5, donne 2140.

Remarquons, à l'égard de cet exemple, qu'au lieu d'avoir abaissé sur la droite du premier reste les deux derniers chiffres du dividende, on aurait pu se borner à n'abaisser que le premier de gauche de ceux-ci, puisque l'autre en a été ensuite détaché.

DEUXIÈME CAS. Soit à diviser 21870 par 54, ou bien trouver un nombre qui, multiplié par 54, donne 21870.

SOLUTION. Lorsque le diviseur offre plus d'un chiffre, l'analyse du problème n'est pas plus difficile : on cherche comme précédemment à découvrir la limite supérieure des plus hautes unités du quotient, sachant que ses plus hautes unités, multipliées par les plus hautes du diviseur, ont donné les plus hautes du dividende. A cet effet je suppose une unité de mille au quotient, laquelle, étant multipliée par les 5 dixaines du diviseur, me donnerait un produit 50000 (33) qui excéderait mon dividende : d'où je conclus que mon quotient ne renfermera pas d'unités de mille. Je suppose donc une centaine, qui, multipliée par les 5 dixaines du diviseur, me donnerait un produit 5000. L'infériorité de ce produit 5000 sur mon dividende me fait voir que la limite supérieure des plus hautes unités de mon quotient sera l'unité de mille. Pour parvenir à déterminer le nombre de centaines du quotient, j'observe : 1.º que ce nombre de centaines, quel qu'il soit, étant multiplié par les unités du diviseur, a produit, avec les retenues provenant des autres parties du quotient, les centaines du dividende (33); 2.º que ce même nombre de centaines du quotient étant multiplié par les dixaines du diviseur, a donné, avec la retenue des précédens produits partiels, les 1000 du dividende (33 et 29). Ainsi la partie 218 du dividende exprime le produit des centaines du quotient par le diviseur en entier, et en outre les retenues faites sur les autres produits partiels résultant des dixaines et des unités du quotient par ce même diviseur en entier; en sorte que pour obtenir les centaines du quotient, on a ce problème à résoudre : Trouver le nombre simple qui, multiplié par 54, donne 218. Ce nombre, comme on le sait, a la propriété d'indiquer combien de fois 54 est entré dans 218 :

or le nombre de fois que 54 sera contenu dans 218, exprimera les centaines du quotient. Comme on ne saurait par une seule opération déterminer le produit d'un nombre simple par un nombre composé, de même on ne pourra point déterminer le nombre simple de fois que 54 est contenu dans 218; mais si l'on fait attention que la partie 21 de ce dernier exprime la somme du produit des centaines du quotient par le premier chiffre de gauche du diviseur, et de la retenue faite sur le produit résultant de ces mêmes centaines du quotient par les unités du diviseur, on verra que le nombre de fois que 5 sera contenu dans 21, exprimera encore les centaines du quotient. Par là on fait abstraction des unités, tant dans le diviseur que dans le dividende, et on dit : en 21 combien de fois 5? quatre fois, avec un reste 1. Avant que d'écrire ce quotient 4, il faut s'assurer si le reste 1 n'est pas au-dessous de la retenue faite sur le produit des unités simples du diviseur; c'est-à-dire qu'il faut s'assurer si ce reste, joint au chiffre 8 qui devra alors exprimer ce produit, et la retenue faite sur les produits partiels résultant des autres parties du quotient, ne donnent pas un nombre qui soit inférieur au produit des unités du diviseur par les centaines du quotient; ce qui n'a pas lieu : car $18 > 4 \times 4$, ou 16. Donc on peut écrire avec assurance 4 au quotient. Dans le cas contraire il aurait fallu diminuer ce quotient d'une ou de plusieurs unités.

Cela posé, il nous reste à faire le produit du diviseur par le quotient partiel 4, et à le retrancher du dividende partiel 218. Ces deux opérations s'effectueront en même temps, en retranchant chaque produit à fur et à mesure qu'on les obtiendra de chacune des parties 8 et 21 du dividende 218 qui les exprime respectivement. Dans le cours de ces opérations, on aura soin d'augmenter d'autant de dixaines de son ordre chacune des parties du dividende partiel qui a été assignée à chaque produit partiel, toutes les fois que ce dernier ne pourra s'en retrancher, et de retenir alors autant d'unités que la partie aura été rendue de dixaines de fois plus grande, pour les joindre au produit suivant, etc. (Ce qui est fondé sur ce que la différence entre deux nombres n'est point altérée lorsque l'on augmente l'un et l'autre de ces nombres de la même quantité.) Ainsi on dira : 4 fois 4 font 16, ôté de 18, reste 2. Ce reste s'écrira au-dessous du chiffre 8 ; puis on continuera de dire : 4 fois 5 font 20, et 1 de retenu font 21, ôté de 21, reste rien. Le reste total 2 étant la retenue faite sur les autres produits partiels résultant des dixaines et des unités du quotient par le diviseur en entier, sera joint à la partie restante du dividende ; et il viendra 270 pour le produit total résultant des dixaines et des unités du quotient par le diviseur. Ainsi la question qui se présente actuellement est de trouver un nombre dont ses plus hautes unités sont des dixaines, qui, multiplié par 54, donne 270. En faisant le même raisonnement que plus haut, on verra que le dernier caractère zéro, qui tient la place des unités simples de ce dividende partiel, ne doit point faire partie du produit des dixaines du quotient par le diviseur : c'est pourquoi il en est détaché. Partant, les dixaines du quotient seront exprimées par le nombre de fois que 54 sera contenu dans 27. Or, 54 étant plus grand que 27, il est bien évident qu'il ne peut y être contenu ; car s'il y était contenu seulement une unité de fois, on aurait 540 pour le produit (8) : nombre qui excède le produit proposé. Cela étant, on porte zéro au quotient pour marquer qu'il ne renferme point de dixaines. Le reste 27 est donc la retenue faite sur le produit résultant des unités du quotient par le diviseur ; en sorte que si l'on joint à cette retenue le dernier caractère zéro du dividende total, il viendra 270 pour le produit des unités du quotient par le diviseur. On est donc enfin conduit à chercher le nombre simple, qui, multiplié par 54, donne 270. Ainsi le nombre de fois que 54 sera contenu dans 270, ou, comme on l'a déjà dit, le nombre de fois que 5 sera contenu dans 27, exprimera les unités du quotient. Comme on trouve que ce facteur 5 est contenu 5 fois dans 27 avec un reste 2 qui exprime précisément la retenue faite sur le produit des unités du diviseur par ce dernier quotient partiel, car $4 \times 5 = 20$, on en conclut que les unités du quotient sont au nombre de 5 ; lequel nombre d'unités s'écrit à la droite du précédent quotient partiel. Opérant actuellement avec les unités simples du quotient, de la même manière que l'on a opéré sur le diviseur avec les autres unités de ce quotient, on dira : 5 fois 4 font 20, ôté de 20 reste 0 ; 5 fois 5 font 25, plus 2 de retenus font 27, ôté de 27 reste encore 0. Donc le nombre cherché est exprimé par le quotient total 405.

Comme l'analyse des cas où le diviseur renferme trois, quatre, etc., chiffres, est absolument la même que celle des cas précédens, nous allons, en examinant le mécanisme de ceux-ci, déduire une règle générale pour effectuer la division. Cette règle consiste :

A écrire le dividende et le diviseur sur une même ligne horizontale, en les séparant par une accolade; à détacher sur la gauche du dividende un nombre de chiffres nécessaires pour pouvoir contenir le diviseur. Le nombre de fois que le diviseur est contenu dans cette première partie du dividende, donne le premier chiffre de gauche du quotient, qui s'obtient en ne s'arrêtant qu'aux premiers chiffres à gauche de cette partie, qui sont nécessaires pour pouvoir contenir le premier chiffre aussi à gauche du diviseur; à retrancher de ce premier dividende partiel le produit du diviseur par le quotient partiel respectif; enfin à descendre à côté du reste le chiffre suivant du dividende proposé : ainsi de suite jusqu'à ce qu'on ait épuisé tous les chiffres du dividende proposé, en observant de mettre un zéro au quotient toutes les fois que le dividende partiel ne contiendra pas le diviseur.

SCOLIE. Chaque dividende partiel se composant du produit du diviseur par son quotient respectif, et en outre de la retenue faite sur les produits résultant du même diviseur par les autres quotiens partiels, il est évident que l'on ne peut assigner de règle pour déterminer de suite le chiffre du quotient.

Donc, avant d'écrire chaque quotient partiel, il faudra le vérifier de la manière suivante, extraite de M. *Francœur* :

« Quant à la vérification du quotient, on peut la faire
» en opérant de gauche à droite : car si la soustraction de ce
» produit n'est pas possible, à plus forte raison ne le sera-
» t-elle pas lorsque les retenues auront accru ce nombre à
» soustraire.

» Ainsi, pour éprouver le quotient 6 dans la division
» de 1914 par 329, on dira : $6 \times 3 = 18$, ôté de 19, reste 1,
» qui, joint au 1 suivant, donne 11; $2 \times 6 = 12$ qu'on ne
» peut ôter de 11. Donc 6 est trop fort, et l'on doit es-
» sayer 5.

» Dans aucun cas la retenue ne peut égaler le multipli-
» cateur, puisque, s'il est 5, il faudrait que le chiffre à
» multiplier fût égal à 10 pour que l'on eût 5 à retenir. Si
» donc on fait à la fois la multiplication et la soustraction,
» la retenue sera au plus égale au multiplicateur; et si, en
» faisant l'épreuve comme il vient d'être dit, on trouve un
» reste égal au chiffre que l'on essaie, on doit en conclure
» qu'il n'est point trop fort. Soit, par exemple : 25063 à
» diviser par 3572; le 8 résultant de 25 par 3 est trop fort :
» pour éprouver 7, on dira $3 \times 7 = 21$, ôté de 25, il reste 4,
» et on a 40; $7 \times 5 = 35$, ôté de 40, il reste 5; enfin
» $7 \times 7 = 49$, ôté de 56, il reste 7. Donc le 7 est bon.

» En général *l'épreuve doit être poussée jusqu'à ce que*
» *l'on ne puisse soustraire, ou jusqu'à ce qu'on trouve un*
» *reste au moins égal au chiffre éprouvé.* »

40. Remarquons que : 1.° le nombre de chiffres détachés sur la gauche du dividende pour pouvoir contenir le diviseur, donne un chiffre au quotient; et que chacun des autres que l'on descend successivement à côté des restes, en donne pareillement un à ce quotient. De là il sera toujours facile de juger du nombre des chiffres composant le quotient, avant même de les avoir obtenus.

2.° Le quotient partiel ne peut excéder 9, qui est le plus grand des nombres simples; car, dans le cas contraire, ce serait une preuve que celui précédemment obtenu serait trop faible d'une unité au moins.

3.º Il est à propos de marquer par un point chaque chiffre que l'on descend, afin d'éviter les doubles emplois d'un chiffre du dividende total.

Voici des exemples de divisions qui serviront à exercer le lecteur :

$$
17096.940 \left\{ \begin{array}{l} 4523 \\ \overline{} \\ 3780 \end{array} \right. \qquad 85732.19 \left\{ \begin{array}{l} 9075 \\ \overline{} \\ 944 \end{array} \right.
$$

$$
\begin{array}{ll}
35279{:}{:} & 40571{:} \\
\ \ {:}{:} & \ \ {:} \\
36184{:} & 42719 \\
\ \ \ {:} & \\
00000 & \text{Reste } 6419
\end{array}
$$

41.   Les exemples précédens font voir que le quotient de deux nombres entiers n'est pas toujours lui-même un nombre entier ; c'est-à-dire que l'on remarque par ces exemples que souvent la division conduit à un reste. Or, pour se mettre à même de tirer parti de ce reste, il suffit de résoudre ce problème :

Diviser 1252 par 430, ou trouver un nombre qui, multiplié par 430, donne 1252.

Opérant selon la règle prescrite pour la division, on trouve 2 au quotient avec un reste 392 ; c'est-à-dire que le nombre demandé tombe entre 2 et 3 : $2 \times 430 < 1252$; et que $3 \times 430 > 1252$. Le nombre demandé est donc plus grand que 2, et plus petit que 3. Donc la partie qui doit s'ajouter au quotient 2 pour le compléter, est moindre que l'unité ; c'est-à-dire qu'elle se compose

$$
1252 \left\{ \begin{array}{l} 430 \\ \overline{} \\ 2,9116 \end{array} \right.
$$

$$
\begin{array}{r}
3920 \\
500 \\
700 \\
2700 \\
120 \\
\hline
\end{array}
$$

de parties de l'unité : mais, comme nous n'avons considéré jusqu'à présent dans l'unité que des parties décimales, il est évident que le surplus du quotient sera exprimé en dixièmes, centièmes, etc. Afin d'obtenir ces unités au quotient, on convertira d'abord le premier reste 392 unités en dixièmes; ce qui donnera 3920 dixièmes : car l'unité valant dix dixièmes, les 392 unités valent 392 fois dix dixièmes, ou 3920 dixièmes. Le quotient de 3920 par 430, qui est 9, exprime donc les dixièmes du quotient total; c'est pourquoi on écrit ce quotient partiel à la droite de celui des unités simples, ayant soin de l'en séparer par la virgule décimale. Cela étant fait, et ayant retranché du dividende partiel 3920 le produit de 430×9, on obtient un reste 50 dixièmes qui, converti en centièmes, donne 500 centièmes. En sorte que le quotient de 500 par 430 donnera les centièmes du quotient total. C'est ainsi que l'on obtiendra les millièmes, les dixmillièmes, etc., du quotient, et on aura 2,9116 pour le nombre, à moins d'un dixmillième près, qui, multiplié par 430, donne 1252. Or 2,9116.... $\times 430 = 1252$: de quoi nous nous convaincrons facilement lorsque nous aurons connaissance de la multiplication des nombres décimaux.

D'après cela, il sera toujours facile de trouver le quotient de deux nombres à moins d'une unité décimale quelconque près : *il suffira pour cela de convertir les restes successifs respectivement en dixièmes, centièmes, etc., en mettant toujours un zéro sur la droite de chacun d'eux : ce qui est évident. On continuera de convertir ainsi les restes successifs jusqu'à ce que l'on soit arrivé à la décimale du quotient qui exprimera l'unité près de son exactitude.*

C'est de cette manière que l'on trouve que le quotient de 27 par 7, à moins d'un millième près, est 3,714.

42. Actuellement que nous avons une parfaite connaissance de la multiplication et de la division, nous reviendrons sur ce qui a été dit n.º 29, que le produit augmente et diminue en raison directe de chacun de ses facteurs; c'est-à-dire que, *si l'on multiplie l'un ou l'autre des facteurs d'un produit ou par 2, ou par*

3, etc., le produit se trouve lui-même multiplié ou par 2, ou par 3, etc.; et que si l'on divise l'un quelconque des facteurs d'un produit par 2, par 3, etc. le produit se trouve divisé par le même nombre.

23. Puisque le dividende n'est autre chose qu'un produit dont le diviseur est l'un de ses facteurs, il est évident, d'après ce qui précède, que l'on peut multiplier ou diviser l'un et l'autre de ces termes par un même nombre, sans troubler le quotient.

Donc si le dividende et le diviseur sont terminés par des zéros, on pourra en supprimer à chacun un nombre égal. *Exemple :*

$$53.470\emptyset\emptyset \left\{ \frac{32\emptyset\emptyset}{1670} \right.$$
$$\vdots\ \vdots\ \vdots$$
$$214\ \vdots\ \vdots$$
$$227\ \vdots$$
reste 30

PRINCIPAUX USAGES DE LA DIVISION.

24. 1.º D'après la définition de la division, on voit que cette opération sert à trouver un nombre qui, multiplié par un nombre donné, produira un nombre aussi donné. Elle a encore pour but de déterminer combien de fois un entier en contient un autre.

2.º *La division sert à partager une somme en parties égales entre plusieurs personnes.*

Exemple : Partager la somme 62850 francs entre douze personnes. Il est évident que si l'on connaissait la part de chacune de ces personnes, en la répétant douze fois, on trouverait 62850, c'est-à-dire que ce problème est le même que celui-ci : un produit 62850 et l'un de ses facteurs 12 sont donnés, découvrir l'autre facteur ? Donc il faut diviser 62850 par 12.

3.º *Lorsque le prix de plusieurs unités est connu ainsi que le nombre de ces unités, la division sert à découvrir le prix de l'unité.*

Exemple : 3252 toises d'ouvrage ont coûté 74796 francs, on demande le prix de la toise d'ouvrage. Il est clair que si le prix de la toise était connu, et qu'on répétât ce prix 3252 fois, on trouverait 74796 francs. Donc voici la question : un produit 74796 est donné avec l'un de ses facteurs 3252, découvrir l'autre facteur ? Réponse 23 fr.

4.º Lorsqu'une somme est donnée avec le prix de l'unité, la division sert à découvrir combien l'on pourrait acheter de ces unités avec une somme donnée.

Exemple : La toise de maçonnerie coûte 23 francs, combien pourrais-je faire construire de toises de maçonnerie avec une somme de 74796 francs. Il est évident que l'on fera construire autant de toises de maçonnerie que 23 fr. seront contenus de fois dans 74796 fr. (premier paragraphe de ce numéro.) Donc, etc. Réponse 3252 toises.

La pratique fera connaître les autres usages de la division.

PREUVE DE LA MULTIPLICATION
ET DE LA DIVISION.

45.   Nous avons déjà vu, n.º 35, que la preuve de la multiplication se faisait par la division.

En effet, pour s'assurer de l'exactitude d'un produit, il suffit de vérifier si l'un de ses facteurs y est entré autant de fois que l'autre facteur l'indique.

Quant à la preuve de la division, il est évident, d'après la définition même de cette opération, qu'elle doit se faire par la multiplication. Ces deux opérations, qui se prouvent mutuellement, se prouvent encore par les propriétés remarquables qui résultent des symptômes de divisibilité des nombres, comme nous le verrons dans la théorie de la divisibilité des nombres; mais, comme les symptômes de la divisibilité d'un nombre par 9 sont très - remarquables, et en même temps très-faciles à démontrer, nous allons donner ici le moyen de prouver la multiplication et la division par le nombre 9.

PREUVE PAR 9 DE LA MULTIPLICATION ET DE LA DIVISION.

56. Pour faire la preuve par 9, il faut remarquer *que tous les nombres exprimés par un seul chiffre significatif suivi de zéros, sont divisibles par neuf avec un reste égal au chiffre significatif qui est à la tête du nombre.*

En effet, 10 divisé par 9, donne 1 pour quotient avec un reste 1. 100, 1000, etc., qui sont des multiples de 10, étant divisés par 9, donneront encore le même reste 1. Les nombres 20, 200, 2000, etc., qui sont respectivement doubles des précédens, donneront un reste double ou égal à 2. Les triples 30, 300, 3000, etc., donneront un reste triple ou égal à 3, etc. Donc, etc. Or tout nombre quelconque, tel que 6381, pouvant toujours être décomposé en ses unité simples, en ses dixaines, centaines, etc., on a pour celui-ci 6000+300+80+1. Divisant séparément par 9 chacune de ces parties, on obtiendra les restes partiels 6, 3, 8 et 1. Il est évident que, si la somme de ces restes est un multiple de 9, le nombre proposé sera lui-même divisible par 9; c'est-à-dire que le reste de la division par 9, du nombre proposé, sera le même que celui que l'on obtiendra en divisant la somme de tous les chiffres significatifs par le même nombre 9. Ainsi le reste de $6381:9=6+3+8+1:9=18:9=0.$

D'après cela, il sera facile de s'assurer si un nombre est multiple de 9; car, dans ce cas, *la somme de tous ses chiffres significatifs sera elle-même un multiple de neuf; et, dans le cas contraire, le reste de la division de ce nombre proposé par 9 s'obtiendra toujours en divisant par 9 la somme de tous ses chiffres significatifs.*

Il n'est pas difficile de voir que ces propriétés appartiennent aussi au nombre 3 ; car 9 est un multiple de ce dernier nombre : c'est-à-dire que tout multiple de 9 est divisible par 3.

La réciproque est visiblement fausse : un multiple de 3 n'est pas toujours divisible par 9 ; les nombres 6, 12, 15, etc., qui sont divisibles par 3, ne sont point des multiples de 9.

47. Cela posé, si l'un des facteurs et même tous les deux sont multiples de 9, le produit sera lui-même un multiple de ce nombre.

En effet, dans le premier cas, si l'on divise ce facteur par 9, il sera réduit à zéro ; ce dernier étant multiplié par l'autre facteur, donnera zéro pour produit. Donc la division du produit par 9, qui s'est opérée en même temps que celle du facteur (29), a dû s'effectuer exactement. À plus forte raison le produit sera multiple de 9 lorsque les deux facteurs seront eux-mêmes un multiple de ce nombre.

D'après cela, il sera facile de s'assurer de l'exactitude d'un produit, dont l'un au moins de ses facteurs sera un multiple de 9. *Il faudra faire la somme des chiffres significatifs du produit, puis retrancher de cette somme tous les 9 ; et si le produit est exact on aura zéro pour reste.*

Dans le cas où les facteurs ne seraient pas des multiples de 9, on ne parviendrait pas moins à s'assurer de l'exactitude de leur produit d'après les mêmes procédés : car si l'on fait attention à la formation du produit dont les facteurs donnent un reste en les divisant par 9, on remarquera que le multiplicande étant multiplié par la partie du multiplicateur qui est un multiple de 9, donne un produit multiple de ce ce même nombre 9, et que ce même multiplicande étant multiplié par le reste du multiplicateur, donne encore un produit composé d'un multiple de 9, et en outre du produit du reste du multiplicande par le reste du multiplicateur. *En sorte que le produit total se trouvera toujours composé d'un multiple de 9, et en outre du produit du reste du mutiplicande par le reste du multiplicateur.*

D'où il résulte que, si l'on cherche les restes qui donnerait la division par 9 du multiplicande et du multiplicateur, et qu'ensuite on multiplie ces restes l'un par l'autre, le reste de la division par 9 de ce dernier résultat devra être le même que celui donné par le produit total. Dans le cas contraire le produit serait irrégulier.

De là concluons généralement que, *pour vérifier un produit par les propriétés de divisibilité du nombre 9, il faut ajouter tous les chiffres du multiplicande, et de la somme en ôter tous les 9 ; s'il y a un reste on l'écrira à part : faire la même opération sur les chiffres du multiplicateur ; multiplier le premier de ces restes par le second, et ôter tous les 9 du résultat. Ce dernier reste, placé à part, devra égaler celui que l'on obtiendra en ôtant tous les 9 de la somme de tous les chiffres du produit total.*

Exemple : Vérifier le produit 4542100 qui résulte de la multiplication de 3428 par 1325.

J'ajoute tous les chiffres du multiplicande, et j'ai 3+4

+2+8= 17. De cette somme ôtant tous les 9, il reste 8
que j'écris au‑dessus de la barre ver‑
ticale. La somme de tous les chiffres
du multiplicateur est 11, de laquelle
ôtant 9, il reste 2 que j'écris à l'autre ex‑
trêmité de la même ligne verticale. Je
multiplie ces deux restes l'un par l'au‑
tre, et du produit 16 j'ôte tous les 9, puis
je place le reste à l'une des extrêmi‑
tés de la barre horizontale. Actuelle‑
ment ôtant tous les 9 de la somme des
chiffres du produit 4542100, je dois avoir 7 de reste.

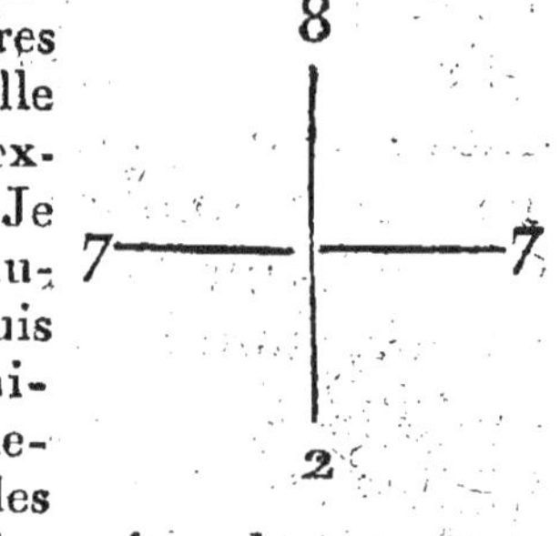

47 bis. Quant à la division, puisque le dividende est la somme
du produit du diviseur par le quotient et du reste de l'opé‑
ration, il s'ensuit évidemment que le reste qui provient
de la division du dividende par 9, doit être égal au reste
que donne la division du produit des restes du diviseur
et du quotient par le même nombre 9; plus à celui du
reste de la division principale par le même nombre 9.

Nous aurons occasion de revoir ce qui pré‑
cède lorsque nous traiterons la divisibilité des
nombres.

ORIGINE DES FRACTIONS ORDINAIRES.

48. Nous avons vu, n.º 9, que l'unité simple avait
été continuellement sous‑décuplée, c'est‑à‑dire
rendue dix en dix fois plus petite, ou divisée
successivement par 10 : ce qui a donné naissance
aux décimales. Rien n'empêche de diviser cette
unité, qui n'est autre chose qu'une quantité arbi‑
traire, en un tout autre nombre de parties égales,
telles qu'en 2, en 3, en 4, etc., parties égales;
et de former ainsi de nouvelles quantités qui
ne seront alors que la deuxième, la troisième,
la quatrième, etc., partie de l'unité simple, qui,
par cette raison, ont reçu le nom de *nombres
rompus*, ou *de fractions ordinaires*.

Pour se former une idée juste des fractions ordinaires, imaginons l'unité divisée en huit parties égales, et prenons trois de ces huit parties, nous aurons alors une quantité exprimant trois fois le huitième de un, ou la fraction *trois huitièmes de un*.

On remarque que ce nombre rompu, trois huitièmes de un, ou plus simplement *trois huitièmes*, est, de même que toute autre fraction ordinaire, exprimé par deux nombres, savoir : *trois* et *huit*. Le dernier de ces nombres se nomme *dénominateur*, parce qu'effectivement il dénomme le nombre des parties dont on conçoit l'unité formée ; et le premier qui s'écrit au-dessus du dénominateur se nomme *numérateur*, parce qu'il numère la quantité des parties qu'on doit prendre. L'un et l'autre de ces nombres, qui sont séparés par un trait horizontal, s'appellent aussi les deux termes de la fraction.

Ainsi la fraction en question s'écrira $\frac{3}{8}$.

RÉCIPROQUEMENT, *pour énoncer une fraction, on énonce d'abord le numérateur, ensuite le dénominateur, ayant soin de joindre à ce dernier la terminaison* ième. Cette terminaison *ième* rappelle toujours des divisions faites dans l'unité, et remplace par conséquent un nombre indéfini de mots qu'il aurait fallu imaginer pour exprimer toutes les divisions possibles de l'unité. Ainsi, la fraction $\frac{3}{8}$ s'énoncera *trois huitièmes*. Les fractions qui ont pour dénominateur les nombres 2, 3 et 4, sont exceptées de cette manière d'énoncer les fractions, c'est-à-dire que nous nous conformerons au vulgaire en les énonçant respectivement *demi, tiers et quart*.

49. De ce qui précède on conclut facilement

que le numérateur d'une fraction est toujours un dividende, et que le dénominateur est, dans tous les cas, un diviseur. Or toute fraction ordinaire n'est autre chose qu'une division indiquée. Donc toute division à effectuer, 27 par 8 par exemple, peut s'indiquer sous cette forme $\frac{27}{8}$. Cette dernière fraction, dont le numérateur excède le dénominateur, n'est pas une fraction proprement dite, mais bien des entiers sous la forme de fraction, et qui par cette raison prend le nom de *nombre fractionnaire*; car il est évident que cette expression $\frac{27}{8}$ renferme des unités, puisque le terme 8 indique que chaque unité est divisée en 8 parties égales, et que le terme 27 indique le nombre de ces parties à prendre, c'est-à-dire que l'expression $\frac{8}{8} = 1$.

Donc autant de fois que 8 trouvera son égal dans le numérateur 27, autant il y aura d'unités contenues dans l'expression $\frac{27}{8}$. Ainsi, pour mettre à découvert les unités contenues dans l'expression $\frac{27}{8}$, *il faut effectuer la division du numérateur par le dénominateur* : ce qui donnera 3 unités plus 3 à diviser par 8 ou $\frac{3}{8}$, en tout $3 + \frac{3}{8}$. Autre exemple : $\frac{60}{12} = 5$; réciproquement, $5 = \frac{60}{12}$.

50. Il suit de là que l'on pourra toujours mettre des entiers sous telle forme fractionnaire que l'on voudra.

Exemple : Veut-on savoir combien le nombre 5 vaut de douzièmes. Pour cela, on conçoit facilement *qu'il faut multiplier 5 par 12 ; puis affecter le produit 60 du dénominateur 12* : ce qui donnera $\frac{60}{12}$. En effet, puisque l'unité vaut $\frac{12}{12}$, les 5 unités valent 5 fois 12 douzièmes, ou $\frac{60}{12}$. Donc, etc.

51. D'après cela, lorsque l'on aura des entiers accompagnés de fractions, on pourra toujours mettre ces entiers sous la

forme fractionnaire de l'espèce de celles-ci , *en les multipliant par le dénominateur de la fraction ; puis en ajoutant au produit le numérateur de la même fraction , et en affectant cette somme du dénominateur de la fraction.*

Exemple : Qu'il soit question de mettre l'expression $8+\frac{3}{4}$ sous la forme fractionnaire *quart ;* convertissant les huit unités en quart, on aura $\frac{32}{4}$, auxquels ajoutant lés $\frac{3}{4}$ compris dans l'expression proposée , on aura pour l'équivalant de celle-ci $\frac{35}{4}$.

CHANGEMENS QUE L'ON PEUT FAIRE SUBIR AUX DEUX TERMES D'UNE FRACTION.

52. 1.º Si l'on multiplie le numérateur d'une fraction par 2, par 3, par 4, etc., sans toucher au dénominateur , on rend la fraction deux fois, trois fois, quatre fois, etc., plus grande.

Exemple : Multipliant le numérateur de la fraction $\frac{3}{4}$ par 2;

$$\frac{3\times 2}{4}=\frac{6}{4}.$$

Cette dernière fraction est deux fois plus grande que la fraction proposée.

En effet, dans le premier cas , l'unité est divisée en quatre parties égales, desquelles on doit en prendre 3 ; dans le second cas , la même unité est encore divisée en un même nombre de parties égales , desquelles on doit en prendre 6 , c'est-à-dire deux fois plus que dans le premier cas. Donc , etc. Ceci est encore fondé sur ce qu'ayant multiplié le dividende 3 par 2 , sans toucher au diviseur 4 , le quotient ou l'autre facteur est nécessairement double (43).

 2.º Si l'on multiplie le dénominateur d'une fraction par 2, par 3, par 4, etc., sans toucher au numérateur, on rend la fraction deux fois, trois fois, quatre fois, etc., plus petite.

Exemple : Soit la même fraction $\frac{3}{4}$, en multipliant le dénominateur par 3,

$$\text{on a } \frac{3}{4 \times 3} = \frac{3}{12}.$$

Cette dernière fraction est trois fois plus petite que la fraction proposée.

En effet, dans le premier cas, on prend trois des quatre parties égales dont l'unité est composée, et dans le second cas, on prend le même nombre de parties de la même unité qui est divisée en 3 fois 4 ou 12 parties, c'est-à-dire en trois fois plus de parties que dans le premier cas : celles-ci sont donc trois fois plus petites que les premières. Or, prendre un même nombre de parties, mais des parties trois fois plus petites, c'est en prendre trois fois moins. Donc, etc. Ceci se démontrerait encore d'après ce qui a été dit n.° 43.

3.° Si l'on divise le numérateur d'une fraction sans toucher au dénominateur, on rend la fraction deux fois, trois fois, quatre fois, etc., plus petite, suivant qu'on divise ce numérateur par 2, par 3, par 4, etc.

Exemple : Si on divise par 3 le numérateur de la fraction $\frac{3}{4}$,

$$\text{on a } \frac{3 : 3}{4} = \frac{1}{4},$$

fraction qui est trois fois plus petite que la fraction proposée.

En effet cette fraction proposée indique qu'il faut prendre trois des quatre parties égales qui composent l'unité, tandis que la seconde $\frac{1}{4}$ indique qu'il faut prendre trois fois moins de ces parties. Donc, etc.

4.° Enfin, si l'on divise le dénominateur d'une fraction par un nombre quelconque, sans toucher à son numérateur, on rend la fraction autant de fois plus grande qu'il y a d'unités dans le nombre quelconque qui a servi de diviseur au dénominateur.

Exemple : Divisant par 2 le dénominateur de la fraction $\frac{3}{4}$,

$$\text{nous aurons } \frac{3}{4:2} = \frac{3}{2},$$

fraction deux fois plus grande que celle $\frac{3}{4}$.

En effet le dénominateur 2 de la fraction $\frac{3}{2}$ indique que l'on conçoit ici l'unité divisée en deux fois moins de parties que dans la fraction proposée; chacune de ces deux parties est par conséquent deux fois plus grande que l'une des quatre premières. Or, comme on prend toujours le même nombre de parties dans l'un comme dans l'autre cas, il est visible que, dans le second de ces cas où les parties sont doubles, on en prend deux fois plus. Donc, etc.

53. **PREMIÈRE SCOLIE.** Par ce qui précède on voit qu'il y a deux manières de rendre une fraction plus grande; savoir : *ou en multipliant le numérateur, ou en divisant le dénominateur de la fraction par le nombre qui marque combien de fois on doit la rendre plus grande.*

Il y a aussi deux manières de rendre une fraction plus petite, savoir : *ou en divisant le numérateur, ou en multipliant le dénominateur de cette fraction par le nombre qui marque combien de fois on doit la rendre plus petite.*

54. **DEUXIÈME SCOLIE.** Il résulte encore de là *que la valeur d'une fraction est indépendante de la valeur particulière de ses termes, c'est-à-dire qu'on peut multiplier ou diviser les deux termes d'une fraction chacun par un même nombre, sans changer la valeur de la fraction.*

Exemple : Pour le premier cas, soit la fraction $\frac{3}{4}$: en multipliant ses deux termes par 2,

$$\text{on a } \frac{3 \times 2}{4 \times 2} = \frac{6}{8}.$$

Cette dernière fraction est égale à la première.

En effet, en multipliant le numérateur par 2, on rend bien la fraction deux fois plus grande (52. 1.°); mais en multipliant le dénominateur aussi par 2, on la rend deux fois plus petite (52. 2.°), c'est-à-dire qu'on la rappelle à sa juste valeur. Donc, etc.

Ceci se démontre encore de la manière suivante :

Le dénominateur 8 de la fraction obtenue indique que l'unité est divisée en deux fois plus de parties que ne l'indique le dénominateur de la fraction proposée : ces parties sont par conséquent deux fois plus petites. D'un autre côté, le numérateur 6 de la même fraction obtenue marque que l'on doit prendre le double de ces parties deux fois plus petites. Or, prendre deux fois plus de parties, mais des parties deux fois plus petites, c'est ne prendre toujours que le même nombre de parties. Donc, etc.

Exemple pour le second cas : Si l'on divise par 2 les deux termes de la fraction $\frac{4}{6}$,

$$\text{on aura } \frac{4:2}{6:2} = \frac{2}{3},$$

fraction équivalante à la première.

En effet, lorsqu'on a divisé le numérateur par 2, on a effectivement rendu la fraction deux fois plus petite ; mais bien qu'on a divisé le dénominateur aussi par 2, on l'a rendue deux fois plus grande. Donc, etc.

ADDITION ET SOUSTRACTION DES FRACTIONS.

55. PORISME. Quand les fractions ont le même dé-

nominateur, c'est-à-dire quand elles sont mesurées par une même unité, il est facile d'en faire la somme, ou de déterminer leur différence; car on voit que $\frac{1}{7} \times \frac{4}{7} = \frac{5}{7}$, et que $\frac{4}{7} - \frac{1}{7} = \frac{3}{7}$: c'est-à-dire que, dans le premier cas, *on ajoute tous les numérateurs entre eux, et on donne à la somme le dénominateur commun; et que, dans le second cas, on retranche le plus petit numérateur du plus grand, et on donne au reste le dénominateur commun.*

56. Mais lorsque les fractions n'ont pas le même dénominateur, on ne peut avec celles-ci former ni un tout, ni une différence qui leur soit homogène.

En effet des tiers réunis avec des quarts, quantités qui ne sont pas similaires, ne peuvent former un tout homogène.

Ainsi, si l'on avait à réunir ensemble les fractions $\frac{2}{3}$ et $\frac{3}{4}$, on serait obligé de les transformer en deux autres fractions qui eussent la même unité de mesure, ou en d'autres termes qui eussent le même dénominateur.

Pour obtenir ces deux nouvelles fractions respectivement égales aux premières, il suffit de remarquer que, quel que soit l'ordre qu'on observe dans la multiplication des deux dénominateurs 3 et 4, on obtiendra toujours le même produit, et par conséquent deux nouvelles fractions $\frac{2}{12}$ et $\frac{3}{12}$, qui sont bien mesurées par une même unité $\frac{1}{12}$, mais qui ne sont pas égales aux deux primitives, puisque la première a été rendue quatre fois plus petite (52. 2.°), et la seconde trois fois plus petite seulement. En sorte que, pour ne point changer leur valeur, il faut multiplier le numérateur de la première par 4, et le numérateur de la seconde par 3 (54).

De là résulte la règle prescrite pour réduire deux fractions au même dénominateur; savoir :

qu'il faut multiplier les deux termes de la première par le dénominateur de la seconde, et les deux termes de celle-ci par le dénominateur de la première.

On aura donc ici $\frac{8}{12}=\frac{2}{3}$ et $\frac{9}{12}=\frac{3}{4}$. La somme de ces deux fractions est donc $\frac{17}{12}$, et leur différence est $\frac{1}{12}$.

Si l'on avait un plus grand nombre de fractions à réduire au même dénominateur, on ferait le même raisonnement.

Exemple : Qu'il soit question de découvrir trois fractions qui soient respectivement égales aux trois suivantes : $\frac{2}{3}$, $\frac{3}{4}$ et $\frac{4}{5}$, et en même temps mesurées par la même unité. A cet effet on multipliera les dénominateurs entre eux selon ce qui a été dit dans l'exemple précédent, et l'on aura les fractions suivantes : $\frac{2}{60}$, $\frac{3}{60}$ et $\frac{4}{60}$, dont la première a été rendue 5 fois 4, ou vingt fois plus petite; la seconde 5 fois 3, ou quinze fois plus petite; et enfin la troisième 3 fois 4, ou douze fois plus petite. Ainsi, pour les rappeler à leur juste valeur, il faut multiplier le numérateur de la première par 20, celui de la seconde par 15, et enfin celui de la troisième par 12; et on aura $\frac{40}{60}$, $\frac{45}{60}$ et $\frac{48}{60}$ pour les fractions demandées. La somme de ces fractions

$$\text{est } \frac{40+45+48}{60}=\frac{133}{60}.$$

De là on conclut que, *pour réduire plus de deux fractions au même dénominateur, il faut multiplier les deux termes de chacune par le produit résultant des dénominateurs de toutes les autres.*

57.   On remarque que le procédé ci-dessus deviendrait très-long si le nombre des fractions et leur dénominateur étaient plus considérables; mais on remarque aussi que l'on arriverait au même but si l'on découvrait parmi les dénominateurs des fractions données un d'entre eux qui fût multiple de chacun des autres : car,

en divisant ce nombre par chacun de ses autres dénominateurs, il est évident que chaque quotient serait le nombre par lequel il faudrait multiplier les deux termes de la fraction respective pour la ramener à la dénomination du nombre adopté pour dividende. C'est de cette manière qu'on obtiendra encore des fractions respectivement égales aux fractions proposées, et qui auront pour dénominateur commun le nombre qui aura servi de dividende.

Mais, comme il arrivera très-rarement de rencontrer parmi les dénominateurs des fractions proposées un nombre qui ait la propriété d'être exactement divisé par chacun des autres dénominateurs, on pourra toujours obtenir ce nombre en faisant le produit de tous les dénominateurs des fractions données : car alors chacun de ces dénominateurs aura concouru à la formation de ce produit, et par conséquent chacun d'eux le divisera exactement.

Exemple : Soient les quatre fractions $\frac{2}{3}$, $\frac{3}{4}$, $\frac{4}{5}$, $\frac{5}{6}$ à réduire au même dénominateur.

Dans ce cas-ci je vais donc faire le produit des quatre dénominateurs : ce qui me donnera un multiple de chacun d'eux. Avec un peu d'attention, on voit que 60 jouit de cette propriété. Donc elles seront converties en soixantièmes, en multipliant les deux termes de la première par 20, les deux termes de la seconde par 15, ceux de la troisième par 12, et enfin ceux de la quatrième par 10, ce qui donnera $\frac{40}{60}$, $\frac{45}{60}$, $\frac{48}{60}$ et $\frac{50}{60}$.

58. COROLLAIRE. De ce qui précède on déduit le moyen de reconnaître la plus grande de deux ou d'un plus grand nombre de fractions données : il suffit de réduire ces fractions au même dénominateur ; et alors la plus grande sera celle qui aura le plus grand numérateur.

MULTIPLICATION DES FRACTIONS.

59.   La multiplication sur les fractions n'offre que trois cas ; ce qui est évident : car on ne peut avoir qu'à multiplier ou une fraction par un nombre entier, ou un nombre entier par une fraction, ou enfin une fraction par une fraction.

Premier cas. Multiplier la fraction $\frac{5}{12}$ par 3.

D'après la définition donnée sur la multiplication (28), la question se réduit à trouver un nombre qui contienne 3 fois $\frac{5}{12}$. Or le nombre cherché contiendra 3 fois la fraction $\frac{5}{12}$, s'il est composé de 3 fois $\frac{5}{12}$, ou s'il est trois fois plus grand que $\frac{5}{12}$. Ainsi, pour rendre une fraction trois fois plus grande, il faut rendre son numérateur trois fois plus grand (52. 1.°), ou bien, quand on le peut, rendre son dénominateur trois fois plus petit (52. 4.°); mais, comme le dénominateur de la fraction multiplicande n'est pas toujours un multiple du multiplicateur, on s'arrêtera au premier de ces procédés,

et on aura pour le cas actuel $\dfrac{5}{12}\times 3 = \dfrac{5\times 3}{12} = \dfrac{15}{12}$

pour le produit demandé. Si l'on veut mettre à découvert les entiers contenus dans cette expression, on aura $1+\frac{3}{12}$, ou $1+\frac{1}{4}$ (54).

De là il est facile de déduire la règle générale pour multiplier une fraction par un nombre entier : elle consiste *à multiplier le numérateur de la fraction multiplicande par le multiplicateur, et à affecter le produit du dénominateur de la même fraction multiplicande.*

Deuxième cas. Multiplier le nombre 12 par $\frac{5}{7}$?

En raisonnant comme précédemment, et sachant que le produit se compose du multiplicande de la même manière que le multiplicateur se compose de l'unité (28), on voit qu'il s'agit ici de trouver un nombre qui exprime les $\frac{5}{7}$ de 12 , ou , ce qui est la même chose, de prendre cinq fois le $\frac{1}{7}$ du nombre 12. Or le $\frac{1}{7}$ de 12 est $\frac{12}{7}$; donc les $\frac{5}{7}$ de 12 vaudront cinq fois $\frac{12}{7}$ ou $\frac{60}{7}$ (1er cas). Ceci nous fait voir qu'effectivement *le multiplicande est au produit ce que l'unité est au multiplicateur* (28) ; c'est-à-dire qu'ici 12 est à $\frac{60}{7}$ comme 1 est à $\frac{5}{7}$; ou , en d'autres termes , le produit $\frac{60}{7}$ exprime les $\frac{5}{7}$ de l'unité. Or , *multiplier 12 par $\frac{5}{7}$, c'est prendre les $\frac{5}{7}$ de 12.*

D'où l'on conclut que , *pour multiplier un nombre entier par une fraction , il faut diviser le multiplicande par le dénominateur de la fraction multiplicateur , puis multiplier le résultat par le numérateur de la même fraction multiplicateur;* ou , plus généralement , *multiplier le nombre qui sert de multiplicande par le numérateur du multiplicateur , et affecter le résultat du dénominateur de la fraction multiplicateur.*

Troisième cas. Multiplier la fraction $\frac{3}{4}$ par la fraction $\frac{7}{8}$.

Il est évident , d'après ce qui précède , qu'il faut ici prendre sept fois la huitième partie de $\frac{3}{4}$, ou rendre la fraction $\frac{3}{4}$ huit fois plus petite, puis la prendre sept fois ; mais on rend une fraction huit fois moindre, en multipliant son dénominateur par 8 (52. 2.°) , et on prend sept fois cette fraction en multipliant son numérateur par 7 (52. 1.°) : ce qui donne $\frac{21}{32}$ pour le produit de $\frac{3}{4}$ par $\frac{7}{8}$, ou pour les $\frac{7}{8}$ de $\frac{3}{4}$. Donc multiplier par $\frac{7}{8}$, c'est prendre les $\frac{7}{8}$ du multiplicande.

D'où il résulte que , *pour multiplier une fraction par une fraction , il faut multiplier ces deux fractions termes à termes ; c'est-à-dire le numérateur de l'une par le numérateur de l'autre , et le dénominateur de la première par le dénominateur de la seconde.*

Cette dernière règle générale convient également aux deux précédens cas ; en effet, si l'on met les facteurs en nombre entier de ceux-ci sous la forme fractionnaire en leur donnant pour dénominateur l'unité, il est évident que ces deux premiers cas rentreront dans le troisième.

60.   **Premier corollaire.** Pour prendre les $\frac{2}{3}$, les $\frac{3}{4}$, les $\frac{5}{6}$, les $\frac{4}{5}$, les $\frac{7}{8}$, etc., d'un nombre quelconque entier ou rompu, il faut multiplier ce nombre ou par $\frac{2}{3}$, ou par $\frac{3}{4}$, ou par $\frac{5}{6}$, ou par $\frac{4}{5}$, ou par $\frac{7}{8}$, etc.

61.   **Deuxième corollaire.** Le mot multiplier n'emporte pas toujours avec lui la signification d'augmentation ; il signifie augmenter lorsque le multiplicateur est plus grand que 1 : lorsque le multiplicateur est 1, le produit est invariable, ou toujours égal au multiplicande ; enfin, lorsque le multiplicateur est moindre que l'unité, le produit est toujours inférieur au multiplicande.

62.   **Troisième corollaire.** L'évaluation des fractions de fractions se déduit naturellement de ce qui vient d'être exposé touchant la multiplication des fractions.

Veut-on prendre les $\frac{4}{5}$ des $\frac{5}{8}$ des $\frac{3}{4}$ des $\frac{2}{3}$ d'un nombre quelconque, de 324 par exemple :

D'abord pour prendre les $\frac{3}{4}$ des $\frac{2}{3}$, je multiplie $\frac{2}{3}$ par $\frac{3}{4}$, et j'ai $\frac{6}{12}$; pour prendre les $\frac{5}{6}$ des $\frac{3}{4}$ des $\frac{4}{3}$, ou pour prendre les $\frac{5}{8}$ de $\frac{6}{12}$, il faut multiplier $\frac{6}{12}$ par $\frac{5}{6}$ (60), et l'on aura $\frac{30}{96}$; enfin, pour avoir les $\frac{4}{5}$ des $\frac{5}{8}$ des $\frac{3}{4}$ des $\frac{2}{3}$, ou pour avoir les $\frac{4}{5}$ de $\frac{30}{96}$, il faut multiplier $\frac{30}{96}$ par $\frac{4}{5}$: ce qui donnera $\frac{120}{480}$, ou $\frac{12}{48}$ en divisant le haut et le bas par 10. Si l'on divise encore les deux termes de cette dernière par 12, on aura $\frac{1}{4}$. Ainsi prendre les $\frac{4}{5}$ des $\frac{5}{8}$ des $\frac{3}{4}$ des $\frac{2}{3}$ du nombre 324, c'est prendre le $\frac{1}{4}$ de ce nombre 324, qui est 81 (60).

D'après cela on voit que, *pour évaluer les fractions de fractions, il faut multiplier tous les numérateurs entre eux, et de même tous les dénominateurs entre eux ;* alors on simplifiera l'opération en supprimant tous les facteurs qui pourront se trouver communs au produit des numérateurs et au produit des dénominateurs : ce qui n'altérera pas le résultat ; car le numérateur et le dénominateur de celui-ci seront divisés séparément par ce facteur commun (54).

Exemple : Soit le même problème que ci-dessus,

$$\text{on aura } \frac{2}{3} \times \frac{3}{4} \times \frac{5}{8} \times \frac{4}{5} \times 324 = \frac{2}{8} \times 324 = 324 \times \frac{1}{4}$$

$$= \frac{324}{4} = 81.$$

DIVISION DES FRACTIONS.

Ayant présenté la multiplication sous un point de vue qui ne laisse échapper aucun cas, il est clair que la division doit être susceptible de la même généralité, puisqu'il n'y a de différence entre ces deux opérations qu'en ce que dans l'une on cherche un produit, et dans l'autre l'un des facteurs de ce produit. Ainsi on peut dire *que la division fait découvrir un nombre qui est au dividende ce que l'unité est au diviseur* (38).

D'après cela *le dividende doit être formé du quotient de la même manière que le diviseur est formé de l'unité.*

Cela posé, passons à l'analyse de chacun des cas que nous présente la division des fractions : le nombre de ces cas est évidemment le même que celui qui s'est présenté dans la multiplication de ces sortes de nombres.

PREMIER CAS. Diviser la fraction $\frac{5}{7}$ par le nombre **8**.

D'après ce qui vient d'être dit, il résulte que diviser $\frac{5}{7}$ par 8, c'est trouver un nombre qui soit à $\frac{5}{7}$ ce que l'unité est à 8 unités : or l'unité est la huitième partie du nombre 8 ; donc le quotient cherché sera la huitième partie du dividende $\frac{5}{7}$. Ainsi la question se réduit à prendre le $\frac{1}{8}$ de $\frac{5}{7}$ (60), ou à rendre cette dernière fraction 8 fois plus petite : ce qui donne $\frac{5}{56}$.

De là on conclut que, *pour diviser une fraction par un nombre entier, il faut multiplier le dénominateur de la fraction dividende par le nombre entier qui sert de diviseur.*

DEUXIÈME CAS. Soit à diviser un nombre entier par une fraction, par exemple 6 par $\frac{8}{9}$.

Pour obtenir ce quotient, on raisonnera ainsi : Le diviseur étant les $\frac{8}{9}$ de l'unité, le dividende 6 est les $\frac{8}{9}$ du quotient. Or les $\frac{8}{9}$ du quotient étant exprimés par le nombre 6, il est évident que si l'on rend ce nombre 6 huit fois plus petit en le divisant par 8, le résultat $\frac{6}{8}$ n'exprimera plus que la neuvième partie du quotient; en sorte que, pour avoir le quotient intégral, il suffit de prendre 9 fois sa neuvième partie, car ce quotient égale ses $\frac{9}{9}$. On a donc 6:$\frac{8}{9}$ $=\frac{6}{8}\times9=\frac{54}{8}$ pour le quotient cherché.

D'où l'on voit que, *pour obtenir le quotient d'un nombre entier par une fraction, il faut diviser le dividende par le numérateur de la fraction diviseur ; puis multiplier le résultat par le dénominateur de la même fraction diviseur; ou, ce qui revient au même, multiplier le dividende par le dénominateur de la fraction diviseur, et ensuite diviser le résultat par le numérateur de la même fraction diviseur.*

TROISIÈME CAS. Diviser la fraction $\frac{5}{8}$ par la fraction $\frac{3}{4}$.

Puisque le diviseur ne contient que trois fois le quart de l'unité, le dividende $\frac{5}{8}$ n'est formé que de trois fois le quart du quotient; en sorte que, si l'on rend ce dividende trois fois plus petit en multipliant son dénominateur par 3, on aura $\frac{5}{24}$, fraction qui n'exprime plus que le $\frac{1}{4}$ du quotient. Partant, si on prend quatre fois ce quart du quotient, on aura $\frac{20}{34}$ pour le quotient intégral de $\frac{5}{8}$ par $\frac{3}{4}$.

Donc, *pour diviser une fraction par une fraction, il faut multiplier le numérateur de la fraction dividende par le dénominateur de la fraction diviseur, et le dénominateur de la même fraction dividende par le numérateur de la fraction diviseur;* ou, ce qui est la même chose, *renverser la fraction diviseur, puis multiplier le dividende par cette fraction ainsi renversée* (59. Troisième cas). On a donc pour l'exemple proposé, $\frac{5}{8} : \frac{3}{4} = \frac{5}{8} \times \frac{4}{3} = \frac{20}{24}$.

Par là on remarque facilement que la règle précédente convient également aux deux premiers cas, puisque ceux-ci retombent dans le troisième si on met les termes en nombres entiers de l'un et de l'autre de ces cas sous la forme fractionnaire, en leur donnant pour dénominateur l'unité.

Scolie. D'après ce qui précède on voit que le mot diviseur n'emporte pas toujours avec lui la signification de diminution. Lorsque le diviseur est plus grand que l'unité, le quotient est inférieur au dividende; quand le diviseur est égal à l'unité, le quotient est égal au dividende; et enfin quand le diviseur est au-dessous de l'unité, le quotient est plus grand que le dividende : c'est-à-dire que ce que nous observons ici sur le diviseur comparé à l'unité, à l'égard du quotient comparé au dividende, est l'inverse de ce que nous avons dit (n.° 61) du multiplicateur comparé à l'unité à l'égard du produit comparé au multiplicande. Donc le mot diviser, de même que le mot multiplier, peut emporter avec lui ou la signification de diminution, ou la signification d'égalité, ou enfin celle d'augmentation. Ainsi, $1.^o$ $\frac{1}{2}:3=\frac{1}{6}$; $2.^o$ $\frac{1}{2}:1=\frac{1}{2}$; $3.^o$ $\frac{1}{2}:\frac{1}{2}=\frac{2}{2}=1$.

65.   COROLLAIRE. Les raisonnemens précédens nous fournissent le moyen de résoudre divers problèmes qui semblent n'appartenir qu'à la règle de fausse position.

Exemple : Trouver un nombre dont les $\frac{5}{6}$ fassent $\frac{2}{3}$?

La question se réduit à diviser $\frac{2}{3}$ par $\frac{5}{6}$: car il suffit de trouver un facteur qui, combiné par voie de multiplication, avec $\frac{5}{6}$, donne $\frac{2}{3}$. En effet, une fois que le nombre demandé sera obtenu, il faudra en prendre les $\frac{5}{6}$, et ce en le multipliant par $\frac{5}{6}$ (60).

On peut donc préciser l'énoncé de la question en disant :

Un produit $\frac{2}{3}$ et l'un de ses facteurs $\frac{5}{6}$ sont donnés: découvrir l'autre facteur ? Ainsi $\frac{2}{3}:\frac{5}{6}=\frac{2}{3}\times\frac{6}{5}=\frac{12}{15}=\frac{4}{5}$ pour le nombre dont les $\frac{5}{6}$ égalent $\frac{2}{3}$. En effet $\frac{4}{5}\times\frac{5}{6}=\frac{20}{30}=\frac{2}{3}$ après avoir divisé le haut et le bas par 10.

De même si l'on proposait de trouver un nombre dont les $\frac{7}{9}$ fissent 15, on verrait par le même raisonnement que ci-dessus que, pour obtenir ce nombre, il faut diviser un produit 15 par l'un de ses facteurs $\frac{7}{9}$; et on aurait $15:\frac{7}{9}=\frac{15}{1}\times\frac{9}{7}=\frac{135}{7}$. En effet les $\frac{7}{9}$ de $\frac{135}{7}=15$.

DES OPÉRATIONS SUR LES ENTIERS ACCOMPAGNÉS DE FRACTIONS.

66.   Quand on aura à opérer sur des entiers accompagnés de fractions, on réduira le tout eu fractions de même espèce que celles qui accompagnent ces entiers (50) : ce qui ramènera les opérations à celles des fractions.

Exemple : 5 toises $\frac{2}{3}$ d'ouvrage coûtent 34 francs $\frac{5}{9}^{f.}$, on demande à combien cela revient la toise?

Il est évident qu'il faut diviser 34 f. $\frac{5}{9}^{f.}$ par le nombre abstrait 5 $\frac{2}{3}$. Pour cela on convertira le dividende en neuvièmes, et le diviseur en tiers; et

on aura
$$\frac{34^{f.} \times 9 + 5^{f.}}{9} : \frac{5 \times 3 + 2}{3} = \frac{311^{f.}}{9} : \frac{17}{3} = \frac{311^{f.}}{9} \times \frac{3}{17}$$
$$= \frac{933^{f.}}{153} = 6^{f.} + \frac{15}{153} = 6^{f.} + \frac{5}{15}$$

On fera les mêmes préparatifs pour effectuer les autres opérations élémentaires sur ces sortes de nombres.

MOYENS D'ABAISSER LES DEUX TERMES D'UNE FRACTION SANS CHANGER SA VALEUR.

67. On sait qu'en divisant les deux termes d'une fraction par un même nombre, on ne change point la valeur de cette fraction (54). Or, si l'on divise le haut et le bas d'une fraction par un même nombre entier, les deux termes de la fraction obtenue seront moindres que ceux de la fraction proposée (64); et d'autant moindres que leur diviseur aura été plus grand. Partant, comme il est plus facile de se former une idée juste de la valeur d'une fraction lorsqu'elle est exprimée par de moindres termes, il convient donc de ramener ses deux termes chacun à une expression d'un même nombre de fois plus simple. On y parviendra en divisant l'un et l'autre termes de la fraction par 2, et on répétera cette division autant de fois qu'elle pourra se faire exactement. On divisera ensuite les deux derniers quotiens chacun par 3 autant de fois qu'on le pourra. On fera successivement la même chose avec les nombres 5, 7,

11, 13, 17, etc., c'est-à-dire, avec les *nombres premiers* ou *générateurs* (Les nombres premiers sont ceux qui n'ont d'autres diviseurs qu'eux - mêmes ou l'unité, tels que 2, 3, 5, 7, 11, 13, 17, 19, 23, etc.), parce que, ceux-ci une fois épuisés, il est évident que leurs multiples ne peuvent servir comme diviseurs. Cette méthode est celle des *diviseurs successifs.*

Comme tout nombre n'est pas toujours divisible exactement ou par 2, ou par 3, ou par 5, ou par 7, etc., on pourrait éprouver de grandes difficultés pour savoir quand les deux termes d'une fraction sont divisibles chacun ou par 2, ou par 3, ou par 5, ou par 7, etc. : c'est pourquoi nous donnons ici les symptômes pour connaître quand un nombre est divisible par les nombres premiers suivans :

1.º *Tout nombre qui finit par un chiffre pair* (*), *ou par zéro, est divisible par* 2.

2.º A l'égard du nombre 3, on se rappellera qu'il jouit des mêmes propriétés que son multiple 9 (46). Or le n.º 46 fournit le moyen de reconnaître quand un nombre est divisible par 3.

3.º *Tout nombre terminé par* 5, *ou par zéro, est divisible par* 5.

La quantité des nombres premiers étant illimitée, je me crois en droit de m'arrêter aux symptômes de la divisibilité par 5. Je me borne à la description de ce petit nombre de symptômes de divisibilité, avec d'autant plus de raison que ceux pour les autres nombres premiers sont

---

(*) On entend par nombres pairs ceux qui se divisent exactement par 2, à cause que, semblablement au nombre 2, ils peuvent être considérés comme étant la somme de deux parties égales d'unités entières.

très-compliqués, et par conséquent non susceptibles de pouvoir être démontrés ici : c'est pourquoi, en renvoyant à la théorie de la divisibilité des nombres pour la démonstration des symptômes de divisibilité ci-dessus donnés, nous allons indiquer une autre méthode pour abaisser les deux termes d'une fraction. Cette méthode est celle du *plus grand diviseur commun.*

RECHERCHE DU PLUS GRAND DIVISEUR COMMUN.

58. Les tâtonnemens que l'on est obligé de faire dans la méthode des diviseurs successifs, ont fait rechercher une autre méthode plus expéditive pour abaisser les deux termes d'une fraction ; *c'est la méthode du plus grand diviseur commun :* elle repose sur les trois principes suivans, extraits des notes de M. Raynaud :

59. PREMIER PRINCIPE. *Quand plusieurs nombres ont un diviseur commun, leur somme a le même diviseur.* Ainsi, les nombres 6, 12, 15 étant divisibles par 3, leur somme 33 est aussi divisible par le même nombre 3.

En effet, le quotient de la division de chacun de ces nombres par le diviseur commun étant par l'hypothèse un nombre entier, la réunion de ces trois quotiens partiels, qui compose le quotient total de la somme des trois nombres proposés par le diviseur commun, est nécessairement un nombre entier. Donc, etc.

La réciproque est fausse : le diviseur d'une somme ne divise pas toujours les parties qui la composent.

En effet, quoique 30 soit divisible par 5, ses parties 12 et 18 ne sont pas divisibles par 5.

70.   DEUXIÈME PRINCIPE. *Le diviseur d'un nombre en divise exactement les multiples.*

En effet, tout multiple d'un nombre n'est autre chose que la somme de ce nombre ajouté une certaine quantité de fois à lui-même (28). Ainsi le nombre 3 divisant 6, divisera aussi 12, 18, 36, etc. ; en général tous les multiples de 6.

71.   TROISIÈME PRINCIPE. *Lorsqu'une somme est composée de deux parties, tout nombre qui divise séparément la somme et l'une de ses parties, divise nécessairement l'autre partie de cette somme.*

En effet, si l'on divise la somme par son diviseur, le quotient sera un nombre entier qui devra être égal à la réunion des quotiens partiels des deux parties par le même diviseur; mais, par hypothèse, le premier de ces quotiens partiels est un nombre entier; le second est donc aussi un nombre entier, qui, étant ajouté au premier, donne un quotient total en nombre entier. *Exemple :* Soit 20 la somme donnée, et 12 l'une de ses parties. Si 4 divise séparément la somme 20 et la partie 12, 4 divisera son autre partie 8; c'est-à-dire qu'on aura $\frac{20}{4} = \frac{12}{4} + \frac{8}{4}$.

Ce troisième principe peut s'énoncer ainsi : *Tout diviseur commun à deux quantités divise le reste de la division de la plus grande par la plus petite.*

En effet le produit du diviseur par le quotient en nombre entier est, dans l'hypothèse, un multiple du diviseur commun en question.

Donc, en retranchant ce produit du dividende, on retranche un nombre exact de fois ce même diviseur commun (71); en sorte que le reste que l'on obtient, contient encore ce même diviseur commun un nombre exact de fois. Donc, etc.

2. Ces principes établis, passons à la recherche du plus grand diviseur commun ; et, pour fixer nos idées, nous considérerons les nombres 48 et 18.

Le plus grand diviseur commun à ces deux nombres ne saurait surpasser le plus petit : car il doit le diviser exactement. On est donc conduit à essayer si le plus petit nombre 18 qui se divise lui-même, et donne 1 pour quotient exact, peut aussi diviser exactement le plus grand ; auquel cas 18 sera le plus grand diviseur commun demandé ; ce qui n'arrive pas dans cet exemple : car 48 divisé par 18 donne 2 au quotient, et 12 de reste ; on aura donc $48 = 18 \times 2 + 12$. Cela posé, le plus grand diviseur commun entre 48 et 18 divise séparément la somme 48 et l'une de ses parties 18×2 ; il doit donc diviser l'autre partie 12 (71) ; c'est-à-dire qu'il divisera séparément 18 et 12. Or le plus grand diviseur commun entre les deux nombres proposés, est le même que celui qui existe entre 18 et 12 ; il ne peut donc pas être plus grand que 12, puisqu'il faut qu'il divise ce dernier. Opérant sur 18 et 12 comme sur les nombres proposés, on voit que 12 n'est pas le diviseur cherché : car 18 divisé par 12 donne un reste 6. Par un raisonnement semblable aux précédens, on voit que le plus grand diviseur commun entre 48 et 18, qui était le même que celui qui existait entre 18 et 12, est encore le même que celui qui existe entre 12 et 6. Opérant sur ces derniers nombres, comme plus haut, on en conclura que 6 est le plus grand diviseur commun cherché, puisqu'il divise 12 sans reste. En sorte que si les deux nombres proposés avaient exprimé la fraction $\frac{18}{48}$, on aurait $\frac{3}{8}$, après avoir divisé chacun de ses termes par 6. Cette dernière fraction $\frac{3}{8}$ est dite *irréductible*, parce que ses termes n'ont plus de diviseur commun ; et les deux termes 3 et 8 qui expriment cette fraction sont dits *premiers entre eux*.

De là la règle prescrite pour trouver le plus grand diviseur commun entre deux nombres ; elle consiste *à diviser le plus grand des nombres proposés par le plus petit : si le reste est zéro, on en conclura que ce plus petit nombre est le diviseur cherché ; dans le cas contraire, on divisera le plus petit de ces deux nombres proposés par le reste. Si le reste de cette dernière division est nul, on en conclura que ce premier reste est le diviseur demandé. Si au contraire on obtient encore un reste, on divisera le premier de ces restes par le dernier; ainsi de suite. Le reste qui aura divisé exactement son précédent, sera le plus grand diviseur commun cherché. Lorsque ce dernier est l'unité, cela indique que les deux nombres proposés n'ont que l'unité pour plus grand diviseur commun ; et l'on dit alors que ces deux nombres sont premiers entre eux.*

Nota. Le nombre des divisions à effectuer pour obtenir le plus grand diviseur commun entre deux nombres, ne peut jamais excéder le plus petit des deux nombres proposés. Ce qui est évident ; car à chaque division ce plus petit nombre ne peut diminuer au moins que d'une unité.

73.   La recherche du plus grand diviseur commun entre plusieurs nombres se déduit facilement de ce qui précède : s'il y en a trois, par exemple, *on cherchera le plus grand diviseur commun des deux premiers, selon ce qui a été dit; puis le plus grand diviseur commun qui existe entre ce diviseur commun des deux premiers nombres proposés, et le troisième de ces mêmes nombres proposés.*

En effet, s'il existe un diviseur commun entre ces trois nombres proposés, il divisera séparément chacun d'eux. Si donc on a trouvé celui qui existe entre les deux premiers, on est conduit à chercher s'il divise le troisième : dans le cas où il ne le diviserait pas, il ne pourra être considéré comme diviseur commun des nombres proposés; mais le diviseur commun qui existera entre le troisième nombre donné et le diviseur commun aux deux premiers, satisfera à la question par la seule raison que ces deux premiers nombres proposés *sont multiples de leur premier diviseur commun*, et que celui-ci est multiple du dernier diviseur commun (70). Donc, etc.

Le lecteur pourra s'exercer sur l'exemple suivant :

Trouver le plus grand diviseur commun aux quatre nombres 2211, 1608, 1005 et 1206? Il obtiendra 201.

THÉORIE DES DÉCIMALES
COMPARÉES AUX FRACTIONS ORDINAIRES.

Lorsque l'on a conçu la série des différens ordres d'unités continués indéfiniment à gauche et à droite de l'unité principale (10), on voit que le système décimal n'est qu'une extension du système adopté pour les nombres entiers ; d'un autre côté, on sait que les décimales, de même que les fractions ordinaires, expriment des quantités moindres que l'unité. Or il est bien évident qu'une fraction décimale doit être égale à une fraction ordinaire de telle ou telle dénomination. Aussi l'objet de cette théorie est-il de trouver la fraction ordinaire équivalente à une fraction décimale quelconque ; et réciproquement.

Tout nombre décimal est équivalent à une fraction ordinaire dont le numérateur est le nombre décimal même, abstraction faite de la virgule, et dont le dénominateur est l'unité suivie d'autant de zéros qu'il y avait de chiffres décimaux sur la droite de la virgule.

Ainsi le nombre décimal 0,0365 est équivalent à la fraction ordinaire $\frac{365}{10000}$. En effet $0,0365 = \frac{3}{100} + \frac{6}{1000} + \frac{5}{10000}$. Si l'on réduit ces trois fractions au même dénominateur (57), on aura $\frac{300}{10000} + \frac{60}{10000} + \frac{5}{10000} = \frac{365}{10000}$. Donc, etc.

76.   Réciproquement, *toute fraction ordinaire qui a pour dénominateur l'unité suivie de zéros, est toujours équivalente à un nombre décimal qui est le numérateur de la fraction proposée, après avoir détaché sur sa droite autant de chiffres décimaux qu'il y avait de zéros sur la droite du dénominateur.* Ainsi $\frac{365}{10000} = 0{,}0365$.

En effet, $\frac{365}{10000} = \frac{300}{10000} + \frac{60}{10000} + \frac{5}{10000}$, ou $\frac{3}{100} + \frac{6}{1000} + \frac{5}{10000}$, fractions ordinaires qui égalent respectivement $0{,}03$, $0{,}006$, $0{,}0005$ (75), et qui par conséquent peuvent être exprimées par le seul nombre décimal $0{,}0365$ (10). Donc, etc.

Cet exemple fait voir que, *toutes les fois que le numérateur de la fraction ordinaire à transformer en décimales ne renfermera pas assez de chiffres pour en détacher autant qu'il y a de zéros sur la droite de son dénominateur, il faudra y suppléer par des zéros mis sur sa gauche.*

Cette réciprocité ne comprend que les fractions ordinaires qui ont pour dénominateur l'unité suivie de zéros sur sa droite. Ce qui est évident, puisque la proposition directe du n.° 76 ne peut, dans tous les cas, que donner une fraction ordinaire de cette sorte pour l'expression équivalente à un nombre décimal quelconque. Mais cependant il convient d'examiner ici si une fraction ordinaire quelconque ne peut pas être transformée en un nombre décimal.

TRANSFORMATION

D'UNE FRACTION ORDINAIRE QUELCONQUE

EN DÉCIMALES.

77.   La transformation d'une fraction ordinaire

en décimales s'effectuera toujours en divisant le numérateur par son dénominateur; ce qui est évident, si on se rappelle que le numérateur d'une fraction n'est autre chose qu'un dividende, et le dénominateur le diviseur (49). Ainsi le procédé du n.º 41 nous fournit le moyen de convertir en décimales une fraction ordinaire plus grande ou plus petite que l'unité; c'est-à-dire *qu'il faudra diviser le numérateur de la fraction proposée par son dénominateur, ayant soin de placer la virgule décimale sur la droite des unités simples lorsqu'on les aura obtenues, ou marquer leur absence par un zéro; puis on convertira chaque reste successivement en dixièmes, centièmes, etc., en mettant un zéro sur la droite de chacun de ces restes* (41).

78. La transformation du numéro précédent ne s'effectuera pas toujours d'une manière exacte ; c'est de quoi on peut se convaincre par l'examen attentif de chacun des cas suivans, qui donneront en outre le moyen de juger d'avance si une fraction ordinaire est exactement conversible en décimales :

79. PREMIER CAS. *Ce premier cas est celui où le dénominateur de la fraction ordinaire proposée est l'unité suivie de zéros.* Or le n.º 76 nous fait voir qu'une fraction ordinaire de cette sorte est toujours exactement transformable en décimales. Mais lorsque le dénominateur n'est pas l'unité suivie de zéros sur sa droite, tel que celui de la fraction $\frac{11}{80}$, on est conduit à l'un des deux derniers cas suivans :

80. DEUXIÈME CAS. *Lorsque le dénominateur de la fraction proposée, qui est un nombre autre que l'unité suivie de zéros, peut se décomposer exactement ou en des facteurs 2, ou en des facteurs 5, ou enfin en des facteurs 2 et 5, la fraction se transformera exactement en décimales :* car une fraction de cette dénomination peut toujours être transfor-

mée en une autre fraction équivalente dont le dénominateur sera l'unité suivie de zéros sur sa droite. Pour la
ramener à cet état, il suffit, dans le premier cas, d'introduire dans le dénominateur le facteur 5 autant de fois que
le facteur 2 s'y trouvera lui-même; dans le second cas on
introduira dans le dénominateur le facteur 2 autant de fois
que le facteur 5 s'y trouvera contenu; et enfin dans le troisième cas on fera en sorte que les facteurs 2 et 5 se trouvent
contenus le même nombre de fois dans le dénominateur,
observant toutefois, dans l'un comme dans l'autre de ces
cas, d'introduire le même nombre de fois dans le numéra-
rateur le facteur qui aura été introduit dans le dénominateur.
Partant, il est évident que chacun des couples de facteurs
2×5 compris dans le dénominateur, donnera un nouveau
facteur 10 à ce dénominateur. Or ces derniers facteurs 10,
combinés entre eux, donneront un nouveau dénominateur
qui sera l'unité suivie d'autant de zéros que le dénominateur
précédent comprenait de fois le facteur 10 (8).

Exemple : Soient les fractions $\frac{7}{16}$, $\frac{11}{125}$ et $\frac{13}{80}$. Décomposant
le dénominateur de chacune en ses facteurs 2 et 5, on
obtiendra respectivement

$$\frac{7}{2 \times 2 \times 2 \times 2}, \quad \frac{11}{5 \times 5 \times 5} \quad \text{et} \quad \frac{13}{2 \times 2 \times 2 \times 2 \times 5}.$$

Introduisant quatre fois le facteur 5 dans le dénominateur de
la première de ces dernières fractions, trois fois le facteur
2 dans le dénominateur de la seconde, et trois fois le facteur 5 dans celui de la troisième, on aura

$$\frac{7 \times 5 \times 5 \times 5 \times 5}{2 \times 2 \times 2 \times 2 \times 5 \times 5 \times 5 \times 5}, \quad \frac{11 \times 2 \times 2 \times 2}{5 \times 5 \times 5 \times 2 \times 2 \times 2}$$

$$\text{et} \quad \frac{13 \times 5 \times 5 \times 5}{2.2.2.2.5.5.5.5}$$

Effectuant les multiplications, on a $\frac{4375}{10000}$, $\frac{88}{1000}$ et $\frac{1625}{10000}$, qui
égalent respectivement 0,4375, 0,088 et 0,1625 pour les
expressions décimales respectivement équivalentes aux fractions ordinaires proposées; c'est-à-dire que les divisions du
numérateur de chacune des fractions proposées, par son
dénominateur respectif, auraient donné les mêmes résultats.

81. TROISIÈME CAS. *Quand le dénominateur d'une fraction irréductible contient d'autres facteurs que ceux 2 et 5,
la fraction ne peut se convertir exactement en décimales.*
En effet les deux termes de la fraction proposée n'ayant

aucun facteur commun, les facteurs autres que 2 et 5, qui sont dans le dénominateur de cette fraction, y resteront toujours lors même que l'on multipliera les deux termes de la fraction par un même nombre quelconque. Or, comme il n'y a que le couple de facteurs 2×5 qui donne un produit exprimé par l'unité suivie de zéros, il en résulte que l'on ne pourra convertir la fraction ordinaire proposée en une autre équivalente qui ait pour dénominateur l'unité suivie de zéros. Donc, etc. (79).

Exemple : Soit la fraction $\frac{3}{11}$ à transformer en décimales. Effectuant la division comme il a été dit, on a

$$
30 \left\{ \begin{array}{l} 11 \\ \hline \\ 80 \quad 0{,}2727\ldots \text{ etc.} \\ 30 \\ 80 \\ 3 \end{array} \right.
$$

On voit par là que les chiffres 2 et 7 obtenus au quotient doivent se reproduire indéfiniment, et dans le même ordre. Observons à cet égard que plus on mettra de chiffres décimaux au quotient, plus on approchera de la valeur de la fraction $\frac{3}{11}$. De même $\frac{7}{9} = 0{,}7777\ldots$ etc., et $\frac{4}{13} = 0{,}307692\,307692\ldots$ etc.

2. Les fractions décimales, telles que $0{,}2727\ldots$ etc., et $0{,}307692\,307692\ldots$ etc., dans lesquelles plusieurs chiffres se répètent périodiquement dans le même ordre et indéfiniment, ont reçu le nom de *fractions décimales circulantes*, ou *fractions décimales périodiques*; et la partie 27, de même que celle 307692 du quotient qui se reproduit périodiquement, s'appelle la *période*.

Lorsque la période ne commence qu'après un certain nombre de décimales, telles que $0{,}1231717\ldots$ etc., la fraction est dite *fraction décimale périodique mixte*; et la partie 123 du quotient qui ne reparaît plus, est dite la *partie mixte* de ce quotient.

Les trois cas que nous venons d'examiner nous offrent donc le moyen de convertir en décimales les fractions ordinaires d'une manière exacte ou approchée. Il nous reste maintenant à résoudre le problème inverse; c'est-à-dire qu'il nous reste à exposer le moyen de trouver la fraction ordinaire qui a donné naissance à une fraction décimale quelconque.

TRANSFORMATION DES FRACTIONS DÉCIMALES EN FRACTIONS ORDINAIRES.

83.   Cette transformation présente autant de cas que l'on a obtenu d'expressions décimales différentes dans la conversion des fractions ordinaires en fractions décimales.

PREMIER CAS. Ce premier cas est celui où l'expression décimale proposée a un dernier chiffre décimal. Or le n.º 75 en donne la solution.

DEUXIÈME CAS. Soit la fraction décimale périodique 0,666 ..... etc., à transformer en fraction ordinaire.

Pour trouver la fraction ordinaire qui a donné naissance à cette fraction décimale, je raisonne ainsi :

Si de 10 fois 0,666..... etc., $= 6,6666.:....$ etc.

j'ôte   1 fois   0,666..... etc., $= 0,6666.....$ etc., (14),

———————————————————————

Il reste 9 fois 0,666..... etc., $= 6,0000.....$ etc.

Donc, si 9 fois 0,666.... etc., égalent 6 unités, une fois 0,666.... etc., vaudra le $\frac{1}{9}$ de 6, ou $\frac{6}{9} = \frac{2}{3}$.

Soit encore la fraction 0,2727.... etc., à convertir en fraction ordinaire.

Afin de faire passer la période au rang des unités, on dira :

Si de 100 fois 0,2727..... etc., $= 27,272727.....$ etc.,

on ôte 1 fois   0,2727..... etc., $= 0,272727.....$ etc.,

———————————————————————

Il reste 99 fois 0,2727..... etc., $= 27,000000.....$ 00

Donc 99 fois 0, 27 27.... etc., égalent 27 unités : une seule fois 0, 27 27.... etc., ne vaut par conséquent que $\frac{1}{99}$ de 27 unités, ou $\frac{27}{99} = \frac{3}{11}$.

Si la période de la fraction proposée était composée de trois ou de quatre chiffres, afin de toujours faire passer la période au rang des unités, on prendrait cette fraction proposée 1000 fois ou 10000 fois, etc., et on n'en retrancherait toujours qu'une seule fois cette fraction proposée : ce qui donnerait alors pour reste 999 fois, ou 9999 fois, etc., la fraction proposée, et dont chacun de ces restes égalerait sa période respective qui exprime des unités. Or une seule fois cette fraction proposée égalerait la période divisée ou par 999, ou par 9999, etc. Ceci fait voir que *toute fraction périodique moindre que l'unité est exprimée par une fraction ordinaire qui a pour numérateur la période même, et pour dénominateur un nombre composé d'autant de 9 qu'il y a de chiffres à la période.*

Ainsi 0, 307692 307692.... etc., $= \frac{307692}{999999}$. En divisant les deux termes de cette dernière par leur plus grand diviseur commun, on obtient $\frac{4}{13}$ pour la valeur de la fraction décimale proposée.

TROISIÈME CAS. *Si la fraction décimale périodique surpassait l'unité, on ajouterait au nombre entier placé sur la gauche de la virgule, la fraction ordinaire équivalente à la fraction périodique.*

Exemple : 3,2727..... etc., $= 3\frac{27}{99}$, ou $3\frac{3}{11}$. Convertissant le tout en onzièmes, on aura $\frac{36}{11}$.

QUATRIÈME CAS. La conversion d'une fraction décimale périodique mixte en fraction ordinaire se déduit du cas précédent; c'est-à-dire *que l'on considère la partie mixte comme étant des unités, et pour cela on transporte la virgule décimale sur la gauche de la première période, ne perdant pas de vue le nombre de fois qu'on rend plus grande la fraction proposée, afin de rappeler à sa juste valeur la fraction ordinaire que l'on obtiendra.*

Ainsi, pour évaluer en fraction ordinaire la fraction 0,1231717.... etc., on avancera la virgule de trois rangs sur la droite; ce qui donnera 123,171717.... etc., expression qui est 1000 fois plus grande que la fraction proposée. Ainsi, pour la rappeler à sa juste valeur, il faut rendre son équivalente $123 \times \frac{17}{99}$, ou $\frac{12124}{99}$ 1000 fois plus petite; ce qui se fera en multipliant son dénominateur par 1000, et on aura $\frac{12124}{99000}$ pour la fraction ordinaire équivalente à 0,1231717...... etc.

CINQUIÈME CAS. Si la fraction décimale périodique mixte était plus grande que l'unité, on suivrait le même procédé.

84. SCOLIE. Si on applique la règle précédente à la fraction décimale périodique 0,999.... etc., dont la période est 9, on trouvera que sa valeur est $\frac{9}{9} = 1$.

Pour concevoir comment la fraction 0,999..... etc., prolongée indéfiniment, est rigoureusement égale à l'unité, on observera que, plus on prend de décimales, plus on approche de l'unité; car les erreurs que l'on commettrait en prenant 0,9; 0,99; 0,999; etc., au lieu d'être l'unité, ne seraient que 0,1; 0,01; 0,001; 0,0001, etc. Ces erreurs, comme on le voit, diminuent très-rapidement; et quand la fraction 0,9999.... etc., se prolonge à l'infini, l'erreur est moindre que toute quantité assignable. Donc cette fraction 0,999.... etc., est rigoureusement égale à l'unité.

85. La fraction périodique 0,999.... etc., étant égale à l'unité, si l'on divise successivement cette

fraction par les nombres 10, 100, 1000, etc. , les quotiens 0,0999..... etc. , 0,0099..... etc., 0,000999..... etc., etc., auront respectivement pour valeur 0,1; 0,01; 0,001, etc. Donc l'expression décimale 7,3999.... etc., $= 7,4$; celle 8,54999..... etc. $= 8,55$.

Lorsqu'un nombre n'est pas composé d'une infinité de décimales, ou lorsqu'étant périodique, la période n'est pas 9, il est impossible de l'exprimer exactement avec un plus petit nombre de chiffres décimaux.

En effet, la quantité exprimée par la totalité des chiffres supprimés sur la droite du nombre proposé, ne peut jamais valoir plus d'une unité de l'ordre du dernier chiffre conservé; car, lors même que la partie supprimée est composée d'une infinité de 9, elle ne vaut rigoureusement que l'unité de cet ordre. Donc, etc.

Mais, dans beaucoup de circonstances, on se contente d'approcher de la valeur d'un nombre décimal à moins d'un dixième, d'un centième, d'un millième, etc., près, en ne conservant qu'une, deux, trois, etc., décimales. Ainsi, la valeur du nombre décimal 7,5432, à moins d'un centième près, est 7,54; car la partie 0,0032 négligée, est moindre que la fraction décimale périodique mixte 0,0099...etc., c'est-à-dire moindre que 0,01.

Scolie. Pour approcher de plus près de la valeur d'un nombre décimal, d'après le procédé du numéro précédent, il faut distinguer trois cas :

1.º Si le premier chiffre décimal à supprimer est moindre que 5, supprimez-le avec ceux qui le suivent, en ne conservant que les chiffres placés sur sa gauche ;

2.º Si ce premier chiffre à supprimer est plus

grand que 5, ou si, étant égal à 5, il est suivi d'autres chiffres significatifs, augmentez d'une unité le dernier chiffre conservé;

3.º Si ce chiffre est égal à 5, et qu'il ne soit suivi d'aucun chiffre significatif, on peut indifféremment conserver le dernier chiffre décimal tel qu'il est, ou l'augmenter de l'unité.

On entrevoit facilement le principe sur lequel sont fondés les trois cas précédens.

CALCUL DES NOMBRES DÉCIMAUX.

88.　Actuellement que nous connaissons le calcul des fractions ordinaires, et que nous savons que tout nombre décimal quelconque est toujours conversible en fraction ordinaire, nous allons exécuter les quatre premières opérations élémentaires sur les nombres décimaux considérés sous la forme de fraction ordinaire.

ADDITION ET SOUSTRACTION DES NOMBRES DÉCIMAUX CONVERTIS EN FRACTIONS ORDINAIRES.

89.　Effectuer les deux premières opérations élémentaires sur les deux nombres 5,28 et 3,5.

Convertissant d'abord les deux nombres proposés en fractions ordinaires, on a à effectuer ces deux opérations sur les nombres fractionnaires suivans : $\frac{528}{100}$ et $\frac{35}{10}$. Réduisant ces deux expressions au même dénominateur, on a pour la première opération

$$\frac{528}{100} + \frac{350}{100} = \frac{528+350}{100} = \frac{878}{100};$$

Et pour la seconde,

$$\text{on a}\quad \frac{528}{100} - \frac{350}{100} = \frac{528-350}{100} = \frac{178}{100}.$$

Ces deux résultats fractionnaires étant convertis en

décimales, donnent respectivement pour la somme et la différence des nombres proposés 8,78 et 1,78.

D'après cela, on voit : 1.º que l'addition des nombres décimaux s'effectuera comme celle des nombres entiers ; c'est-à-dire que l'on ne fera aucune attention à la virgule décimale, pourvu que l'on ait soin, après avoir écrit les unités, les dixaines, etc., sous les unités, les dixaines, etc., d'écrire pareillement les dixièmes, les centièmes, etc., sous les dixièmes, les centièmes, etc. (Pour parvenir avec plus de facilité à placer ainsi ces unités, on pourra, si on le juge à propos, faire en sorte que les nombres proposés renferment autant de chiffres décimaux l'un que l'autre (15); puis on appliquera la règle générale prescrite pour l'addition des nombres entiers (21), en observant toutefois que les plus basses unités de la somme totale seront de même espèce que les plus basses qui y seront entrées; et que conséquemment il faudra détacher sur la droite de cette somme totale autant de chiffres decimaux qu'il y en aura dans celui des nombres ajoutés qui exprimera ses plus basses unités.

Exemple : Trouver le nombre décimal équivalent aux trois nombres décimaux suivans :

$$4,5 \; ; \; 28,15 \; ; \; et \; 134,227.$$

Faisant en sorte que ces nombres aient autant de décimales les uns que les autres ; puis, les écrivant en colonne d'addition, comme il a été dit, on trouvera pour somme 166,877.

$$\begin{array}{r} 4,500 \\ 28,150 \\ 134,227 \\ \hline 166,877 \end{array}$$

2.º *Que la soustraction des nombres décimaux doit s'effectuer comme celle des nombres-*

bres entiers : on place les dixièmrs sous les dixièmes , etc. , c'est-à-dire que ce qui vient d'être prescrit sur l'addition de ces sortcs de nombres , est applicable ici en d'autres termes.

Exemple : Une somme 4,3o5 est donnée ainsi que l'une de ses parties 2,18 ; qu'il s'agisse de trouver l'autre partie de cette somme ? On aura donc :

$$\begin{array}{rr} & 4,3o5 \\ \text{moins} & 2,18o \\ \hline \text{il reste} & 2,125 \end{array}$$ pour la partie cherchée.

Autre exemple : Trouver un nombre qui, ajouté à 0,o52o4, donne 0,1oo8 ?

Dans ce cas, il faut retrancher 0,o52o4 de 0,1oo8 (22). On ne doit pas être étonné de ce que le nombre à retrancher renferme plus de chiffres décimaux que celui duquel on doit le retrancher ; car le plus grand nombre décimal n'est pas tou-

$$\begin{array}{r} 0,1oo8o \\ 0,o52o4 \\ \hline 0,o4876 \end{array}$$

jours celui qui renferme le plus de chiffres décimaux , mais bien celui dont le premier de ses chiffres à gauche est le plus grand. Ainsi le nombre demandé est 0,o4876.

MULTIPLICATION ET DIVISION DES NOMBRES DÉCIMAUX CONSIDÉRÉS SOUS LA FORME DE FRACTIONS ORDINAIRES.

90. Quant à ces deux opérations, on sait que multiplier un nombre par 10 , 100 , 1000, etc. , c'est le rendre dix fois, cent fois, mille fois, etc., plus grand (8). Réciproquement, diviser un nombre par 10 , 100 , 1000, etc. , c'est le rendre dix fois, cent fois, mille fois, etc., plus petit. Donc, *pour multiplier ou pour diviser un nombre décimal par l'unité suivie de zéros vers la droite , il suffit d'avancer la virgule d'autant de rangs vers la droite du multiplicande , ou vers la gauche du dividende qu'il y a de zéros sur la droite de l'unité qui*

sert de multiplicateur ou de diviseur (14). S'il n'y avait pas assez de chiffres pour effectuer le déplacement de la virgule, on y suppléerait en mettant des zéros sur la droite du multiplicande ou sur la gauche du dividende.

Exemple pour la multiplication : Soit 5,4 à multiplier par 10000. Il faut donc avancer la virgule de quatre rangs vers la droite du multiplicande, et par conséquent placer trois zéros sur la droite de ce facteur, et on aura 54000 pour produit.

Exemple pour la division : Soit à diviser 5,4 par 10000. Il faut donc avancer la virgule de quatre rangs vers la gauche du dividende, et par conséquent placer trois zéros sur sa gauche, ce qui donnera 0,00054 pour le quotient demandé.

Cela posé, qu'il s'agisse, 1.º de multiplier un nombre décimal par un nombre quelconque ; par exemple 5,28 par 3,5.

En convertissant chaque facteur en fraction ordinaire,

$$\text{on aura } \frac{528}{100} \times \frac{35}{10} = \frac{528 \times 35}{100 \times 10} = \frac{18480}{1000} \quad (59. \ 3.^{\text{e}} \text{ cas.})$$

$= 18,480$ (90 et 76) pour le produit demandé. D'où l'on voit qu'il a suffi de multiplier 528 par 35, abstraction faite de la virgule décimale, et de séparer sur la droite du produit 18480, les trois décimales contenues tant dans l'un que dans l'autre des facteurs.

Autre exemple : Soit à multiplier 0,25 par 0,05.

En se conduisant comme dans l'exemple précédent,

$$\text{on a } \frac{25}{100} \times \frac{5}{100} = \frac{25 \times 5}{100 \times 100} = \frac{125}{10000} = 0,0125$$

(90 et 76) pour le produit des deux nombres décimaux proposés.

Ces deux exemples nous démontrent clairement *que la multiplication des nombres décimaux doit s'effectuer comme celles des nombres entiers, sans faire aucune attention à la virgule décimale. tant du multiplicande que du multiplicateur, ayant soin de détacher sur la droite du produit total autant de chiffres décimaux qu'il y en aura dans les deux facteurs. Si le produit ne renferme pas assez de chiffres pour en détacher le nombre prescrit par la règle, on y suppléera par des zéros placés sur sa gauche.*

2.° De diviser un nombre décimal par un nombre quelconque, tel que 3,5 à diviser par 0,054. Mettant ces deux nombres sous la forme de fractions ordinaires, on aura $\frac{35}{10}$ à diviser par $\frac{54}{1000}$, ce qui donne $\frac{35}{10} : \frac{54}{1000} = \frac{35}{10} \times \frac{1000}{54}$ (63. 3.e cas.) $= \frac{35000}{540} = \frac{3500}{54}$ après avoir divisé le haut et le bas par 10; c'est-à-dire que l'on a 3500 à diviser par 54.

Cet exemple seul nous prouve que la division des nombres décimaux doit s'effectuer comme celle des nombres entiers, sans faire attention à la virgule décimale, pourvu que l'on ait soin de faire en sorte que le dividende et le diviseur renferment autant de chiffres décimaux l'un que l'autre.

On ne se convaincrait pas moins de l'exactitude de cette règle générale si, en reprenant notre exemple, on réduisait au même dénominateur les deux fractions $\frac{35}{10}$ et $\frac{54}{1000}$, équivalentes respectivement aux deux nombres décimaux proposés; car on aurait $\frac{3500}{1000} : \frac{54}{1000}$, ou en supprimant le dénominateur commun au dividende et au diviseur, 3500 à diviser par 54, ce qui n'a pas altéré le quotient (43); ou bien encore, en effectuant la division immédiatement sur les factions $\frac{3500}{1000}$ et $\frac{54}{1000}$, on aurait

$$\frac{3500}{1000} : \frac{54}{1000} = \frac{3500}{1\emptyset\emptyset\emptyset} \times \frac{1\emptyset\emptyset\emptyset}{54} = \frac{3500}{54}. \text{ Donc, etc.}$$

91. Corollaire. Quand on aura à composer ou à décomposer par voie de telle ou de telle opération, des entiers joints à des fractions

ordinaires ou à des fractions décimales, on mettra le tout sous la forme fractionnaire.

Exemple : Effectuer les quatre opérations élémentaires sur les nombres 3,5 et $7\frac{2}{3}$.

Ces deux nombres proposés étant mis sous la forme fractionnaire de leur dénomination respective, on a à effectuer les quatre opérations élémentaires sur les fractions $\frac{35}{10}$ et $\frac{23}{3}$; ce qui donne :

$$1.^o \quad \frac{35}{10} + \frac{23}{3} = \frac{35\times3}{10\times3} + \frac{23\times10}{3\times10} = \frac{105}{30} + \frac{230}{30}$$
$$= \frac{335}{30} = \frac{67}{6}$$

$$2.^o \quad \frac{230}{30} - \frac{105}{30} = \frac{230-105}{30} = \frac{125}{30} = \frac{25}{6}$$

$$3.^o \quad \frac{35}{10} \times \frac{23}{3} = \frac{35\times23}{10\times3} = \frac{805}{30} = \frac{161}{6}$$

$$4.^o \quad \frac{35}{10} : \frac{23}{3} = \frac{35}{10} \times \frac{3}{23} = \frac{105}{230} = \frac{21}{46}$$

92. La règle générale que nous avons donnée n.° 90 pour effectuer la multiplication des nombres décimaux, peut encore se démontrer de la manière suivante :

Soit à multiplier 0,25 par 0,05. D'après cette règle, le produit de ces deux nombres décimaux sera donc 0,0125. En effet, en multipliant 0,25 par 5 unités, le produit serait 1,25; car le multiplicateur 5 nous indique que le multiplicande 0,25 doit être ajouté 5 fois à lui - même (30. 1.er cas). Or (90). Donc, etc.

Ceci vient à l'appui de ce qui a été dit n.° 33 : que quand le multiplicateur était des unités simples, les plus basses unités du produit étaient de la nature des plus basses unités du multiplicande.

Cela posé, si, au lieu de multiplier 0,25 par 5 unités, on multipliait 0,25 par 0,5, c'est-à-dire par un nombre dix fois plus petit, le produit serait dix fois plus petit que 1,25 (29); c'est-à-dire qu'il serait 0,125 (14) : mais, comme l'on doit multiplier 0,25 par un facteur encore dix fois plus petit que 0,5, le produit sera encore dix fois plus petit que le dernier obtenu ; c'est-à-dire qu'il sera 0,0125. Donc, etc.

93.   A l'égard de ce qui précède touchant la multiplication des nombres décimaux, nous observerons que le multiplicande et le multiplicateur seront d'ordinaire composés l'un et l'autre de plusieurs chiffres décimaux, tels que les deux facteurs 34,253297 et 12,725, qui donneraient un produit composé de neuf chiffres décimaux; c'est-à-dire que les plus basses unités de ce produit seraient des *billionièmes :* unités qui seraient d'autant moindres que l'unité principale serait plus petite. Si par exemple cette dernière était le franc, il en résulterait que, passé les centièmes, ou tout au plus les millièmes, le restant des décimales serait annulé : ce qui fait voir qu'il peut arriver très-souvent dans la pratique de substituer à un calcul rigoureux une approximation suffisante par un procédé expéditif. Il est donc à propos de donner ici le moyen d'obtenir le produit de facteurs décimaux avec une approximation donnée.

MOYEN DE CALCULER LE PRODUIT DE DEUX NOMBRES DÉCIMAUX AVEC UNE APPROXIMATION DONNÉE.

Soit par exemple à trouver, à moins d'un centième près, le produit de 34,253297 par 12,725.

94.   Avant que de passer à la solution de cette question, il est bon d'observer, d'après ce qui a été dit n.º 33, que, si l'on multiplie par des

unités dix fois, cent fois, etc., plus petites que l'unité principale, c'est-à-dire par des dixièmes, des centièmes, etc., on obtiendra un produit dont les plus basses unités seront dix fois, cent fois, etc., plus petites que les plus basses du multiplicande; de même, si l'on multiplie par des unités dix fois, cent fois, etc., plus grandes que l'unité simple, c'est-à-dire par des dixaines, des centaines, etc., on obtiendra un produit dont les plus basses unités seront dix fois, cent fois, etc., plus grandes que les plus basses du multiplicande (29).

Cela posé, et pour en revenir à notre question, on disposera les deux facteurs comme à l'ordinaire, c'est-à-dire le multiplicateur sous le multiplicande; et, comme leur produit ne doit s'obtenir qu'à un centième près, il faudra borner chacun des produits partiels à cette même unité près. Partant, en commençant par le premier chiffre à droite du multiplicateur, j'ai à

$$
\begin{array}{r}
34,253297 \\
12,725 \\
\hline
0,15 \\
0,68 \\
23,94 \\
68,50 \\
342,53 \\
\hline
435,80
\end{array}
$$

déterminer quelles sont les plus hautes unités du multiplicande par lesquelles doit commencer le chiffre des millièmes du multiplicateur, pour avoir un produit exprimé en centièmes. Ce multiplicateur 0,005 étant d'un rang inférieur au centième, c'est-à-dire dix fois plus petit que les unités que je me propose d'obtenir, il est évident que l'autre facteur doit avoir pour plus basses unités des unités dix fois plus grandes que celles (unités simples) qui, combinées par voie de multiplication avec des centièmes, donnent des centièmes (29). D'où je conclus que ce chiffre des millièmes du multiplicateur ne doit commencer ses fonctions qu'à partir des dixaines du multiplicande. Je néglige donc sur la doite de ce multiplicande toutes les unités inférieures aux dixaines; et j'ai pour premier produit partiel 0,15. Avançant de droite à gauche dans le multiplicateur, j'ai à multiplier par 0,02, unités dix fois plus grandes que les précédentes; afin d'avoir toujours un produit exprimé en centièmes, je cherche donc un multiplicande qui ait pour plus basses unités des unités dix fois plus petites que les plus basses du précédent multiplicande (29); d'où je vois que le chiffre des centièmes du multiplicateur doit commencer sa multiplication par les unités simples du multiplicande : ce qui donnera pour second produit partiel 0,68, que l'on écrira au-dessous du premier, de manière à ce que son premier chiffre de droite, de même que celui de chacun des autres produits partiels, soit dans une même colonne verticale, comme exprimant tous les mêmes plus basses unités. Continuant d'avancer vers la gauche du multiplicateur, j'ai à multiplier par 0,7, facteur dix fois plus grand que le dernier, qui par conséquent doit avoir pour correspondant dans le multiplicande un chiffre exprimant des unités dix fois plus petites que celles adoptées pour le précédent multiplicateur; c'est-à-dire que les dixièmes du multiplicateur doivent commencer par les dixièmes du multiplicande : et on aura pour troisième produit partiel 23,94. Par le même raisonnement que ci-dessus, on voit que le chiffre des unités simples et celui des dixaines du multiplicateur doivent respectivement commencer leur multiplication par celui des centièmes et des millièmes du multiplicande; c'est-à-dire qu'une fois qae l'on a assigné dans le multiplicande un chiffre correspondant au premier de droite du multiplicateur, le chiffre pour chacun des autres de ce même multiplicateur est aussi déterminé : car il se trouve à pareil rang de droite de celui-là, que le sont chacun de ceux-ci à gauche de leur premier de droite.

Faisant la somme de tous ces produits partiels, et détachant par une virgule sur la droite du produit total autant de chiffres décimaux qu'il en faut pour lui faire exprimer ses plus basses unités, on aura 435,80.

Mais, en faisant attention que si tous les produits de nombres simples qui ont été négligés étaient réunis, ils pourraient bien donner une et même plusieurs unités centièmes, on s'apercevra que le produit 435,80 n'est pas celui des deux nombres proposés à moins d'un centième près. Pour prévenir cette erreur, on calculera le produit à l'unité décimale près, de deux rangs inférieurs à celle que l'on demande, et l'on supprimera les deux dernières décimales du produit total. Dans cette hypothèse, les produits partiels négligés, quelque grands qu'ils soient en leur ordre, ne pourront donner une unité de l'ordre demandé : car il faudrait qu'ils fussent assez considérables pour que leur somme donnât une centaine de leurs plus hautes unités. Ainsi, pour en revenir à notre exemple, on calculera, pour plus d'exactitude, le produit des deux facteurs 34,253297 et 12,725 à moins d'*un dixmillième* près ; puis on annulera les deux dernières décimales du produit total. Par là la question n'est point dénaturée, si ce n'est qu'au lieu de calculer chaque produit partiel à un centième près, il faudra le calculer à un dixmillième près, et ce suivant les mêmes voies de multiplication que celles indiquées plus haut, observant d'effacer sur la droite du produit total les deux chiffres inférieurs aux centièmes que l'on veut obtenir, s'ils n'excèdent pas 50 ; dans le cas contraire, on augmentera d'une unité le chiffre immédiatement supérieur : car, ces chiffres étant plus grands que 0,0050, ils exprimeraient une quantité supérieure à la moitié d'une unité de centième ; et alors l'erreur en plus excéderait celle en moins. On aura donc ici 435,87 pour le produit demandé.

$$
\begin{array}{r}
34,253297 \\
12,725 \\
\hline
1710 \\
6850 \\
23,9771 \\
68,5064 \\
342,5329 \\
\hline
435,8724 \\
\end{array}
$$

Il résulte de là *que, pour obtenir le produit de deux nombres décimaux avec une approximation donnée, il faut écrire les deux facteurs comme à l'ordinaire ; puis commencer par assigner au premier chiffre à droite du multiplicateur, un chiffre du multiplicande qui soit tel qu'étant combiné avec celui-là, il donne pour plus basses unités du résultat, des unités de deux rangs inférieurs à celles demandées. Cela étant fait, à fur et à mesure que l'on avancera d'un rang vers la gauche du premier chiffre à droite du multiplicateur, on avancera d'un rang vers la droite du chiffre du multiplicande assigné à ce premier chiffre du multiplicateur ; et on aura soin de placer dans une même colonne ver-*

ticale le premier chiffre de chacun de ces produits partiels ; enfin on supprimera les deux premiers chiffres décimaux à la droite de leur somme totale, en observant de compter pour une unité de plus le dernier des chiffres conservés, si les deux supprimés sont au-dessus de 50.

95.   Si l'on place chaque chiffre du multiplicateur sous celui du multiplicande par lequel il a commencé à multiplier ce facteur, on remarquera : 1.º que l'ordre des chiffres du multiplicateur est renversé ; 2.º que les unités simples de ce facteur se trouvent placées sous la décimale de deux rangs inférieurs à celle que l'on veut obtenir au produit. De là on déduit cette seconde règle générale pour trouver le produit de deux nombres décimaux à moins d'une unité décimale donnée ;

$$
\begin{array}{r}
34,\overline{2}53297 \\
\overline{5}272\underline{1} \\
\hline
3425329 \\
685064 \\
239771 \\
6850 \\
1710 \\
\hline
435,8724 \\
\end{array}
$$

elle consiste : *à écrire le multiplicande tel qu'il est ; à renverser l'ordre des chiffres du multiplicateur, et à placer ce facteur ainsi renversé au-dessous du multiplicande, ayant soin d'écrire ses unités simples sous la décimale de deux rangs inférieurs à celle que l'on demande au produit.* Cela étant fait, on observera, dans le cours de l'opération, les trois règles suivantes : 1.º *de commencer chaque multiplication partielle par le chiffre du multiplicande correspondant à chaque multiplicateur partiel ;* 2.º *d'écrire le premier chiffre de chaque produit partiel dans une même colonne verticale ;* 3.º *enfin de supprimer les deux derniers chiffres décimaux du produit total, en augmentant d'une unité le dernier de ceux conservés, si les deux chiffres supprimés sont au-dessus de 50.*

96.   SCOLIE. Dans le multiplicateur renversé, les dixaines, les centaines, etc., sont à la droite des unités simples, par conséquent placées sous la troisième, la quatrième, etc., décimale inférieure à celle que l'on veut avoir au produit. Or, s'il n'y avait pas assez de chiffres sur

la droite du multiplicande pour faire correspondre ceux du multiplicateur exprimant ces unités dixaines, centaines, etc., on y suppléerait par des zéros. Si ce multiplicande en avait sur sa droite qui n'eussent pas de correspondant dans le multiplicateur, on les annulerait : car ce serait une preuve que les unités exprimées par ces chiffres seraient trop basses pour que leur produit par les plus hautes du multiplicateur exprimât les unités demandées. De même, si ce dernier facteur avait sur sa gauche des chiffres qui n'eussent pas de correspondant dans le multiplicande, on les supprimerait pareillement : car ils exprimeraient des unités trop inférieures pour produire, en les multipliant par les plus hautes du multiplicande, les unités demandées.

DES NOMBRES COMPLEXES ET CONCRETS.

27. On entend par nombres complexes, ceux qui désignent des unités de différentes valeurs ; tels sont les nombres concrets suivans : *4 livres 7 sous 5 deniers ; 5 toises 3 pieds 2 pouces 5 lignes ;* et *2 livres 2 onces 7 gros* ou *drachmes 2 deniers* ou *scrupules 6 grains*, etc.

28. Avant que d'effectuer les quatre opérations élémentaires sur ces sortes de nombres, il convient de définir chaque unité principale ainsi que les *sous-divisions* de celle-ci pour toutes les espèces de mesures.

1.º L'unité principale de *longueur* est la *toise* : elle se divise en *6 pieds*, chaque pied en *12 pouces*, le pouce en *12 lignes*, la ligne en *12 points*.

2.º L'unité principale de *poids* est la *livre* :

elle se divise en *16 onces*, l'once en *8 gros*, le gros en *3 scrupules* ou *deniers*, le denier en *24 grains*. On divise aussi la livre en deux *marcs*, dont chacun est par conséquent composé de huit onces.

3.º L'unité principale de *valeur* est la *livre tournois* : elle se divise en *20 sous* de *12 deniers* chaque.

4.º L'unité principale de *durée* est le *jour* : elle se divise en *24 heures*, l'heure en *60 minutes*, la minute en *60 secondes*; ainsi de suite.

99. Comme chacune des unités ci-dessus et leurs sous-divisions changent d'un pays à l'autre, il est inutile de nous y arrêter davantage : nous nous bornerons seulement à rassembler ici ces sous-divisions de la manière suivante; ce qui nous mettra en état de récapituler toutes les sous-divisions possibles de chaque autre unité principale.

Unités de longueur.

Toise.	Pieds.	Pouces.	Lignes.	Points.
1 =	6 =	72 =	864 =	10368
	1 =	12 =	144 =	1728
		1 =	12 =	144
			1 =	12

Unités de valeurs ou monétaires.

Livre.	Sous.	Deniers.
1 =	20 =	240
	1 =	12

Unités de poids.

Livre.	Marcs.	Onces.	Gros.	Deniers.	Grains.
1 =	2 =	16 =	128 =	384 =	9216
	1 =	8 =	64 =	192 =	4608
		1 =	8 =	24 =	576
			1 =	3 =	72
				1 =	24

Unités temporaires ou de durée.

Jours.	Heures.	Minutes.	Secondes, etc.
1 =	24 =	1440 =	86400
	1 =	60 =	3600
		1 =	60

CALCUL DES NOMBRES COMPLEXES.

0. **Porisme.** *Dans l'addition comme dans la soustraction, les parties concrètes de chaque espèce, composant chacun des nombres complexes proposés, doivent être respectivement de même nature.*

Ce qui est évident ; car il serait absurde d'ajouter ou de soustraire les nombres 6 liv. et 4 toises.

Dans la multiplication, le multiplicateur est essentiellement abstrait, et les unités du produit sont de même espèce que celles du multiplicande.

En effet, si le multiplicateur pouvait être concret, il en résulterait que le produit de 3 liv. par 2 liv., qui est 6 liv., devrait être égal à celui des facteurs équivalent 60 sous et 40 sous ; ce qui est évidemment faux : car ce dernier est 2400 sous ou 120 liv. Disons donc que le multiplicateur du premier cas n'a d'autre propriété que celle d'indiquer le nombre de fois que le multiplicande 3 liv. est entré dans le produit 6 liv. ; et que celui du second cas indique pareillement le nombre de fois que le multiplicande 60 sous est entré dans le produit 2400 sous. Donc, etc.

Dans la division, lorsque le dividende et le diviseur sont composés d'unités concrètes et de même espèce, le quotient est un nombre abstrait qui marque combien de fois le dividende contient le diviseur. Lorsque le diviseur est abstrait, le quotient est de la nature du dividende.

Car alors le quotient n'indique plus combien de fois le diviseur est contenu dans le dividende ; mais qu'étant multiplié lui-même par ce diviseur, il doit reproduire le dividende.

Le quotient d'un nombre concret par un

autre nombre concret de différente nature, n'existe pas.

En effet, si l'on se proposait de diviser 10 liv. par 5 toises, on ne pourrait trouver aucun nombre qui, multiplié par 5 toises, ou multipliant 5 toises, donnât le dividende 10 liv.

Par la même raison, *il serait absurde de diviser un nombre abstrait par un nombre concret.*

101. Scolie. Chaque partie concrète d'un nombre complexe n'est autre chose qu'une fraction ordinaire de telle ou telle dénomination de l'unité principale de ce nombre ; en sorte que tout nombre complexe peut toujours être transformé en une fraction ordinaire de son unité principale. Ainsi la question qui se présente d'abord avant que d'effectuer les opérations élémentaires sur les nombres complexes, c'est de transformer ceux-ci en fractions ordinaires et irréductibles de leur unité principale : ce qui simplifiera les calculs.

TRANSFORMATION D'UN NOMBRE COMPLEXE EN FRACTIONS ORDINAIRES DE SON UNITÉ PRINCIPALE.

102. Cette transformation n'est pas difficile : il suffit d'ajouter à la partie exprimant les unités principales, les fractions ordinaires de cette unité principale équivalentes à chacune des autres parties concrètes du nombre complexe proposé.

Exemple : Convertir en fraction ordinaire de la livre tournois le nombre 3 liv. 5 s. 6 d. $\frac{3}{4}$ d. A cet effet, j'ajouterai donc au nombre entier 3 liv. les fractions ordinaires respectivement équivalentes aux parties 5 s. 6 d.

et $\frac{3}{11}$ d. Pour obtenir ces dernières, je raisonne ainsi :
1.º la livre valant 20 s., le sou n'est que la vingtième
partie de 1 liv. ou $\frac{1}{20}$ liv. : les 5 s. valent par conséquent
5 fois $\frac{1}{20}$ liv. ou $\frac{5}{20}$ liv.; 2.º la livre valant 240 d., le denier n'est que $\frac{1}{240}$ liv. : les 6 den. valent donc 6 fois $\frac{1}{240}$ liv.
ou $\frac{6}{240}$ l.; 3.º enfin, quant aux $\frac{3}{11}$ d., il est évident qu'ils
ne valent que les $\frac{3}{11}$ de ce que vaut un denier en livre,
c'est-à-dire qu'ils valent $\frac{1^{\text{l.}}}{240} \times \frac{3}{11} = \frac{3^{\text{l.}}}{240 \times 11}$. Le

nombre complexe proposé égale donc 3 liv. $+ \dfrac{5^{\text{l.}}}{20} + \dfrac{6^{\text{l.}}}{240}$

$+ \dfrac{3^{\text{l.}}}{240 \times 11}$, ou, en réduisant la première de ces fractions en

deux cent quarantièmes 3 l. $+ \dfrac{60^{\text{l.}}}{240} + \dfrac{6^{\text{l.}}}{240} + \dfrac{3^{\text{l.}}}{240 \times 11}$.

Réduisant ces dernières au même dénominateur, on a

3. liv. $+ \dfrac{660^{\text{l.}}}{240 \times 11} + \dfrac{66^{\text{l.}}}{240 \times 11} + \dfrac{3^{\text{l.}}}{240 \times 11} = 3\,\text{l.}$

$+ \dfrac{729^{\text{l.}}}{240 \times 11}$. Mettant le tout sous la forme fractionnaire,

on a $\dfrac{3^{\text{l.}} \times 240 \times 11 + 729^{\text{l.}}}{240 \times 11} = \dfrac{8649^{\text{l.}}}{2642}$.

Examinant avec un peu d'attention ce qui
précède, on remarquera *que la transforma-*
tion d'un nombre complexe en fraction ordi-
naire de son unité principale, s'effectuera
en rapportant toutes ces parties concrètes à
la plus petite unité contenue dans ce nombre.
La somme de toutes ces parties sera le nu-
mérateur de la fraction demandée ; quant au
dénominateur, il sera toujours le nombre ex-
primant combien de fois la plus petite unité
du nombre donné est contenue dans l'unité
principale. Cela étant, on réduira la frac-
tion à sa plus simple expression, en divisant
les deux termes par leur plus grand diviseur
commun.

Exemple : S'il s'agit du même nombre 3 l. 5 s. 6 d. $\frac{3}{11}$ d., on dira : 1 livre valant 20 sous, les 3 livres en valent 60 ; 3 livres 5 sous égalent donc 65 sous ; un sou valant 12 d., les 65 sous valent donc 12 d. $\times 65 = 780$ d. Or les 3 liv. 5 s. 6 d. $\frac{3}{11}$ d. valent 786 d. $+ \frac{3}{11}$ d., ou $\frac{8649}{11}$ d. Mais 1 liv. vaut 240 d., 1 d. vaut donc $\frac{1}{240}$ l. Ainsi les $\frac{8649}{11}$ d. valent les $\frac{8649}{11}$ de $\frac{1}{240}$ l., ou $\frac{1}{240}$ l. $\times \frac{8649}{11} = \frac{8649}{2640}$ l. Divisant le haut et le bas de cette dernière fraction de la livre par 3, on a $\frac{2883}{880}$ pour la fraction ordinaire et irréductible de la livre tournois, équivalente au nombre complexe proposé. Donc, etc.

Soit encore à convertir en fraction ordinaire et irréductible de la toise, le nombre 2 toises 3 pieds 2 pouces 9 lignes $\frac{3}{13}$.

Solution. La toise valant 6 pieds, les 2 toises valent 12 pieds : les 2 toises 3 pieds égalent par conséquent 15 pieds. Le pied valant 12 pouces, les 15 pieds valent donc 15 fois 12 pouces, ou 180 pouces : ce nombre de pouces, augmenté des deux pouces contenus dans le nombre proposé, donne 182 pouces. Le pouce valant 12 lignes, 182 pouces valent donc 182 fois 12 lignes, ou 2184 lignes. Réunissant à ce nombre de ligne les 9 lignes $\frac{3}{13}$ contenus dans le nombre proposé, on a 2193 lignes $+ \frac{3}{13}$, ou $\frac{28512}{13}$ pour l'équivalent de 2 toises 3 pieds 2 pouces 9 lignes $\frac{3}{13}$; mais une toise valant 864 lignes, une ligne vaut donc $\frac{1}{864}$ t. Or les $\frac{28512}{13}$ t. valent les $\frac{28512}{13}$ de $\frac{1}{864}$ t.,

$$\text{ou } \frac{1}{864} \times \frac{28512}{13} = \frac{28512}{864 \times 13} \text{ t} = \frac{33}{13} \text{ t} \quad \text{pour la fraction de-}$$

mandée.

$103.$ Réciproquement, *pour transformer une fraction ordinaire concrète en un nombre complexe, il suffit d'effectuer la division du numérateur par le dénominateur, en convertissant chaque reste en unités de l'ordre immédiatement inférieur.*

Exemple : Trouver le nombre complexe équivalent à $\frac{261}{11}$ l.

Le quotient de 26 l. par 11 est 2 l., avec un reste 4 l. : ce reste 4 l. étant converti en sous, donne 80 sous. Le quotient partiel de 80 s. par 11, est 7 s. avec un reste 3 s. Ce dernier reste, converti en deniers, donne 36 d., dont le quotient par 11 est 3 d. avec un reste 3 d. Ce reste 3 d. donne au quotient $\frac{3}{11}$ d.

$$26\ \text{l.} \left\{ 11 \right.$$
$$4\ \text{l.} \left\{ 2\text{l.}\ 7\text{s.}\ 3\text{d.}\ \tfrac{3}{11}\text{d.} \right.$$
$$4\ \text{l.} = 80\ \text{s.}$$
$$3\ \text{s.}$$
$$3\ \text{s.} = 36\ \text{d.}$$
$$3\ \text{d.}$$

On trouvera de cette manière que $\frac{24}{17}$ t. $= 1$ toise 2 pieds 5 pouces 8 lignes $\frac{6}{17}$ l.

4. Scolie. A l'égard de cette réciprocité, on remarque aisément qu'après que l'on a eu obtenu les unités principales du quotient, on aurait pu convertir les restes successifs en décimales (41); ce qui aurait donné au quotient 0^{l},3636..... etc., fraction décimale de la livre, équivalente à 7 s. 3 d. $\frac{3}{11}$ d. Donc, *pour convertir en décimales des parties concrètes de l'unité principale, il faut d'abord les convertir en fraction ordinaire de cette unité principale* (102)*; puis effectuer la division du numérateur de la fraction obtenue par son dénominateur, selon ce qui a été dit n.º 41.*

5. Réciproquement, convertir des parties décimales de l'unité principale, en parties concrètes de cette même unité principale. Cette réciprocité n'est pas difficile à déduire; il suffit de remarquer que, puisqu'une livre vaut 20 s., la partie décimale 0^{l},3636..... etc., vaut les 0,363636..... etc., de 20 sous, ou 20 sous $\times$ 0,3636..... etc.; et on en conclura *que, pour convertir une fraction décimale concrète en nombre complexe, il faut multiplier cette fraction décimale successivement par le nombre des unités de chaque espèce composant l'unité im-*

*médiatement supérieure à celle que l'on se pro-
pose d'obtenir par chaque multiplication* (31) ;
*le nombre placé sur la gauche de la virgule
décimale de chacun de ces produits successifs,
exprimera les unités cherchées.*

106.   Il résulte du n.º 102 que le calcul des nombres complexes est ramené à celui des fractions ordinaires.

Exemple : S'il s'agit d'opérer sur les nombres complexes suivans : 2 l. 7 s. 3 d. $\frac{3}{11}$d. et 3 l. 5 s. 5 d. $\frac{5}{11}$d., A ces nombres on substituera les fractions ordinaires et irréductibles $\frac{261}{11}$l. et $\frac{361}{11}$l. qui les expriment respectivement. Leur somme $\frac{62}{11}$l., convertie en nombre complexe, donnera 5 l. 12 s. 8 d. $\frac{8}{11}$d. ; leur différence sera $\frac{361}{11}$l. — $\frac{261}{11}$l. = $\frac{101}{11}$l. = o l. 18 s. 2 d. $\frac{2}{11}$d. ; leur produit, en rendant le multiplicateur $\frac{261}{11}$l. abstrait, sera $\frac{361}{11}$l. $\times$ $\frac{26}{11}$ = $\frac{936}{121}$l. = 7 liv. 14 s. 8 d. $\frac{64}{121}$d. ; enfin on aura

$$\frac{36^{\text{l.}}}{11} : \frac{26^{\text{l.}}}{11} = \frac{36}{11} \times \frac{11}{26} = \frac{36}{26} = \frac{12}{13} = 1 \text{ l. } 7 \text{ s. } 8 \text{ d. } \tfrac{4}{11}\text{d.}$$

pour le quotient du plus grand de ces nombres proposés par le plus petit.

Pour faire voir comment on peut être conduit au calcul précédent, proposons-nous cette question : Trouver l'intérêt de 5 l. 12 s. 8 d. $\frac{8}{11}$d., à raison de o l. 18 s. 2 d. $\frac{2}{11}$d. pour une livre? Si on remplace ces nombres complexes par les fractions irréductibles $\frac{62}{11}$l. et $\frac{10}{11}$l. qui leur sont respectivement équivalentes, il ne s'agira plus que de trouver l'intérêt de $\frac{62}{11}$l. à raison de $\frac{10}{11}$l. pour une livre. Cela n'offre aucune difficulté, puisque l'intérêt d'une livre est $\frac{10}{11}$l., celui de $\frac{62}{11}$ sera évidemment les $\frac{62}{11}$ de $\frac{10}{11}$l., ou $\frac{10}{11}$l. $\times$ $\frac{62}{11}$ = $\frac{620}{121}$l. = 5 l. 2 s. 5 d. $\frac{91}{121}$d.

107.   Malgré que la méthode précédente soit la plus simple en théorie, elle conduit cependant assez fréquemment à des calculs compliqués ; c'est pourquoi il est souvent plus expéditif d'opérer immédiatement sur les nombres complexes : aussi le lecteur trouvera-t-il dans le numéro suivant le moyen d'effectuer les quatre opérations élémentaires sur ces nombres.

DE L'ADDITION ET DE LA SOUSTRACTION EFFECTUÉES IMMÉDIATEMENT SUR LES MOMBRES COMPLEXES.

8. *Pour additionner les nombres complexes, on écrit les unités de même nature les unes sous les autres; puis on ajoute successivement entre elles celles qui composent chaque colonne, en commençant par les plus petites. Même observation à l'égard de la soustraction.*

Exemple pour l'addition : Trouver la somme des nombres 5 toises 4 pieds 8 pouces $\frac{2}{3}$ p°, et 7 toises 3 pieds 9 p°. $\frac{3}{4}$ po.

En réduisant les deux fractions $\frac{2}{3}$ po. et $\frac{3}{4}$ po. au même dénominateur, on a $\frac{8}{12}$ po. et $\frac{9}{12}$ po. qui égalent $\frac{17}{12}$ po., ou 1 p°. et $\frac{5}{12}$ po.. J'écris donc les $\frac{5}{12}$ po., et re-

$$
\begin{array}{llll}
5\ \text{t.} & 4\ \text{p}^\text{d}. & 8\ \text{p}^\text{o}, & \frac{2}{3}\ \frac{8}{12}\ \text{po} \\
7 & 3 & 9 & \frac{3}{4}\ \frac{9}{12} \\
\hline
13\ \text{t.} & 2\ \text{p}^\text{d}. & 6\ \text{p}^\text{o}. & \frac{5}{12}
\end{array}
$$

tiens l'unité pouce pour la joindre aux autres unités de cette nature : en sorte que j'ai 1 pouce $+$ 8 pouces $+$ 9 pouces $=$ 18 pouces, ou 1 pied 6 pouces. J'écris les 6 pouces, et retiens l'unité pied pour l'ajouter avec les autres pieds : ce qui me donne 1 pied $+$ 4 pieds $+$ 3 pieds $=$ 8 pieds, ou 1 toise et 2 pieds. J'écris les 2 pieds au-dessous de la colonne de cet ordre d'unités, et je retiens l'unité toise pour la joindre aux autres toises : ce qui me donne 1 toise $+$ 5 toises $+$ 7 toises $=$ 13 toises, que j'écris au-dessous de la colonne des toises; et j'ai pour la somme demandée 13 toises 2 pieds 6 pouces $\frac{5}{12}$ po..

Quant à l'exemple pour la soustraction, nous nous proposerons le problème inverse, qui consiste à trouver l'une des parties de la somme 13 toises 2 pieds 6 pouces $\frac{5}{12}$ po., connaissant l'autre de ses parties qui est 7 toises 3 pieds 9 pouces $\frac{9}{12}$ po..

Commençant par les plus petites unités, on dira : $\frac{9}{12}$ po. ôtés de $\frac{5}{12}$ po., ne peut. J'augmente donc cette dernière fraction du pouce d'une unité de pouce; c'est-à-dire de $\frac{12}{12}$ po., ce qui donne $\frac{17}{12}$ po.; desquels ôtant les $\frac{9}{12}$ po. du nombre inférieur, il reste $\frac{8}{12}$ po., que l'on écrit au-dessous de ces fractions. Comme le

nombre supérieur a été augmenté d'un pouce, j'augmente
le nombre inférieur de la même quantité, et j'ai 10 pouces
à ôter de 6 pouces. Pour rendre cette
dernière soustraction possible, je
compte le nombre supérieur 6 pouces
pour 12 pouces, ou une unité de pied

$$13\text{t}.\ 2\text{p}^{\text{d}}.\ 6\text{p}^{\text{o}}.\ \tfrac{5}{12}\text{p}^{\text{o}}.$$
$$7\phantom{\text{t}.}\ \ 3\phantom{\text{p}^{\text{d}}.}\ \ 9\phantom{\text{p}^{\text{o}}.}\ \ \tfrac{9}{12}$$
$$\overline{5\text{t}.\ 4\text{p}^{\text{d}}.\ 8\text{p}^{\text{o}}.\ \tfrac{8}{12}\text{p}^{\text{o}}.}$$

de plus, et j'ai 10 pouces à ôter de 18 pouces : j'écris le reste
8 pouces au-dessous de la colonne des pouces. Comptant la
quantité de pieds du nombre inférieur pour une unité de
plus, on a 4 pieds à ôter de 2 pieds; c'est-à-dire, en comptant ce dernier nombre pour une unité de toise de plus,
que l'on a 4 p. à ôter de 8 p. : j'écris le reste 4 p. au-dessous
de la colonne des pieds. Comme le nombre supérieur
vient d'être augmenté d'une unité toise, je compte une
toise de plus dans le nombre inférieur, et j'ai 8 toises à
ôter de 13 toises : ce qui me donne un reste 5 toises;
en sorte que j'ai 5 toises 4 pieds 8 pouces $\tfrac{8}{12}$p.° pour la partie
demandée.

MULTIPLICATION EFFECTUÉE IMMÉDIATEMENT
SUR LES NOMBRES COMPLEXES.

109. **PREMIER CAS.** Multiplier un nombre complexe
par un nombre incomplexe, tel que 12 l. 2 s. 3 d.
$\tfrac{2}{11}$d. par 12.

Ce cas n'offre aucune difficulté : il suffit de multiplier successivement chaque partie du multiplicande par le multiplicateur. En effet multiplier 12 l. 2 s. 3 d. $\tfrac{2}{11}$ d. par 12,
c'est ajouter le multiplicande 12 fois à lui-même ; ce qui
revient à ajouter séparément chacune de ses parties douze
fois à elle-même. Donc, etc.

Commençant par les plus hautes
unités du multiplicande, on dira :
12 fois 12 l. = 144 l. ; 12 fois 2 s. =
24 s., ou 1 l. 4 s. ; 12 fois 3 d. = 36 d.
ou 3 s. ; et enfin 12 fois $\tfrac{2}{11}$d. = $\tfrac{24}{11}$d. ou
2 d. $\tfrac{2}{11}$d.

$$12\,\text{l}.\ 2\,\text{s}.\ 3\,\text{d}.\ \tfrac{2}{11}\text{d}.$$
$$12$$
$$\overline{}$$
$$144\,\text{l}.$$
$$14\,\text{s}.$$
$$03$$
$$002\,\text{d}.\ \tfrac{2}{11}\text{d}.$$
$$\overline{145\,\text{l}.\ 7\,\text{s}\ 2\,\text{d}.\ \tfrac{2}{11}\text{d}.}$$

On peut parvenir au même résultat en décomposant chaque partie du multiplicande, de manière à ce que le produit partiel qui doit en résulter se déduise facilement des précédens. A cet effet on disposera le calcul de la manière suivante :

Multiplicande.... 12 l. 2 s. 3 d. $\frac{2}{11}$ d.
Multiplicateur ... 12

Pour 12 l., ci.. 144 l.
Pour 2 s., ci... 1   4 s.
Pour 3 d., ci...   0   3
Pour $\frac{2}{11}$ d., ci...   0   0   2 d. $\frac{2}{11}$ d.

Produit total... 145 l. 7 s. 2 d. $\frac{2}{11}$ d.

Commençant, comme précédemment, par les plus hautes unités du multiplicande, on dira : 12 fois 12 l. font 144 l. ; 12 fois 1 l. = 12 l. ; mais 2 s. ne sont que le dixième d'une livre. Ainsi 12 fois 2 s. ne donneront que le dixième de 12 l., ou 1 l. 4 s. ; 3 d. sont le huitième de 2 s. Donc 12 fois 3 d. ne donneront que le huitième de 1 l. 4 s., ou 3 s. ; enfin le produit de $\frac{2}{11}$ d. par 12 égale évidemment le onzième de celui de 2 d. par 12. Or 12 fois 2 sous ayant donné 1 l. 4 s., 2 d. qui sont le douzième de 2 s., ne donneront que $\frac{1}{12}$ de 1 l. 4 s., ou 2 s. Ainsi le onzième de 2 s., qui est 2 d. $\frac{2}{11}$ d., exprime le produit de $\frac{2}{11}$ d. par 12. Actuellement, faisant la somme de tous ces produits partiels, on a 145 l. 7 s. 2 d. $\frac{2}{11}$ d. pour le produit total.

On voit que l'on a obtenu chaque produit partiel en décomposant le multiplicande respectif, de manière à ce qu'il soit contenu un nombre exact de fois dans l'un ou dans l'autre des multiplicandes partiels précédens. Or une quantité qui est contenue un nombre entier de fois dans une autre, en est dite une *partie aliquote*. Ainsi 3 est partie aliquote de 6, de 9, etc. Une quantité qui n'est point contenue un nombre exact de fois dans une autre, en est dite une *partie aliquante*. Ainsi 3 est partie aliquante de 5, etc.

La méthode précédente a reçu par cette raison le nom de *méthode des parties aliquotes.*

Deuxième cas. Ce cas, où l'on a à multiplier un nombre entier par un nombre complexe, rentre dans le premier (31).

Troisième cas. Lorsque le multiplicande et le multiplicateur seront l'un et l'autre complexes, on se conduira comme dans l'exemple suivant : la toise coûte 12 liv. 2 s. 3 d. $\frac{2}{11}$d. ; combien coûteront 12 t. 5 p. 8 p.° ?

Dispositif de l'opération.

Multiplicande.   12 l. 2 s. 3 d. $\frac{2}{11}$ d.

Multiplicateur.   12 t. 5 p. 8 p.°

			l.	s.	d.	
Prix de 12 t.	à raison de 12 l.	144				
	à raison de 2 s.	1	4		
	à raison de 3 d.	0	3		
	à raison de $\frac{2}{11}$ d.	0	0	2 d.	$\frac{2}{11}$ d
Prix de 5 p.	pour 3 p. ou $\frac{1}{2}$ t.	6	1	1	$\frac{13}{22}$
	pour 2 p. ou $\frac{1}{3}$ t.	4	0	9	$\frac{2}{33}$
Prix de 8 p.°, ou $\frac{1}{3}$ de 2 p.		1	6	11	$\frac{2}{99}$
Prix des 12 t. 5 p. 8 p.°		156	15	11	$\frac{169}{198}$

Prix des 12 t. 5 p. 8 p.°

Solution. Je commence d'abord par calculer le prix de 12 t. à raison de 12 l. 2 s. 3 d. $\frac{2}{11}$d. la t., et ce d'après le procédé du 1.ᵉʳ cas ; et j'ai : 1.° à raison de 12 l., 144 l. ;

2.° A raison de 2 s., 1 l. 4 s. ; 3.° à raison de 3 d., 3 s. ; 4.° enfin, à raison de $\frac{2}{11}$ d., 2 d. $\frac{2}{11}$ d. Je cherche ensuite le prix de 5 p. à raison de 12 l. 2 s. 3 d. $\frac{2}{11}$ d. la toise. Pour cela je décompose 5 p. en parties aliquotes de la toise, ce qui me donne, d'une part 3 p. qui sont la moitié de la toise, et de l'autre part 2 pieds qui sont le tiers d'une toise ; en sorte que j'ai à prendre : 1.° la moitié de 12 l. 2 s. 3 d. $\frac{2}{11}$ d., qui est 6 l. 1 s. 1 d. $\frac{13}{22}$ d. ; 2.° le tiers du même nombre 12 l. 2 s. 3 d. $\frac{2}{11}$ d., qui est 4 l. o s. 9 d. $\frac{2}{33}$ d. ; enfin j'ai à trouver le prix de 8 pouces qui sont le tiers de 2 pieds. On obtiendra donc le prix de 8 p.° en prenant le tiers de 4 l o s. 9 d. $\frac{2}{33}$ d. , que l'on trouve être 1 l. 6 s. 11 d. $\frac{2}{99}$ d.

Avant que d'ajouter les produits partiels, on réduira les quatre fractions au même dénominateur, et ce, en multipliant les deux termes de la première et de la seconde par 9, et les deux termes de la troisième par 3; ce qui donnera $\frac{18}{99}$ d., $\frac{117}{198}$ d., $\frac{6}{99}$ d. et $\frac{2}{99}$ d. Multipliant ensuite les deux termes de la première, de la troisième et de la quatrième par 2, on aura $\frac{36}{198}$ d., $\frac{117}{198}$ d., $\frac{12}{198}$ d. et $\frac{4}{198}$ d. dont leur somme est $\frac{169}{198}$. d. Cela étant, on fera la somme de tous les produits partiels, et on aura 156 l. 15 s. 11 d. $\frac{169}{198}$ d. pour le prix de 12 t. 5 p. 8 p.° à raison de 12 l. 2 s. 3 d. $\frac{2}{11}$ d. la toise.

DIVISION EFFECTUÉE IMMÉDIATEMENT SUR LES NOMBRES COMPLEXES.

10. La division effectuée immédiatement sur ces sortes de nombres offre les divers cas suivans :

PREMIER CAS. *Lorsqu'il s'agit de trouver un nombre qui, multiplié par un nombre entier, donne un nombre complexe, et que, 1.° par hypothèse le dividende et le diviseur sont d'espèce différente, on rend le diviseur abstrait, et le quotient est alors de la nature du dividende (100); puis on réduit chaque reste donné par la division en unités de l'ordre immédiatement inférieur, et l'on joint à celles-ci celles du dividende qui leur sont homogènes, etc.*

Exemple : On a donné 4783 liv. 3 s. 9 d. pour paiement de 87 toises d'ouvrage ; on demande le prix de la toise ?

SOLUTION. En ne considérant d'abord que les 4783 liv. du dividende, on obtient 54 l. pour quotient, et un reste 85 l. Convertissant ce reste en sous, on trouve 1700 s., auxquels joignant ceux du dividende proposé on a 1703 s. Divisant 1703 s. par 87, on obtient un quotient 19 s. avec un reste 50 s. Ce

$$478.3\,l.\quad 3\,s.\quad 9\,d. \left\{ \begin{array}{l} 87 \\ \hline 54\,l.\quad 19\,s.\quad 7\,d. \end{array} \right.$$

$$433\,l.$$
$$85\,l.$$
$$3\,s.$$
$$85 \times 20 = 1700\,s.$$
$$\overline{}$$
$$1703.\,s.$$
$$833\,s.$$
$$50\,s.$$
$$9\,d.$$
$$12\,d. \times 50 = 600\,d.$$
$$\overline{}$$
$$609\,d.$$
$$000\,d.$$

dernier reste converti en deniers, et augmenté des 9 d. du dividende total, donne pour nouveau dividende 609 d., dont le quotient exact par 87 est 7 d. Ainsi le quotient total 54 liv. 19 s. 7 d. exprime le prix de la toise en question.

2.º *Si le dividende et le diviseur sont de même espèce, il faut examiner quelle doit être la nature des unités du quotient; si le quotient est de même espèce qu'eux, la division s'opérera comme précédemment.*

Exemple : 1243 liv. ont produit un bénéfice de 7254 l., à combien cela revient-il la livre?

On divisera donc 7254 liv. par le nombre abstrait 1243; en réduisant chaque reste, comme dans le précédent exemple, en sous et den., le quotient sera 5 l. 16 s. 8 d. $\frac{760}{1243}$ d.

3.º Mais lorsque le dividende et le diviseur sont toujours de même espèce, et le quotient d'espèce différente, il faut se conduire ainsi qu'il suit : *On réduit le dividende et le diviseur chacun à la plus petite espèce qui soit contenue dans le dividende ; puis on effectue la division comme précédemment, en traitant les unités du dividende comme si elles étaient de même espèce que celles que l'on doit avoir au quotient.*

Exemple : Combien, pour 7954 l. 11 s. 7 d., fera-t-on faire d'ouvrage à raison de 75 l. la toise ?

Il est évident que le quotient exprimera des toises et parties de la toise. On réduira donc 7954 l. 11 s. 7 d. tout en deniers, ce qui donnera 1909099 d. ; on réduira pareillement 75 l. en deniers, et on aura pour ce dernier 17280 d. En sorte que l'on divisera 1909099, considéré comme des toises, par le nombre abstrait 17280 : le quotient sera 110 t. 2 p. 10 p.$^{\circ}$ $\frac{5504}{8640}$ p.$^{\circ}$

DEUXIÈME CAS. C'est celui où l'on a à diviser un nombre complexe par un nombre complexe. Dans ce cas *on réduit le diviseur à sa plus petite espèce* (102), *et on multiplie le dividende par le dénominateur du diviseur : c'est-à-dire par le nombre qui exprime combien il faut d'unités de la plus petite espèce du diviseur pour former l'unité principale.*

Par là le dividende et le diviseur sont rendus le même nombre de fois plus grand ; ce qui n'altère point le quotient (29). C'est ainsi que cette division se ramène au cas où l'on a à diviser un nombre complexe par un nombre incomplexe.

Exemple : 57 t. 5 p. 5 p.$^{\circ}$ d'ouvrage ont été payés 854 l. 17 s. 11 d., on demande à combien cela revient la toise ? Il est clair qu'il faut diviser 854 l. 17 s. 11 d. par 57 t. 5 p. 5 p.$^{\circ}$ A cet effet je réduis 57 t. 5 p. 5 p.$^{\circ}$ tout en pouces ; ce qui me donne 4169 p.$^{\circ}$ La toise valant 72 p.$^{\circ}$, j'ai donc $\frac{4169}{72}$t. pour nouveau diviseur. En faisant disparaître le dénominateur du diviseur, je le multiplie par 72. Donc (29) il faut multiplier le dividende 854 l.

17 s. 11 d. par 72 (109), et on aura à diviser 61552 l. 10 s. par 4169 t., rendu abstrait ; le quotient sera 141. 15 s. 3 d. $\frac{1713}{4169}$ d.

TROISIÈME CAS. Si l'on avait à diviser un nombre entier par un nombre complexe, on se conduirait comme dans le cas précédent, et l'opération serait ramenée à diviser un nombre entier par un autre nombre entier (1.er cas).

INTRODUCTION AU NOUVEAU SYSTÈME DES POIDS ET MESURES.

111.   La complication des calculs sur les nombres complexes, les entraves dans les opérations commerciales, occasionnées par le peu d'uniformité qui règne parmi les unités choisies pour termes de comparaison par les auteurs de l'ancienne nomenclature ; la grande diversité qui existe dans leurs sous-divisions, ainsi que les changemens qu'elles subissent d'un village à un autre, et une infinité d'autres raisons non moins fondées que les précédentes, nous conduisent à la nécessité d'adopter une unité principale qui puisse se vérifier dans tous les temps et dans tous les pays où elle se mettra en usage, et de laquelle on fera naître toutes les autres unités d'un nouveau système de mesures, qui par là renfermera toute la perfection possible. A cet effet l'assemblée constituante résolut, par décret du 26 mars 1791, d'après l'avis de l'académie de France, de déduire la grandeur de cette unité principale des dimensions de notre globe. En conséquence, cette académie chargea ensuite MM. Delambre et Méchain de ce travail important. Ces deux géomètres se sont acquittés de leur mission en mesurant l'arc du méridien de Paris, qui passe de Dunkerque à Mont-Jouy près Barcelonne, avec un degré d'exactitude dont on n'avait pas eu d'idée jusqu'alors (*).

____

(*) Au sujet de ce beau travail, voyez le mémoire que le savant Delambre publia en l'an VII.

DU SYSTÈME ET DE LA NOMENCLATURE DES NOUVELLES MESURES.

On compte sept espèces de mesures bien distinctes; savoir : 1.º les mesures *linéaires*, ou de *longueur*; 2.º les mesures *agraires*, ou de *superficie*; 3.º les mesures de *capacité*, ou les *volumes*; 4.º les mesures de *pesanteur*, ou les *poids*; 5.º les mesures de *valeur*, ou les *monnaies*; 6.º les mesures *circulaires*, ou les *degrés*; 7.º les mesures *temporaires*, ou de *durée*.

L'unité de longueur est le *mètre*; l'unité de superficie se nomme *are*; l'unité de volume est le *stère*; l'unité de capacité est le *litre*; l'unité de poids est le *gramme*; l'unité monétaire est le *franc*; l'unité circulaire est le *quadrant*; l'unité de temps est l'*heure*.

Pour déterminer l'unité principale *mètre*, on a, comme nous l'avons déjà dit, mesuré la distance du pôle à l'équateur sur la méridienne de Paris : cette distance s'est trouvée être de 5130740 toises. On a divisé cette distance par dix millions : le quotient 0^t,5130740 a donné le mètre. Si l'on veut convertir cette fraction décimale de la toise en pieds, pouces, lignes, etc., selon ce qui a été dit n.º 105, on trouvera 3 pieds 0 p.º 11 l. $\frac{296}{1000}$ l. pour la valeur du mètre en pieds.

De l'unité principale mètre on a déduit les autres unités de mesures de la manière suivante : le *carré* (*) de dix mètres de côté forme

______

(*) Nous aurons une idée exacte du carré, ainsi que du cube, lorsque nous connaîtrons la formation des puissances.

l'*arc*, il équivaut à *cent mètres carrés*; un *cube* qui aurait un mètre de toutes faces, forme le *stère*; le *litre* est un vase de forme *cubique*, dont le côté équivaut à la dixième partie du mètre; le poids d'un *centième cube* de mètre d'eau distillée (*), a donné l'unité *gramme*; une pièce composée de neuf dixièmes d'argent et d'un dixième de cuivre, pesant cinq grammes, forme l'unité *franc*; l'unité *circulaire*, ou le *quadrant*, est le quart de la *circonférence*, ou la mesure de l'*angle droit*; la nouvelle *heure* est la dixième partie du *jour naturel* (**); l'ancienne *heure* en était la vingt-quatrième partie.

114.   Lorsque les quantités à comparer seront plus ou moins considérables, et que l'on voudra diminuer ou augmenter les résultats en unités, on pourra employer pour termes de comparaison les *multiples* et *sous-multiples décimaux* de l'unité principale, qui sont exprimés par les mots *déca*, *hecto*, *kilo*, *myria* (pour les multiples), et *déci*, *centi*, *milli*, etc. (pour les sous-multiples), qui désignent respectivement des dixaines, des centaines, des mille, des dixaines de mille, et des dixièmes, des centièmes, des millièmes, etc. En sorte que le *décamètre* vaut dix mètres; un *hectolitre* vaut cent litres; le *kilostère* vaut mille stères; le *myriare* vaut dix mille ares; et un *décimètre* vaut un dixième de mètre; le *centilitre* vaut un centième de litre; le *millistère* vaut un millième

---

(*) L'eau pure a été prise dans une température et une pression atmosphérique déterminée. Voyez la *Physique* d'Haüy, et suivez les moyens employés par Lefèvre-Gineau pour déterminer l'unité poids.

(**] Le jour naturel est le temps que la terre met pour faire sa révolution sur son axe.

de stère; le *dixmilliare* vaut un dixmillième de are, etc. Même loi par rapport aux autres unités concrètes.

A l'égard des mesures de superficie et de solidité, nous observerons qu'elles exigent une attention particulière : puisque l'are, ou dix mètres de carré, égale cent mètres carrés, un mètre de carré, qui est la dixième partie de l'are, ne vaut par conséquent que *cent déci-mètres carrés*, etc. Ainsi *il ne faudra pas confondre le décimètre carré avec le dixième du mètre carré, ni le centimètre carré avec le centième de mètre carré* : car le dixième de mètre carré vaut dix décimètres carrés, et un centième de mètre carré vaut un décimètre carré. Or les deux premiers chiffres décimaux d'une fraction décimale du mètre carré expriment des décimètres carrés; on voit de même que la troisième et la quatrième décimale de cette fraction expriment les centimètres carrés; ainsi de suite. Donc $3,^{\text{m. c.}}456$
$= 3^{\text{m. c.}} + 45^{\text{décim. c.}} + 60^{\text{centim. c.}}$

Un *mètre cube*, ou un *cube* de dix décimètres de côté, équivaut à mille *décimètres cubes* (Voyez la formation du cube numérique, page 139); par là on voit qu'*un dixième de mètre cube vaut cent décimètres cubes ; qu'un centième de mètre cube vaut un décimètre cube ; et qu'un millième de mètre cube vaut un centimètre cube* : c'est-à-dire que, dans une fraction décimale du mètre cube, les trois premiers chiffres décimaux expriment des décimètres cubes; que les trois suivans expriment des centimètres cubes; ainsi de suite. Donc $3,^{\text{m. cub.}}4567$
$= 3^{\text{m. cub.}} + 456^{\text{déc. cub.}} + 700^{\text{cent. cub.}}$

5. Le n.° 114 nous fait voir que les multiples et

sous-multiples des nouvelles mesures sont décimaux. Ainsi le nouveau système de mesures, tout en diminuant les noms de la nomenclature, la simplifie, et nous offre en même temps l'avantage de ramener toutes les opérations de l'arithmétique au calcul décimal : ce qui anéantit totalement le calcul des nombres complexes et des fractions ordinaires. Donc, *pour écrire en chiffres un nombre exprimant des unités concrètes du nouveau système de mesures, il faudra l'écrire d'après les règles qui ont été prescrites relativement aux nombres décimaux abstraits, en faisant abstraction de l'espèce de l'unité concrète; puis on placera ensuite au-dessus du chiffre des unités simples du nombre, la lettre initiale du nom de l'unité concrète.*

Exemple : Ecrire le nombre *douze litres cinquante-quatre centilitres.*

On écrira donc ce nombre comme s'il s'agissait du nombre abstrait douze mille cinquante-quatre centièmes : ce qui donnera 12,54. Mettant ensuite la lettre (L) initiale du mot *Litre* au-dessus du chiffre 2 des unités simples, on aura 12^L,54, nombre équivalent à 1 *décalitre* 2 *litres* 5 *décilitres* 4 *centilitres.*

Réciproquement, *pour traduire dans le discours un nombre décimal concret, il suffit d'énoncer le nombre d'unités décimales concrètes, en faisant abstraction de la nature des unités; puis remplacer dans cet énoncé l'unité abstraite par l'unité concrète dont il s'agit.*

Exemple : Le nombre abstrait 12,54 a pour énoncé *douze unités cinquante-quatre centièmes.* Si l'on veut y substituer l'unité concrète *gramme*, on aura 12 grammes

54 centigrammes, ou 1 décagramme 2 grammes 5 décigrammes 4 centigrammes.

7. Nous pensons qu'il est inutile d'exposer ici les opérations élémentaires sur les quantités décimales exprimant des unités concrètes du nouveau système de mesures, attendu que ce sont celles qui ont été données sur les nombres décimaux abstraits. Or, pour chacune de ces premières opérations élémentaires, voyez respectivement les n.ºs 89 et 90.

8. *Scolie. Lorsqu'il s'agira de rapporter une nouvelle mesure exprimée par un nombre décimal, à l'une quelconque des unités concrètes multiples ou sous-multiples de son espèce, il faudra transporter la virgule décimale sur la droite du chiffre placé au rang des unités demandées.*

Exemple : Convertir 2543^{gr},54 en hectogrammes, c'est-à-dire en centaines de grammes. On transportera donc la virgule décimale sur la droite du chiffre 5 qui exprime les centaines de grammes ; c'est-à-dire qu'on rendra ce nombre de grammes proposé cent fois plus petit : ce qui donnera 25$^{hectog.}$,4354. En effet l'hectogramme étant cent fois plus grand que le gramme, il est évident que ce nombre de grammes doit exprimer cent fois moins d'hectogrammes qu'il n'exprime de grammes.

Si l'on voulait convertir 25^h,4354 en myriagrammes, il faudrait porter la virgule sur la droite du chiffre des dixaines de mille, qui l'indiquerait par un zéro, et il viendrait 0^m,254354 : ce qui est évident ; car le nombre proposé doit exprimer cent fois moins de myriagrammes que d'hectogrammes. Donc, etc.

Pareillement, si l'on voulait convertir le nombre 45^l,628 en centilitres, il faudrait porter la virgule décimale sur la droite du chiffre 2 qui exprime les centièmes de litres, et il viendrait 4562$^{centil.}$,8. En effet le litre valant cent centil., il est évident que le nombre de litres proposé doit exprimer cent fois plus de centilitres qu'il n'exprime de litres.

Soit encore à convertir le nombre 23ᵃ,5 en centiares. On portera la virgule sur la droite du chiffre des centièmes, qui sera remplacé par un zéro, et on aura 2350 centiares.

Nous ajouterons donc à la règle générale précédente ce qui suit : *Si le nombre des chiffres nécessaires au déplacement de la virgule n'était point contenu dans le nombre proposé, on y suppléerait par des zéros.* Ainsi le nombre 4ᵐ,35 vaut en myriamètres 0,000435.

COMPARAISON DES MESURES NOUVELLES AUX ANCIENNES, ET RÉCIPROQUEMENT.

119. Malgré que les mesures anciennes soient anéanties par les nouvelles, l'occasion de convertir les premières en celles-ci ne se présentera que trop souvent, en raison des rapports consignés dans les actes antérieurs à l'établissement du nouveau système de mesures, et de quelques autres raisons semblables.

La multiplicité des anciennes unités de mesures fait que nous ne nous occuperons ici que de celles qui étaient les plus usitées ; mais le procédé que nous emploierons dans la conversion de celles-ci sera général, et pourra servir à évaluer en unités nouvelles des unités particulières à un pays.

Cette comparaison des nouvelles mesures aux anciennes donne lieu aux trois problèmes suivans :

1.º *Réduire chaque unité nouvelle en anciennes, et réciproquement ;*

2.º *Réduire un nombre quelconque d'unités nouvelles en anciennes, et réciproquement ;*

3.° *Connaissant le prix d'une mesure ancienne, trouver le prix de la nouvelle, et réciproquement?*

PREMIER PROBLÈME.

Rapport du mètre à la toise, au pied, au pouce et à la ligne.

1.° On sait (113) que, pour déduire le mètre de la distance du pôle à l'équateur, on a divisé cette distance 5130740 toises par 10000000. Donc $1^m = \frac{5130740}{10000000}$ toises $= 0^t,5130740$;

2.° Pour déduire le rapport du mètre au pied, il faut remarquer que la toise vaut 6 pieds, et que par conséquent un nombre de pieds équivalant à un nombre de toises est sextuple de ce dernier. Ainsi la valeur du mètre en pied est six fois sa valeur en toises, $0^t,5130740$, ou $3^{pi},078444$;

3.° La valeur du mètre en pouces est donc douze fois sa valeur en pieds, ou $36^{po},941328$;

4.° Enfin c'est de cette manière que l'on trouvera qu'un mètre vaut $443^l,295936$, ou 3 pieds 0 p.° 11 l. $\frac{296}{1000}$ l.

RÉCIPROQUEMENT. *Rapport de la toise, du pied, du pouce et de la ligne au mètre.*

1.° Pour déduire le rapport de la toise au mètre, observons qu'ayant divisé la distance du pôle à l'équateur par 10000000, pour avoir le mètre on a égalé 5130740 toises à 10000000 de mètres ; car le quotient $0^t,5130740$ exprimant le mètre multiplié par le diviseur 10000000, donne le dividende 5130740, qui doit être de la nature du multiplicande. Donc, etc. Cela posé, la toise est donc la 5130740.° partie de 10000000 de mètres. Ainsi 1 toise $= \frac{10000000}{5130740}$ mètres $= 1^m,949036$;

2.° Le pied étant la sixième partie de la toise, il vaut donc en mètre le sixième de ce que vaut une toise en mètre ; c'est-à-dire que 1 pied $= \frac{1^m,949036}{6} = 0^m,324839$.

9

3.º Le pouce étant le $\frac{1}{12}$ du pied, il vaut donc en mètres le $\frac{1}{12}$ de 0^{m},324839, ou $\dfrac{0^{m},324839}{12} = 0^{m},027069$;

4.º La ligne étant le $\frac{1}{12}$ du pouce, elle vaut donc en mètres le $\frac{1}{12}$ de la valeur du pouce en mètres, c'est-à-dire que 1 ligne $= \dfrac{0^{m},027069}{12} = 0^{m},002255$.

Rapport de l'aune au mètre, et du mètre à l'aune.

Pour calculer les rapports de l'aune au mètre et du mètre à l'aune, on dira : 1.º si par exemple l'aune vaut 3 pieds 7 p.º 11 l. $\frac{5}{6}$, ou $\frac{3161}{6}^{l}$, la ligne valant 0^{m},002255; l'aune, dans cette hypothèse, vaut donc les $\frac{3161}{6}$ de 0^{m},002255, ou 1^{m},188446;

2.º L'aune valant 1^{m},188446, le mètre égale donc l'aune divisée par 1^{m},188446, ou $\dfrac{1^{\text{aune}}}{1^{m},188446} = 0^{a},841434$.

L'aune de Louhans (Saône-et-Loire), qui a 44 pouces, vaut donc quarante-quatre fois 0^{m},027069, ou 1^{m},191036.

Rapport de la lieue terrestre au kilomètre, et réciproquement.

Les rapports de la lieue terrestre au kilomètre, et du kilomètre à la lieue terrestre, se déduisent de la valeur du pied en mètre. En effet, la lieue terrestre de 25 au degré est de 13682 pieds; mais un pied vaut 0^{m},324839 : la lieue terrestre vaut donc 13682 fois 0^{m},324839, ou 4444^{m},45 qui égalent 4^{k},44445 (118).

Réciproquement le kilomètre vaut par conséquent une lieue terrestre divisée par 4^{k},44445, ou $\dfrac{1^{\text{l. ter.}}}{4^{k},44445} = 0^{kil.}$,225.

C'est de cette manière que l'on trouve que la lieue marine, qui est de 17102^{pi},46, vaut $5^{kil.}$,55555, et que 1 kilomètre vaut $0^{l.m.}$,18.

Rapport du kilogramme à la livre poids, et de la livre poids au kilogramme.

Les rapports du kilogramme à la livre poids, et de la livre poids au kilogramme, se déduisent du rapport du kilogramme au grain. On a trouvé que le kilogramme vaut 18827^{gr},15 ; mais un grain vaut $\frac{1}{9216}^l$: un kilogramme vaut donc 18827,15 fois $\frac{1}{9216}^l$, ou 2^l,042876. Convertissant la partie décimale de la livre 0^l,042876 en gros, grains, etc. (107), on a 2 liv. 5 gros 35 grains $\frac{15}{100}^g$ pour la valeur du kilogramme en livres poids.

Si l'on veut exprimer la valeur du kilogramme ou en onces, ou en gros, ou en grains, on multipliera successivement 2^l,042876 ou par 16, ou par 128, ou par 9216 (31), parce que 1 livre $=$ 16 onces $=$ 128 gros $=$ 9216 grains (107), on trouvera que 1 kilogramme $=$ 32^{onces},686024 $=$ 261^{gros},488194 $=$ 18827^{grains},149999.

Nota. Le gramme étant la centième partie du kilogramme, il est évident que, si l'on voulait obtenir sa valeur ou en livres, ou en onces, ou en gros, ou en grains, il faudrait prendre la centième partie de la valeur du kilogramme en ces différentes unités. Ainsi 1 gramme $=$ $0^{liv.}$,02042876 $=$ 0^{onces},32686024 $=$ 2^{gros},61488194 $=$ 188^{grains},2714999.

Réciproquement. $1.^o$ Le kilog. valant $2^{liv.}$,042876, la livre vaut par conséquent $\dfrac{1^{\ kilog.}}{2^l,042876} = 0^{kilog.}489505$;

$2.^o$ L'once étant la seizième partie de la livre, elle vaut en kilogramme le seizième de la valeur d'une livre en kilogramme, ou $\dfrac{0^{kil.},489505}{16} = 0^{kil.},030594$;

$3.^o$ Le gros étant le huitième de l'once, il vaut en kilog. $\dfrac{0^{kil.},030594}{8} = 0^{kil.},003824$;

$4.^o$ Le grain étant la soixante-douzième partie du gros, il vaut $\dfrac{0^{kil.},003824}{72} = 0^{kil.},000053$.

C'est de cette manière que l'on trouve qu'une liv. vaut en grammes $\dfrac{1\ \text{gramme}}{0^1 0\, 2\, 0\, 4\, 2\, 8\, 7\, 6} = 48^g,9505$, etc.

Rapport du franc à la livre tournois, et réciproquement.

Les valeurs intrinsèques de la pièce de 5 francs et de l'écu de 6 liv. tournois font connaître que le franc vaut 1 l. 0 s. 3 d., ou 1 liv. $\frac{3}{240}$ l, ou 1 liv. $\frac{1}{80}$ l $= \frac{81}{80}$ l. Donc la livre est les $\frac{80}{81}$ du franc. Ainsi, pour convertir 243 l. en francs, il faut multiplier $\frac{80}{81}$ f par 243, et on aura 240 fr. : ce qui est évident, puisque 1 liv. $= \frac{80}{81}$ f, les 243 l. valent 243 fois $\frac{80}{81}$ f. Donc, etc.

Réciproquement, pour convertir 240 fr. en livres tournois, on dira : 1 fr. vaut $\frac{81}{80}$ l; les 240 fr. valent donc 240 fois $\frac{81}{80}$ l, ou 243 liv.

Rapport des mesures de capacité.

Comme il existait dans l'ancien système une infinité de mesures différentes pour les grains et les liquides, nous ne donnerons ici aucun rapport sur les mesures de capacité; nous indiquerons seulement le moyen de les obtenir. A cet effet on remplira d'eau pure, ou de graines de même espèce, les mesures dont on cherche le rapport, suivant que ces mesures auront pour objet les liquides ou les grains; et, après avoir fait la tare, c'est-à-dire après avoir retranché le poids de chaque vase de la somme totale de chaque pesée respective, on divisera l'un par l'autre les poids des substances contenues dans ces vases : le quotient indiquera le rapport qui existe entre la mesure dividende et la mesure diviseur.

C'est par ce procédé que l'on trouve que la pinte de Comté (Doubs) est les $\frac{2}{7}$ du litre, et le litre les $\frac{7}{9}$ de la pinte.

DEUXIÈME PROBLÈME.

121. Quant au second problème, il n'offre aucune difficulté :

car le passage d'un système à l'autre s'effectue par le déplacement de la virgule, quelques multiplications et des additions très-simples. *Exemple :* On demande ce que valent 5 toises en mètres. A cet effet il suffit de rappeler la valeur de la toise en mètres, qui est $1^m,949036$, et de multiplier cette valeur par 5 : ce qui donne $9^m,745180$. De même, pour convertir $205^t,45$ en mètres, on multipliera la valeur de la toise en mètres par $205^t,45$ rendu abstrait, et on aura $400^m,419446$.

La conversion en mètres du nombre complexe 205 toises 3 pieds 5 pouces 6 lignes $\frac{5}{6}^1$ va nous donner le moyen de convertir en mètres un nombre quelconque d'unités concrètes de chaque espèce.

SOLUTION. Je cherche d'abord la valeur en mètres des 205 toises que je trouve être $399^m,55238$.

ci. . . . .

Pour obtenir la valeur en mètres des 3 pieds, je rappelle la valeur du pied en mètres, qui est $0^m,324839$, et la multiplie par 3 ; ce qui me donne $0^m,974517$. Pour avoir la valeur des 5 p.º, je multiplie $0^m,027069$, valeur du pouce en mètres, par 5, et j'ai

m.
399,55238
0,974517
0,135345
0,013530
0,001879
400,677651

$0^m,135345$. Pour évaluer les 6 lignes en mètres, je prends 6 fois la valeur de la ligne en mètres, qui est $0^m,002255$, et j'ai $0^m,013530$. Enfin, pour les $\frac{5}{6}$ l., je prends les $\frac{5}{6}$ de $0^m,002255$, et j'ai $0^m,001879$.

Récapitulant ces différens résultats, on trouve $400^m,677651$ pour la valeur en mètres de 205 t. 3 p. 5 pº 6 l. $\frac{5}{6}$. l.

RÉCIPROQUEMENT, pour convertir $534^m,453$ en toises, on décomposera ce nombre en ses unités de différens ordres, 5 hectomètres, 3 décamètres, 4 mètres, 4 décimètres, 5 centimètres et 3 millimètres. Cela étant fait, pour obtenir, 1.º la valeur en toises des 5 hectomètres, je rappelle la valeur du mètre à la toise, qui est $0^t,5130740$, laquelle valeur étant multipliée par 5, donne $2^t,56537$ pour la valeur de 5 mètres ; mais l'hectomètre valant 100 mètres, les 5 hectomètres valent donc 100 fois le nombre

2^t,56537 ou 256^t,537. camètres en toises, on fera comme ci-dessus, c'est-à-dire que l'on multipliera la valeur du mètre en toises par 3, et on rendra le produit 1^t,539222 dix fois plus grand : ce qui donnera 15^t,39222.

2.° Pour obtenir la valeur des 3 déc.

1.°	5 hectom.	=	256^t,537
2.°	3 décam.	=	15 ,39222
3.°	4 mètres.	=	2 ,052296
4.°	4 décim.	=	0 ,2052296
5.°	5 centim.	=	0 ,0256537
6.°	3 millim,	=	0 ,0015392
			274^t,2139385

3.° Multipliant la valeur du mètre en toises par 4, le produit 2^t,052296 exprimera la valeur en toises des 4 mètres. 4.° Quant à la valeur des 4 décimètres, elle s'obtiendra en rendant celle des 4 mètres dix fois plus petite : ce qui donnera 0^t,2052296. 5.° La valeur en toises des 5 centimètres est donc égale au quintuple de celle du mètre divisée par 100, ou à 0^t,0256537. 6.° Enfin, pour obtenir la valeur des 3 millimètres, on divisera le triple du rapport du mètre à la toise par 1000 : ce qui donnera 0^t,0015392. La somme 274^t,2139385 de ces différens résultats exprime la valeur en toises du nombre proposé 534^m,453.

On suivra le même procédé pour convertir en unités anciennes un nombre d'unités concrètes de toute autre espèce du nouveau système.

TROISIÈME PROBLÈME.

122. Pour obtenir la solution du troisième problème, *il suffit de multiplier le prix de l'ancienne mesure par le nombre qui exprime combien il faut de ces mesures pour composer la nouvelle dont on cherche le prix ; le produit est le prix cherché.* Exemple : Trouver le prix du mètre, la toise coûtant 6 livres? On cherche combien il faut de toises pour composer le mètre ; on trouve que le mètre vaut 0^t,513074. Multipliant donc le prix 6 liv. par le nombre abstrait 0,513074, le produit 3^l,078444, ou 3 liv. 1 s. 6 d. $\frac{2}{10}$ d. sera le prix du mètre. Ce qui est évident ; car le nombre de mètres étant converti en toises, au lieu de chercher le prix d'un nombre de mètres, connaissant le prix de la toise, on a à chercher le prix d'un nombre

d'unités toises équivalent à ce nombre de mètres, connaissant le prix de la toise (34). Donc, etc.

RÉCIPROQUEMENT. Pour déterminer le prix d'une mesure
ancienne quand le prix de la nouvelle est donné, *il
suffit de multiplier le prix de la nouvelle mesure par
le nombre qui exprime combien il faut de ces mesures
pour composer la mesure ancienne dont on cherche le
prix : le produit est le prix demandé.* Exemple : Quel est
le prix de 5 toises, lorsque le mètre coûte $8^f,25$?

Je convertis d'abord les 5 toises en mètres (121), et
j'ai $9^m,74518$; puis je multiplie le prix du mètre par le
nombre abstrait $9,74518$: le produit, à moins d'un millième
près, $60^f,907$, exprime le prix de 5 toises. En effet, ayant
converti le nombre de toises en mètres, au lieu de chercher le prix d'un nombre de toises, connaissant le prix
du mètre, on a à déterminer le prix d'un nombre de
mètres, connaissant le prix de l'unité mètre (34).
Donc, etc.

Lorsque le prix donné est en livres, sous et deniers,
on simplifie les calculs en convertissant d'abord les sous
et deniers en décimales de la livre (104). Exemple :
Trouver le prix de 5 toises, le mètre coûtant 6 liv.
6 s. 6 d. $\frac{7}{10}$ d. On convertira 6 liv. 6 s. 6 d. $\frac{7}{10}$ d. en
décimales de la livre; et ce en réduisant d'abord 6 s.
6 d. $\frac{7}{10}$ d. en fraction ordinaire de la livre (102); puis,
divisant le numérateur de cette dernière par son dénominateur, en convertissant chaque reste en décimales (41) :
ce qui donnera avec les six unités livres $6^l,328$ pour le
prix du mètre. Cela étant fait, on convertira les 5 toises
en mètres : ce qui donnera $9^m,74518$. En sorte que le produit
$61^l,667$ obtenu, à moins d'un millième près, par la multiplication de $6^l,328$ par le nombre abstrait $9,74518$,
donne le prix des 5 toises. Si l'on convertit ce prix en
francs, d'après ce qui a été dit n.º 120 sur le rapport
de la livre tournois au franc, on aura $60^f,906$.

ORIGINE

DE LA CINQUIÈME OPÉRATION ÉLÉMENTAIRE,
OU DE LA FORMATION DES PUISSANCES.

23.   Nous avons vu, n.º 28, que la multiplication

tirait son origine du cas de l'addition où les nombres à ajouter sont égaux entre eux; de même les puissances tirent leur origine de ces deux cas de la multiplication *où le multiplicateur est l'unité, et où les deux facteurs sont égaux.* Ainsi l'on entend par puissances *le résultat d'un nombre multiplié par l'unité ou par lui-même un certain nombre de fois.*

La première puissance de 4 est 4×1, ou ce nombre lui-même; la seconde puissance de ce nombre est 4×4, ou 16; sa troisième puissance est $4 \times 4 \times 4$, ou 64, etc. D'où il résulte *que le degré de la puissance d'un nombre est marqué par le nombre de fois que ce nombre est facteur.* Ainsi $7 \times 7 \times 7 \times 7 \times 7$ exprime la cinquième puissance de 7 : elle s'indique ainsi $(7)^5$; c'est-à-dire que l'on met entre parenthèses le nombre que l'on veut élever à la puissance, et qu'on écrit au-dessus de la parenthèse de droite le nombre qui exprime le degré de la puissance.

La seconde et la troisième puissances d'un nombre ont reçu respectivement les noms de *carré* et de *cube.*

DU CARRÉ ET DE SA FORMATION.

124.   La seconde puissance d'un nombre a reçu le nom de carré, parce que c'est de ce nom qu'est qualifiée la figure géométrique ci-contre, dont les quatre côtés sont égaux, et dont la surface qui reçoit encore le même nom s'obtient en multipliant le côté par lui-même. De sorte que nous pouvons définir ainsi le carré numérique : *C'est un*

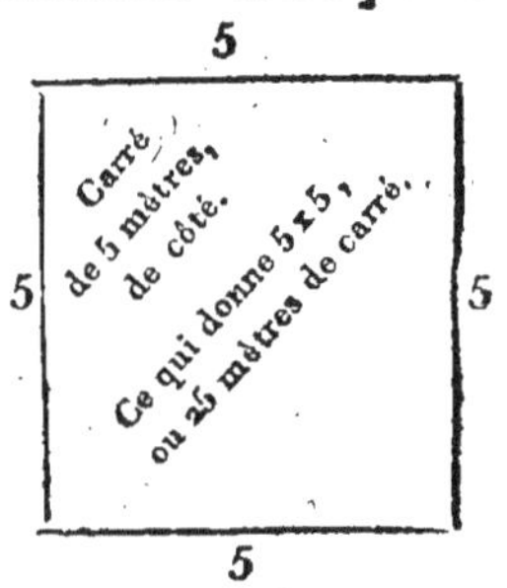

nombre qui se compose d'un nombre donné, de la même manière que ce dernier se compose lui-même de l'unité ; ou, plus généralement, *c'est le produit de deux facteurs égaux.* Donc le nombre que l'on carre est à la fois multiplicande et multiplicateur, ou, en d'autres termes, deux fois facteur.

5.   De ce qui précède, il résulte que, *pour carrer un nombre, il n'y a autre chose à faire qu'à multiplier ce nombre par lui-même.*

Exemple : $(32)^2 = 32 \times 32 = 1024$.

Mais, afin de mettre à découvert toutes les parties qui entrent dans le carré d'un nombre composé de plus d'un chiffre, c'est-à-dire dans le carré d'un nombre composé d'unités et de dixaines, nous allons décomposer ici le carré de 32.

32 Etant multiplié par lui-même donne, 1.° 2×2, *carré des unités* . . . . $= \quad 4$

2.° 3×2, ou 30×2, *produit des dixaines par les unités.* . . . . $= \quad 60$

3.° 2×3, ou 2×30, encore *produit des dixaines par les unités* (31) . . . . $= \quad 60$

4.° Enfin 3×3, ou 30×30, *carré des dixaines* $= \quad 900$

Ce qui donne pour le carré de 32 . . . . . ci 1024

que l'on voit être composé *du carré des unités, de deux fois le produit des dixaines par les unités, et du carré des dixaines.*

La loi que nous venons de suivre pour la formation de ce carré étant celle de la multiplication, il s'ensuit qu'elle n'est pas plus particulière au carré de 32 qu'à celui de tout autre nombre composé de plus d'un chiffre. Il sera donc vrai de dire *que le carré de tout nombre*

*composé de dixaines et d'unités renferme,
1.º le carré des unités ; 2.º le double produit
des dixaines par les unités ; 3.º enfin le carré
des dixaines.*

Ainsi, pour carrer un nombre, on pourra se dispenser de l'écrire deux fois pour le multiplier par lui-même ; il suffira de l'écrire une seule fois, et de trouver séparément les trois parties ci-dessus désignées, ayant soin de faire exprimer à chacune d'elles les plus basses unités convenables, sachant que des dixaines multipliées par des dixaines donnent des centaines, et que des dixaines multipliées par des unités donnent des dixaines (33).

C'est de la manière suivante que l'on trouve que le carré de *1111* est 1234321 :

$$
\begin{array}{lll}
1.º & (1)^2 & = \quad \ldots \ldots 1 \\
2.º & 2\,(111)\times 1 & = \quad \ldots\; 2220 \\
3.º & (111)^2 & = \quad 1232100 \\
\hline
& (1111)^2 & = \quad 1234321 \\
\end{array}
$$

126.   SCOLIE. Le carré des unités ne fait pas partie du double produit des dixaines par les unités ; de même le double produit des dixaines par les unités ne fait pas partie du carré des dixaines ; c'est-à-dire que le carré des unités n'entre dans la formation du carré total qu'à partir du premier chiffre à droite, et que le double produit des dixaines par les unités n'y entre qu'à partir du second, tandis que le carré des dixaines y entre à partir du troisième.

127.   D'après ce que nous venons d'observer sur la formation du carré, on peut encore dire *que le carré d'un nombre quelconque renferme,*

1.º le carré du premier chiffre à droite ; 2.º le double produit du premier par le second ; 3.º le carré du second ; 4.º le double produit des deux premiers par le troisième ; 5.º le carré du troisième : ainsi de suite.

En effet, qu'il soit question de carrer le nombre 432, on a 432 × 432. Si l'on décompose chacun des produits partiels qui doivent former le résultat indiqué, on aura, 1.º en commençant par le premier chiffre à droite, 2 × 2, *carré de ce premier chiffre à droite*; 2.º 3 × 2, *produit du second par le premier*; 3.º en passant au second chiffre, on a 2 × 3, *encore produit du second par le premier* (31); 4.º 3 × 3, *carré du second*; 5.º en multipliant le troisième successivement par chacun des deux premiers, on a 4 × 2 + 4 × 3, ou 4 × 2 + 4 × 30 = 4 × 32, *produit du troisième par les deux premiers*; 6.º en passant au troisième chiffre, on a 2 × 4 + 3 × 4, c'est-à-dire 2 × 4 + 30 × 4 = 32 × 4, *encore produit du troisième par les deux premiers*; 7.º enfin 4 × 4, *carré du troisième*. Réunissant séparément tous les produits homogènes, on trouve tous ceux précédemment énoncés. Donc, etc.

DU CARRÉ DES FRACTIONS ORDINAIRES.

3. De la manière de multiplier une fraction par une fraction (59. 3.ᵉ cas), on conclut que, *pour carrer une fraction, il faut carrer séparément son numérateur et son dénominateur.*

$$\textit{Exemple} : \left(\tfrac{3}{4}\right)^2 = \frac{3}{4} \times \frac{3}{4} = \frac{3 \times 3}{4 \times 4} = \frac{(3)^2}{(4)_2} = \frac{9}{16}.$$

DU CUBE ET DE SA FORMATION.

9. On a vu, n.º 124, la raison pour laquelle la seconde puissance d'un nombre avait reçu le nom de carré ; de même la troisième puissance de ce nombre a reçu le nom de *cube*, parce

que ses trois facteurs égaux représentent les trois dimensions égales d'un corps que l'on appelle *cube* en stéréométrie, et dont la solidité, qui s'obtient en faisant le produit des trois dimensions, porte encore le même nom.

D'après cela, nous pouvons définir ainsi le cube numérique : *C'est un nombre qui se compose du carré d'un autre nombre, de la même manière que ce carré s'est lui-même composé de cet autre nombre* (Voyez la définition du carré numérique, n.° 124); ou, en d'autres termes, *c'est le produit de trois facteurs égaux.*

130.   Il suit de là que, pour cuber un nombre, *il faut le multiplier trois fois par lui-même : ce qui revient à multiplier le carré du nombre proposé par ce nombre même.*

Exemple : Elever 32 au cube, on aura donc $(32)^3 = 32 \times 32 \times 32 = (32)^2 \times 32 = 1024 \times 32 = 32768$.

Mais, afin de mettre à découvert les différentes parties qui entrent dans la formation du cube d'un nombre composé d'unités et de dixaines, je rappelle que le cube provient du carré multiplié par le nombre lui-même; et alors je décompose le produit $(32)^2 \times 32$. A cet effet j'observe que chacune des trois parties qui entrent dans le carré de 32 (125) va être multipliée successivement par les dixaines et les unités du même nombre 32; ce qui donnera: 1.° le produit du carré des dixaines par les dixaines, ou *le cube des dixaines;* 2.° le double produit des dixaines par les unités, multiplié par les dixaines, ou *deux fois le carré des dixaines par les unités;* 3.° le produit du carré des unités par les dixaines, ou *une fois le carré des unités par les dixaines;* 4.° le produit du carré des dixaines par les unités, ou *une fois le carré des dixaines par les unités;* 5.° le double produit des dixaines par les unités, multiplié par les unités, ou *deux fois le carré des unités par les dixaines;* 6.° le produit du carré des unités par les unités, ou *le cube des unités.*

Réunissant les produits semblables, je vois que le deuxième et le quatrième donnent *trois fois le carré des dixaines par les unités;* le troisième et le cinquième étant réunis donnent *trois fois le carré des unités par les dixaines;* de sorte qu'au fond ces six produits sont réduits à quatre réellement distincts, qui sont : 1.° *le cube des dixaines;* 2.° *le triple carré des dixaines par les unités;* 3.° *le triple carré des unités par les dixaines;* 4.° *enfin le cube des unités.*

Cela posé, on peut se dispenser de multiplier trois fois par lui-même le nombre à cuber ; il suffira d'obtenir chacune des quatre parties ci-dessus énoncées : ce qui aura lieu dans l'exemple suivant : Cuber le nombre 264.

SOLUTION. Les dixaines du nombre proposé étant au nombre de 26, elles valent 260 unités, dont le cube est $260 \times 260 \times 260$, ou $26 \times 26 \times 26 = 17576000$ (32). Ceci fait voir que des dixaines élevées au cube donnent des mille. Le carré des dixaines étant $260 \times 260 = 67600$, son triple est 67600×3, ou 202800, qui, multiplié par les unités, donne 811200. Le triple carré des unités est 48; son produit par les dixaines est $48 \times 260 = 12480$; enfin le cube des unités est $4 \times 4 \times 4 = 64$. Le cube

$$
\begin{array}{lrl}
& (\ 260 \ )^3 & = 17576000 \\
3 & (\ 260 \ )^2 \times 4 & = 811200 \\
3 & (\ 4 \ )^2 \times 260 & = 12480 \\
& (\ 4 \ )^3 & = 64 \\
\hline
& (\ 264 \ )^3 & = 18399744
\end{array}
$$

demandé est donc exprimé par la somme 18399744 résultant de tous ces produits.

SCOLIE. Le cube des dixaines entre dans la formation du cube total à partir du quatrième chiffre de droite, tandis que le triple carré des dixaines par les unités n'y entre qu'à partir du troisième ; que le triple carré des unités par les dixaines n'y entre qu'à partir du deuxième;

et qu'enfin le cube des unités n'y entre qu'à partir du premier : c'est-à-dire que le triple carré des dixaines par les unités ne fait point partie du cube des dixaines ; de même que le triple carré des unités par les dixaines ne fait point partie du précédent résultat ; comme aussi le cube des unités ne fait point partie de ce dernier.

132. De ce qui a été dit n.° 127, il résulte que le cube d'un nombre quelconque se forme encore : *1.° du cube du premier chiffre à droite ; 2.° du triple carré du premier par le second ; 3.° du triple carré du second par le premier ; 4.° du cube du second ; 5.° du triple carré des deux premiers par le troisième ; 6.° du triple carré du troisième par les deux premiers ; 7.° du cube du troisième :* ainsi de suite.

DU CUBE DES FRACTIONS ORDINAIRES.

133. Le troisième cas de la multiplication des fractions n.° 59, nous fait voir que, pour cuber une fraction, *il faut cuber séparément son numérateur et son dénominateur.*

$$Exemple : \left(\tfrac{3}{4}\right)^3 = \frac{3}{4} \times \frac{3}{4} \times \frac{3}{4} = \frac{3.3.3}{4.4.4} = \frac{(3)^3}{(4)^3} = \frac{27}{64}.$$

134. La quatrième puissance d'un nombre s'obtenant en multipliant ce nombre quatre fois par lui-même, il en résulte *que cette puissance se compose d'autant de fois le cube du nombre proposé, que ce dernier se compose lui-même l'unité.*

Ainsi, pour élever un nombre à la quatrième puissance, on multipliera le cube de ce nombre par le nombre lui-même.

Si l'on veut mettre à découvert toutes les parties qui entrent dans la quatrième puissance d'un nombre, il suffit de multiplier successivement chacune des parties composant le cube de ce nombre ; par les dixaines et par les unités de ce même nombre ; et on trouvera que cette puissance est formée : 1.º *de la quatrième puissance des dixaines ; 2.º de quatre fois le cube des dixaines par les unités ; 3.º de quatre fois le cube des unités par les dixaines ; 4.º de six fois le carré des dixaines par le carré des unités ; 5.º enfin de la quatrième puissance des unités.*

5. On voit par là que la multiplication des parties composant les différentes puissances d'un nombre, est en raison directe du degré de la puissance. D'un autre côté, on juge de la difficulté qu'il y a de les mettre à découvert malgré la certaine analogie que l'on remarque entre elles, et que la science des nombres ne peut faire connaître : c'est pourquoi nous nous en tiendrons, dans cette première partie des mathématiques, à la formation du cube. Quant à la formation des autres puissances, le binôme en algèbre nous met sous les yeux le moyen de les obtenir avec tout le développement possible sans le secours de la multiplication.

ORIGINE

DE LA SIXIÈME OPÉRATION ÉLÉMENTAIRE
OU DE L'EXTRACTION DES RACINES.

6. Après avoir formé la deuxième, la troisième, la quatrième, etc., puissance d'un nombre quelconque, c'est-à-dire après avoir formé le

carré, le cube, la quatrième, etc., puissance d'un nombre, on a dû se proposer le problème inverse, qui consiste à retrouver ce nombre quelconque, connaissant sa puissance qui prend le nom ou de *racine carrée*, ou de *racine cubique*, ou de *racine quatrième*, etc., suivant qu'il est question ou de *carré*, ou de *cube*, ou de *quatrième*, etc., *puissance*.

Nous allons analyser successivement l'extraction de chacune de ces puissances.

EXTRACTION DE LA RACINE CARRÉE.

137. La formation du carré étant un cas de la multiplication, l'extraction de sa racine est un cas de la division : car elle a pour but, *connaissant un carré, de trouver le nombre qui l'a produit*; ou, plus généralement, *de trouver un nombre qui, multiplié par lui-même, produise un nombre donné*.

138. PORISME. Tout carré composé de un, et même de deux chiffres, ne donne qu'un seul chiffre à sa racine, ni plus ni moins ; tout carré composé de trois, et même de quatre chiffres, ne donne que deux chiffres à sa racine, ni plus ni moins : ainsi de suite.

En effet, 1.° 10, qui est la plus petite racine composée de deux chiffres, a pour carré 100, qui est un nombre composé de trois chiffres : donc cette racine 10 ne produirait pas un carré qui ne serait composé que de deux chiffres, et à plus forte raison un carré qui ne serait composé que d'un seul chiffre ; 2.° la plus petite racine composée de trois chiffres est 100, dont le carré est composé de cinq chiffres. Donc une racine composée de trois chiffres donne un carré composé de plus de quatre chiffres. On démontrerait de cette manière qu'un carré composé de cinq, et même de six chiffres, ne peut donner que trois chiffres à sa racine, etc. Donc, etc.

9.   Les carrés dont nous venons de parler composent les différens cas de l'extraction de la racine carrée ; c'est-à-dire que le rang de chaque cas de cette extraction est marqué par le nombre des chiffres qui doivent composer la racine demandée.

PREMIER CAS. Soit à extraire la racine d'un carré composé de un et même de deux chiffres, telle que celle de 4 ou de 64.

Le tableau ci-dessous offrira toujours la solution de ce premier cas : car il comprend tous les carrés composés de un et de deux chiffres avec leur racine en nombres simples. Ainsi les racines 2 et 8 satisfont à la question.

Racines..... 1, 2, 3, 4, 5, 6, 7, 8, 9.
Carrés........ 1, 4, 9, 16, 25, 36, 49, 64, 81.

DEUXIÈME CAS. Soit à extraire la racine d'un carré composé de trois ou de quatre chiffres, telle que celle de 1024 : c'est-à-dire trouver un nombre qui, multiplié par lui-même, donne 1024.

SOLUTION. Le carré proposé se composant de plus de deux chiffres, sa racine se compose d'unités et de dixaines. Donc ce carré proposé renferme les trois parties énoncées dans le n.° 125.

Pour déterminer d'abord les plus hautes unités de la racine, on se rappellera ce qui a été dit n.° 126 : que le carré des dixaines, qui se forme en ajoutant deux zéros sur la droite de celui du chiffre qui les exprime, n'entre dans l'addition des trois parties composant le carré, qu'à partir du rang des centaines. Donc ces deux derniers chiffres à droite, qui expriment des dixaines et des unités, ne font point partie du carré des dixaines : c'est pourquoi je les détache par un point ; et il me reste 10 pour le carré des dixaines, et en outre les centaines produites par les deux autres parties du carré total. Or, si l'on cherche le plus grand des neuf carrés de un et de deux chiffres composant le tableau ci-contre, contenu dans 10, qui est 9, sa racine 3 exprimera

10.24	32
12.4	6
0.4	
0	
10	

les dixaines de la racine cherchée. Retranchant (3)* , ou 9 de 10, le reste 1 sera donc la retenue faite sur le double produit des dixaines par les unités , et le carré des unités : en sorte que le restant 124 du carré proposé , est la somme de ces deux dernières parties.

Comme le double produit des dixaines par les unités se forme en ajoutant un zéro sur la droite du produit résultant du double du chiffre des dixaines par le chiffre des unités (125), il en résulte que cette partie n'entre dans la somme des trois parties énoncées précédemment, qu'à partir du rang des dixaines (126). Donc le dernier chiffre à droite de la somme 124, qui exprime des unités, ne fait point partie du produit du double des dixaines par les unités ; c'est pourquoi il en est séparé par un point : et il reste 12 pour ce produit et la retenue faite sur le carré des unités. De manière que, pour obtenir les unités de la racine , on a ce problème à résoudre : un produit 12 est donné avec l'un de ses facteurs 6 , double des dixaines déjà obtenues , découvrir l'autre facteur ? Ce qui se fera par la simple division de 12 par 6. Le quotient 2 exprime les unités cherchées ; c'est pourquoi on écrira ce quotient à la droite des dixaines de la racine ; puis on retranchera 2×6 de 12 ; et à côté du reste zéro on abaissera le chiffre des unités qui avait été détaché : et on aura 4, nombre qui ne renferme plus que 2×2, ou le carré des unités de la racine. Le reste zéro , que l'on obtient en retranchant ce dernier produit 2×2 du nombre 4 , fait conclure que la racine carrée de 1024, ou que le nombre qui , multiplié par lui-même , donne 1024 , est 32.

Troisième cas. C'est celui où le carré proposé renferme cinq ou six chiffres , tel que par exemple 289444.

Quoique , dans cette hypothèse , la racine cherchée ait plus de deux chiffres , elle peut toujours être considérée comme étant composée de dixaines et d'unités ; car les unités supérieures aux dixaines sont multiples de ces dernières. Donc le carré proposé est composé des trois parties énoncées dans le n.º 125. Mais, comme la dernière de ces parties y est entrée à partir du rang des centaines , il en résulte que les deux premiers chiffres qui expriment respectivement les unités et les dixaines du carré proposé, ne font point partie du carré des dixaines : c'est pourquoi on les détache par un point. En sorte que la partie 2894 du carré proposé exprime le carré des dixaines de la racine, et en outre la retenue faite sur les deux autres parties composant le carré total. Or, pour obtenir les dixaines de la racine, il suffit d'extraire celle du plus grand carré contenu dans

. . . .	
28.94.44	538
39.4	10
94	106
854.4	
64	
0	

2894 ; mais, comme ce carré est composé de quatre chiffres, on en conclut que sa racine, qui elle-même exprime les dixaines de celle cherchée, renferme deux chiffres. Si donc on considère cette racine en dixaines comme étant composée d'un nombre simple de dixaines et d'unités, on sera conduit à extraire la racine carrée de 2894 selon le procédé du second cas ; et on trouvera 53 pour cette racine, avec un reste 85 qui exprime la retenue indiquée plus haut. Abaissant à côté de ce reste les deux premiers chiffres détachés, on a 8544 pour la somme du double produit des dixaines par les unités et le carré des unités ; mais, comme la première de ces deux dernières parties a dû y entrer à partir des dixaines (126), le chiffre des unités de cette somme en sera détaché : ce qui donnera 854 pour le double produit des dixaines par les unités, et pour la retenue faite sur le carré des unités. Ainsi, en divisant 854 par 106, double des dixaines de la racine, on aura 8 pour les unités de cette racine, et un reste 6 qui exprime la retenue faite sur le carré des unités ; c'est pourquoi on joindra à ce reste le chiffre des unités qui avait été détaché de la précédente somme comme exprimant le carré des unités : ce qui donnera 64. Retranchant de ce dernier nombre le carré des 8 unités de la racine, on aura zéro pour reste. Ce dernier reste étant zéro, on en conclut que la racine du carré proposé est 538.

On observera que si l'on place le quotient à la droite de son diviseur, et qu'ensuite on multiplie le résultat par ce même quotient, on aura un produit qui exprimera le carré des unités, plus le double produit des dixaines par les unités. De sorte que, retranchant ce produit du nombre qui exprime les

. . . .	
28.94.44	538
39.4	103
854.4	3
0000	1068
	8

deux parties qui le composent, ces deux mêmes parties se trouvent retranchées par une seule opération, comme on vient de le voir.

QUATRIÈME CAS. Soit à extraire la racine du carré 21372129.

D'après ce qui a dit n.º 138, on voit que la racine demandée est composée de quatre chiffres, dont les trois premiers de gauche en expriment les dixaines, et le quatrième les unités. Détachant les deux premiers chiffres de droite du carré proposé, comme exprimant respectivement le carré des unités et le double produit des dixaines par les unités, on a 213721 pour le carré des dixaines, et en outre la retenue faite sur les deux autres parties. Si donc on cherche, selon le procédé du troisième cas, le plus grand carré contenu dans cette partie 213721, sa racine 462 exprimera les dixaines de la racine cherchée. Abaissant la tranche 29 à côté de la retenue 277 qui était comprise dans le carré des dixaines de la racine

. . . . .	
21.37.21.29	4623
53.7	86
	6
212.1	
	922
2772.9	2
0000	9243
	3

totale, ou aura 27729 pour la somme des deux autres parties composant le carré proposé. Ce dernier résultat 27729, diminué de son premier chiffre de droite, étant divisé par 924, double des dixaines de la racine, donne un quotient 3 qui exprime les unités de la racine cherchée. Le carré de ces unités, ainsi que le double produit des dixaines par ces mêmes unités, se retrancheront de leur somme 27729 en en soustrayant le produit de 9243 par 3. Le reste zéro que l'on obtient fait voir que la racine exacte du carré proposé est 4623.

Ce raisonnement s'appliquant à tous les autres cas, on en conclut que, *pour extraire la racine d'un carré quelconque, il faut d'abord le partager en tranches par ordre binaire, en commençant par la droite : ce qui fera que la dernière tranche de gauche ne sera composée que d'un seul chiffre toutes les fois que le nombre des chiffres composant le carré pro-*

posé sera impair ; puis on opérera sur chacune de ces tranches , comme on vient de le faire, en observant que chacune d'elles doit donner un chiffre à la racine : c'est pourquoi on portera zéro à cette racine toutes les fois qu'ayant abaissé une tranche, et détaché le dernier chiffre du résultat, le reste ne contiendra pas le double de la racine déjà obtenue, etc.

10. Malgré les tâtonnemens qu'on est obligé de faire pour obtenir chaque chiffre de la racine, on est encore incertain si ce chiffre est ou n'est pas trop faible ; mais, afin de nous mettre à même de lever tous les doutes sur ce point, nous allons élever au carré deux racines qui diffèrent entre elles de l'unité, telles que 5 et 6.

Le carré de la plus grande contiendra le carré de la plus petite, plus deux fois cette plus petite, et en outre l'unité. En effet $(6)^2 = (5)^2 + 5 \times 2 + 1$.

Ceci se démontre en algèbre, en représentant la plus petite racine par a : ce qui donne pour la plus grande racine $a + 1$. Élevant au carré chacune de ces racines, on a pour le carré de la première $a \times a = a^2$. Quant au carré de la seconde, il faut, pour l'obtenir, observer la règle des signes $+$ et $-$ dans la multiplication du binôme $a + 1$ par lui-même : ce qui donnera $(a+1)(a+1) = a^2 + 2a + 1$. (Ce qui devient encore évident, si l'on considère le binôme $a + 1$ comme un nombre composé de deux chiffres, dont a en exprime les dixaines, et 1 les unités.) Donc le le carré de la plus grande racine diffère de celui de la plus petite de $2a + 1$; c'est-à-dire de deux fois de la plus petite racine, plus de l'unité. Donc, etc.

Cela étant, il sera facile de s'assurer si le dernier chiffre mis à la racine est trop faible de

une, et même d'un plus grand nombre d'u-
nités : car, dans le cas où ce chiffre serait
trop faible d'une unité, la racine déjà ob-
tenue sera la plus petite, et celle-ci, aug-
mentée de l'unité, deviendra la plus grande;
et par conséquent le reste de l'opération sera
plus grand, ou tout au moins égal au double
de la racine déjà obtenue, plus à l'unité.

141. Nous avons vu, n.° 41, que le cas de la division où l'on obtient un reste, donnait naissance à un quotient décimal, c'est-à-dire que ce quotient n'était pas assignable en nombre entier, et que même assez souvent il se trouvait périodique (77 et 78). Lorsqu'il s'agit de l'extraction des racines carrées, ce cas où l'on obtient un reste est beaucoup plus fréquent, et exige une attention toute particulière : car, outre qu'il donne une racine qui n'est pas assignable en nombre entier, il la donne encore non assignable en nombre fractionnaire.

En effet, si l'on demandait le nombre qui, multiplié par lui-même, donne 7, on verrait que ce nombre tombe entre 2 et 3; c'est-à-dire qu'il est 2 avec un reste 3. Ce reste 3 étant divisé par le double de la racine déjà obtenue, donne $\frac{3}{4}$: ensorte que le nombre demandé est $2 + \frac{3}{4}$, ou $\frac{11}{4}$ Or, si la racine carrée de 7 pouvait être $\frac{11}{4}$, il en résulterait que le carré de $\frac{11}{4}$, qui est $\frac{121}{16}$ (128), devrait égaler 7 : ce qui est évidemment faux, puisque $\frac{121}{16}$ est une fraction irréductible, en ce que sa racine $\frac{11}{4}$ est elle-même irréductible (70). Donc $\left(\frac{11}{4}\right)^2 > 7$: ce qui fait voir que $\sqrt{7}$, au lieu de tomber entre 2 et 3, tombe entre deux nombres plus rapprochés, qui sont 2 et $2 + \frac{3}{4}$. Donc $\frac{11}{4}$ approche plus de $\sqrt{7}$ que 3, ou $\frac{12}{4}$. On pourrait actuellement se proposer d'approcher de $\sqrt{7}$ à moins de $\frac{1}{5}$ près : c'est-à-dire que dans ce cas-ci l'on chercherait deux fractions $\frac{13}{5}$ et $\frac{14}{5}$ qui eussent 5 pour dénominateur, et un de différence entre leur numérateur, et dont leur carré interceptât 7 ; en sorte que $\sqrt{7}$ ne pouvant, dans cette hypothèse, être $\frac{14}{5}$, ne peut être non plus $\frac{13}{5}$: car, dans le cas contraire, il faudrait que le carré de la fraction irréductible $\frac{13}{5}$ qui est $\frac{169}{25}$ égalât 7 : ce qui ne peut avoir lieu, puisque $\frac{169}{25}$ est aussi une fraction irréductible (70). On ferait le même raisonnement si l'on voulait obtenir cette racine carrée à moins de $\frac{1}{6}$, de $\frac{1}{7}$, etc., près ; et on en conclurait que cette racine n'existe pas, malgré que l'on serait bien convaincu qu'il existe un nombre qui, multiplié par lui-même, donne 7.

De ces raisonnemens on conclura en outre que l'on peut toujours obtenir ces racines avec un degré d'approximation déterminé ; ce qui constitue la matière du numéro suivant : mais auparavant disons que ces sortes de racines se nomment *incommensurables*, ou *irrationnelles*, parce que l'on appelle commensurables ou rationnels les nombres qui ont une mesure commune avec l'unité, tels que $\frac{3}{4}$, nombre dans lequel le $\frac{1}{4}$ de l'unité est contenu trois fois et quatre fois dans l'unité même, tandis que la racine carrée de 2, qui n'est assignable ni en nombre entier, ni en nombre fractionnaire, est incommensurable de même que celle de tout nombre entier qui n'est pas le carré exact d'un entier quelconque. Ainsi on rencontrera très-peu de nombres parmi ceux composant la suite naturelle et indéfinie des nombres, qui soient des carrés parfaits ; car la table du n.° 139 nous fait voir que, parmi les nombres depuis un jusqu'à 100, il n'y a que dix carrés *rationnels*, et que si l'on va jusqu'à 10,000, on n'en trouvera que 100, etc.

EXTRACTION DES RACINES CARRÉES INCOMMENSURABLES.

2. Malgré qu'un nombre ne soit pas un carré

parfait, on peut toujours approcher de sa véritable racine aussi près qu'on le voudra, soit en décimales, soit en fractions ordinaires. En s'arrêtant à la première de ces approximations, nous y appliquerons le raisonnement du n.º 41 concernant les quotiens décimaux, avec cette différence qu'au lieu de mettre un, deux, trois, etc., zéros sur la droite du nombre proposé pour obtenir des dixièmes, centièmes, millièmes, etc., il en faudra mettre deux, quatre, six, etc., sur la droite du carré proposé, selon que l'on voudra obtenir à la racine des dixièmes, des centièmes, des millièmes, etc. ; c'est-à-dire qu'il faudra mettre sur la droite de ce carré proposé un nombre de zéros double du nombre des chiffres décimaux contenus dans la racine.

Ceci est fondé sur ce que le produit (carré) doit renfermer autant de chiffres décimaux que les deux facteurs (racine). (Voyez n.ºˢ 90 et 124, dernier alinéa.) Ce qui fait voir que des racines exprimées en $\frac{1}{10}$, en $\frac{1}{100}$, etc., ont respectivement pour carré des centièmes, des dixmillièmes, etc.

D'où l'on conclut que, *pour extraire la racine carrée d'un nombre par approximation, il faut multiplier ce nombre par le carré du dénominateur de la fraction qui exprime le degré de l'approximation apportée à la racine.*

Exemple : Qu'il soit question d'extraire la racine carrée de 21 à moins d'un dixième près. Je multiplie 21 par le carré du dénominateur 10, et j'ai à extraire la racine carrée de 2100, selon ce qui a été dit précédemment : ce qui me donne 4,5 pour la racine carrée de 21 à moins d'un dixième près.

Si l'on avait demandé cette racine à moins d'un centième près, j'eusse multiplié le carré proposé par 10000, carré du dénominateur 100, et la racine eût été 4,58.

On pourrait trouver d'abord la racine en nombre entier, et ensuite convertir les restes en dixièmes, centièmes, etc.

Si l'on demandait la racine carrée de 7 à moins de toute autre unité près, par exemple à moins de $\frac{1}{5}$ près, on multiplierait pareillement le carré proposé par 25, carré du dénominateur 5; et il viendrait alors à extraire la racine carrée de 175, que l'on trouverait être $\frac{13}{5}$ ou $2 + \frac{3}{5}$.

EXTRACTION DE LA RACINE CARRÉE DES NOMBRES DÉCIMAUX.

Ces sortes d'extraction se déduisent de ce qui précède ; *il suffit de faire compter les chiffres décimaux contenus dans le carré proposé, parmi le nombre de ceux qu'il doit renfermer, par rapport à ceux de sa racine ; puis extraire la racine comme si le carré proposé était un nombre entier.*

Exemple : Extraire la racine carrée de 34,5 à moins d'un centième près. La racine demandée devant renfermer deux chiffres décimaux, son carré doit en avoir quatre. Ainsi on extraira la racine de 34,5000, que l'on trouvera être 5,86 à moins d'un centième près.

EXTRACTION DE LA RACINE CARRÉE DES FRACTIONS ORDINAIRES.

De la manière dont on obtient le carré d'une fraction (128), on conclut que *la racine carrée d'une fraction s'obtient en extrayant séparément celle du numérateur et celle du dénominateur.*

$$\text{Ainsi } \sqrt{\frac{9}{16}} = \frac{\sqrt{9}}{\sqrt{16}} = \frac{3}{4}$$

Il en est des fractions comme des nombres entiers : toutes ne sont pas commensurables ; ce qui a lieu quand le numérateur ou le dénominateur, ou enfin quand l'un et l'autre de ces termes ne sont pas des carrés parfaits. Dans les deux premiers cas, *on extraira par approximation la racine du terme qui n'est point rationnel ; quant au troisième cas, on évitera la double approximation en rendant l'un des termes de la fraction un carré parfait, en s'attachant de préférence au dénominateur, parce qu'il marque le nombre des parties contenues dans l'unité.*

On parviendra donc à rendre ce dénominateur un carré exact *en multipliant les deux termes de la fraction par son dénominateur : ce qui ramènera cette fraction au premier cas ; puis on extraira par approximation la racine carrée du numérateur.*

Comme le troisième cas, ainsi que le second qui est celui dont le dénominateur est irrationnel, n'en font qu'un seul, nous allons donner un exemple de chacun des deux cas composant l'extraction par approximation de la racine carrée des fractions ordinaires.

$$\text{PREMIER CAS.} \quad \sqrt{\frac{21}{49}} = \frac{\sqrt{21}}{\sqrt{49}} = \frac{4,582}{7}$$

$$\text{DEUXIÈME CAS.} \quad \sqrt{\frac{4}{5}} = \frac{\sqrt{4 \times 5}}{\sqrt{5 \times 5}} = \frac{4,47}{5}$$

Ces racines étant exprimées par deux espèces de fractions, on évitera cette double expression fractionnaire en convertissant chacune de ces racines en une seule espèce de fraction qui sera décimale, et ce en divisant le numérateur de chacune de ces racines par son dénominateur, selon ce qui a été dit n.° 41 ; et on bornera ce quotient à la même décimale du numérateur : ce qui donnera respectivement pour chacune des racines ci-dessus 0,654 et 0,89.

147.   Si au lieu des décimales on voulait employer

les fractions ordinaires dans l'extraction des racines carrées des nombres rompus, *il faudrait pareillement multiplier la fraction proposée par le carré du dénominateur de la fraction qui marque le degré de l'approximation.*

Exemple : Extraire la racine carrée de $\frac{3}{7}$ à moins de $\frac{1}{15}$ près. En multipliant la fraction proposée par 225, carré du dénominateur 15, on aura à extraire la racine de $\frac{675}{7}$ de deux cents vingt-cinquièmes, ou de $\frac{1}{225} \times \frac{675}{7} = \frac{675}{1575}$.

$$\text{Or } \sqrt{\frac{675}{1575}} = \sqrt{\frac{675 \times 1575}{1575 \times 1575}} = \sqrt{\frac{1063125}{(1575)^2}}$$

$$= \frac{\sqrt{1063125}}{1575} = \frac{1031}{1575} \text{ pour la racine demandée.}$$

On pourrait dans ces sortes d'extractions simplifier les calculs, et en même temps se procurer pour racine très-approchée une fraction dont le dénominateur n'excédât pas celui de la fraction donnée pour approximation, et ce en convertissant la fraction proposée en une autre dont le dénominateur fût le carré du nombre qui marque le degré de l'approximation : *ce qui se fera en divisant les deux termes de la fraction proposée par son dénominateur, et en traitant la fraction obtenue par cette opération, comme dans l'exemple précédent.*

Exemple : Soit encore la question ci-dessus. On aura en divisant par 7 les deux termes de la fraction $\frac{675}{7}$ de $\frac{1}{225}$; $\frac{96}{1}$ de $\frac{1}{225}$ ou $\frac{96}{225}$, dont la racine tombe entre $\frac{9}{15}$ et $\frac{10}{15}$, mais plus près de la seconde fraction que de la première, parce que 96 approche plus du carré de 10 que de celui de 9. Il en approche d'autant plus encore, que ce numérateur 96 est trop faible de la fraction qui a été négligée dans le quotient de 675 par 7. On aura donc $\frac{10}{15}$ ou $\frac{2}{3}$ pour la racine carrée de $\frac{3}{7}$ à moins d'un quinzième près. Cette dernière racine excède de $\frac{19}{1575}$ celle obtenue par le premier procédé.

EXTRACTION DE LA RACINE CUBIQUE.

149.   L'extraction de la racine cubique est, comme celle des autres puissances, un cas de la division (123) : *elle a pour but de trouver un nombre qui, multiplié trois fois par lui-même, produise un nombre donné appelé cube.*

150.   Avant que de développer les divers cas qui se présentent sur cette opération, nous observerons, 1° qu'un cube composé d'un ou de de deux, et même de trois chiffres, n'en peut avoir qu'un seul à sa racine ; 2.° qu'un cube composé de quatre ou de cinq, et même de six chiffres, ne peut avoir que deux chiffres à sa racine, ni plus ni moins ; ainsi de suite.

En effet, supposons pour le premier cas la plus petite racine cubique composée de deux chiffres, qui est 10 ; cette racine, élevée au cube, donne le nombre 1000 qui est composé de quatre chiffres. Supposons actuellement pour le second cas le plus petit nombre possible composé de trois chiffres, qui est 100, et dont le cube est 1000000, nombre composé de sept chiffres. Donc, etc.

Il n'est pas difficile de démontrer cette proposition d'une manière générale. Il suffit de se convaincre que la plus petite racine cubique composée de deux chiffres, qui est 10, donne un cube composé de quatre chiffres, pour en conclure que ses multiples décimaux, qui sont précisément les plus petites racines cubiques composées de trois, de quatre, etc., chiffres, donneront des cubes qui seront continuellement de mille en mille fois plus grands, et qui par conséquent seront exprimés par des nombres composés de sept, de dix, etc., chiffres. Donc, etc.

Cela posé, passons au premier cas de l'extraction de la racine cubique.

PREMIER CAS. Soit à extraire les racines cubiques des nombres 8,64 et 125.

La solution de ce premier cas se trouvera toujours dans le tableau ci-dessous, qui comprend les cubes de toutes les racines en nombres simples, et par lequel on voit que les racines 2, 4 et 5 satisfont à la question.

Racines.. 1, 2, 3, 4, 5, 6. 7, 8, 9.
Cubes.... 1, 8, 27, 64, 125, 216, 343, 512, 729.

Il en est des nombres considérés comme cubes de même que de ceux considérés comme carrés, c'est-à-dire que tous ne sont pas des cubes parfaits : on remarque même en effet par le tableau précédent qu'il existe moins de cubes parfaits dans la suite naturelle des nombres, qu'il n'existe de carrés rationnels ; car depuis 1 jusqu'à 1000 on ne compte que dix cubes rationels, tandis que l'on ne va que jusqu'à 100 pour compter dix carrés commensurables. Nous traiterons ci-après des cubes incommensurables comme nous avons traité des carrés irrationnels ; pour le moment il nous suffit d'observer au lecteur que, quand le cube proposé tombera entre deux de ceux du tableau ci-dessus, il prendra la racine du plus petit de ces deux cubes interceptans.

3. DEUXIÈME CAS. Qu'il s'agisse d'extraire la racine cubique de 79507.

SOLUTION. Le cube proposé étant composé de plus de trois chiffres, on en conclut que sa racine est exprimée en dixaines et en unités. Donc le cube a été formé des quatre parties qui composent le cube de tout nombre qui a plus d'un chiffre (130); mais la première de ces quatre parties, cube des dixaines, que l'on obtient en ajoutant trois zéros sur la droite du cube du chiffre qui exprime les dixaines, y est entrée à partir du quatrième chiffre de droite (131) ; c'est pourquoi les trois premiers chiffres en seront détachés, et le reste 79 exprimera le cube des dixaines et la retenue faite sur les trois autres parties. En sorte que, pour obtenir le chiffre des dixaines de la racine, il faut extraire la racine cubique de 79, d'après le procédé du premier cas, qui consiste à chercher le plus grand cube contenu dans 79 : on trouvera que c'est 64, dont la racine est 4, que j'écris à la droite du cube proposé, comme on le voit ci-contre. Retranchant donc 64 de 79, il restera 15 pour la retenue faite sur les trois autres parties contenues dans le cube proposé ; c'est pourquoi j'abaisse à côté de ce reste les trois chiffres détachés, et qui expriment respectivement chacune de ces parties : ce qui me donne 15507 pour la

79.507	43
64	48
155.07	
110.7	
108	
27	
0	

somme de ces mêmes parties ; mais la première, triple carré des dixaines par les unités, qui se forme en ajoutant deux zéros sur la droite du résultat provenant du triple carré du chiffre des dixaines multiplié par les unités, est entrée dans cette somme à partir du troisième chiffre (131) ; c'est pourquoi on en détachera les deux premiers chiffres de droite, et on aura 155 pour le produit du triple carré des dixaines par les unités, et en outre la retenue faite sur les deux autres parties. Ainsi, divisant 155 par le triple carré du chiffre 4 des dixaines de la racine, qui est 48, le quotient 3 sera l'autre facteur exprimant les unités de la racine (41). Retranchant le produit 48×3 de 155, le reste 11 sera la retenue énoncée plus haut. Or, abaissant à côté de cette dernière retenue les chiffres 0 et 7, qui expriment respectivement les deux parties qui l'ont produite, on aura 1107 pour la somme de ces deux mêmes parties. Comme la première de ces parties, triple carré des unités par les dixaines, se forme en ajoutant un zéro sur la droite du résultat provenant du triple carré du chiffre des unités multiplié par les chiffres exprimant les dixaines, il en résulte que le premier chiffre de droite de cette dernière somme 1107 doit être détaché : ce qui donne 110 pour le triple carré des unités par les dixaines, et la retenue faite sur le cube des unités. Retranchant donc de 110 le triple carré des unités par les dixaines, qui est 108, il restera 2 pour la retenue faite sur le cube des unités ; c'est pourquoi on abaisse à côté de cette retenue le dernier chiffre détaché : ce qui donne 27 pour le cube des unités. Or, ôtant de 27 le cube des unités, le reste zéro fait conclure que le nombre qui, multiplié trois fois par lui-même, donne 79507, est 43.

TROISIÈME CAS. On a fait une terrasse de forme cubique qui contient 14886936 pieds cubiques, on demande quelles sont les dimensions de cette terrasse?

SOLUTION. La solidité de cette terrasse s'étant obtenue en multipliant le côté trois fois par lui-même, il s'agit donc d'extraire la racine troisième de 14886936. Or, ce cube proposé étant composé de plus de trois chiffres, on en conclut que sa racine est composée de plus d'un chiffre. Donc le cube proposé renferme les quatre parties énoncées dans le n.º 130 ; mais, comme nous l'avons déjà dit dans le cas précédent, la première de ces parties y étant entrée à partir du quatrième chiffre de droite, on en détachera les trois premiers comme étant étrangers à cette première partie, et l'on aura 14886 pour le cube des dixaines de la racine, et en outre la retenue faite sur les trois autres parties. Ainsi la racine du plus grand cube contenue dans 14886 exprimera les dixaines de la racine cherchée; mais, 14886 étant composé de cinq chiffres, les dixaines de la racine sont exprimées par deux chiffres (131). Si donc on considère le premier chiffre de ces dixaines comme exprimant des unités simples, on obtiendra la racine du plus grand cube contenu dans 14886, d'après le procédé du deuxième cas ; et on trouvera 24 pour les dixaines de la racine cherchée, avec un reste 1062 qui exprime la retenue faite sur les trois autres parties ; c'est pourquoi on abaissera à côté de ce reste les chiffres 9, 3 et 6 qui avaient été détachés comme exprimant respectivement chacune de ces parties : ce qui donnera 1062936 pour leur somme. Mais la première de ces mêmes parties, triple carré des dixaines par les unités, y étant entrée à partir du troisième chiffre (131), les deux premiers de droite sont étrangers à cette première partie : en sorte que le produit du triple carré des dixaines par les unités, et la retenue faite sur les deux autres parties, sont exprimés par 10629. Ainsi les unités de la racine cherchée sont donc exprimées par le résultat de ce problème : un produit

10629 est donné avec l'un de ses facteurs 1728, triple carré des deux chiffres 2 et 4 des dixaines de la racine, découvrir l'autre facteur ? Or le quotient de 10629 par 1728 est 6 avec un reste 261. Ce reste étant la retenue faite sur les deux autres parties, on abaissera à côté les deux chiffres 3 et 6 qui avaient été détachés comme exprimant respectivement ces deux parties : ce qui donnera 26136 pour la somme de ces mêmes parties. Le premier chiffre de droite de cette somme en sera détaché comme ne faisant point partie du triple carré des unités par les dixaines (131) : ce qui donnera 2613 pour la somme de cette dernière partie et la retenue faite sur le cube des unités. Retranchant donc de 2613 le produit résultant du triple carré des 6 unités par 24, le reste 21 sera la retenue produite par le cube des unités ; c'est pourquoi on abaissera à côté de cette retenue le chiffre 6 précédemment détaché comme exprimant les unités simples du cube des unités de la racine : ce qui donnera 216 pour la dernière des parties composant le cube proposé. Or le reste zéro que l'on obtient en retranchant de cette dernière partie 216, fait conclure que la racine demandée est 246.

14.886.936	246
8	
	12
68.86	
208.6	1728
96	
112.6	
64	
10629.36	
2613.6	
2592	
216	
000	

Ce raisonnement étant le même pour tous les cas de l'extraction de la racine cubique, nous allons, d'après ce qui précède, déduire une règle générale pour effectuer cette extraction ; elle consiste : *à partager le cube proposé en tranches par ordre ternaire, en commençant par la droite ; à prendre la racine du plus grand des neuf cubes composant le tableau ci-dessus, contenu dans la première tranche de gauche qui pourra n'être composée que de deux, et même que d'un seul chiffre ; à abaisser à côté du reste le premier chiffre à gauche de la tranche suivante, et diviser le résultat par le triple carré de la racine déjà obtenue ; à abaisser ensuite à côté du second reste le chiffre suivant de la même tranche, et retrancher du résultat le triple carré du dernier chiffre mis à la racine ; enfin à abaisser à côté de ce nouveau reste le dernier chiffre de la même tranche, et du résultat retrancher le cube du dernier chiffre mis à la racine ; ainsi de suite jusqu'à l'entier épuisement des tranches composant le cube proposé : observant de porter un zéro à la racine toutes les fois qu'ayant abaissé le premier chiffre de gauche d'une tranche, le résultat ne contiendra pas le triple carré de la racine déjà obtenue ; puis, dans cette même hypothèse, on abaissera les deux autres chiffres de cette même tranche, et à côte de ce dernier résultat on descendra le premier chiffre de gauche de la tranche suivante, etc.*

La difficulté qui a été levée n.° 140 à l'égard du chiffre mis à la racine carrée, se rencontre encore ici dans l'extraction des racines cubiques ; mais, afin de prévenir cette difficulté, nous allons considérer de nouveau deux racines, 5 et 6, qui diffèrent entre elles de l'unité. Ces deux racines étant élevées au cube, on remarque que le cube de la plus grande diffère de celui de la plus petite de trois fois le carré de la plus petite, plus de trois fois cette plus petite racine, et plus encore de l'unité.

En effet, $216 = 125 + 75 + 15 + 1$: ceci se démontre facilement par l'algèbre ; il suffit, comme dans le n.° 140, de représenter la plus petite racine par a : la plus grande sera alors $a + 1$. Elevant au cube chacune de ces racines, on a pour la première $a \times a \times a$, ou a^3, et pour la seconde $(a+1)(a+1)(a+1)$, ou $a^3 + 3 a^2 + 3 a + 1$. La différence de ces deux cubes est donc $3 a^2 + 3 a + 1$. Donc, etc.

Ce principe établi, si l'on suppose que le dernier chiffre mis à la racine est trop faible d'une unité, la racine déjà obtenue le sera elle-même de cette quantité. Or le cube de la racine déjà obtenue, qui est la plus petite, ayant été retranchée par l'opération, il en résulte que si cette racine est réellement trop faible d'une unité, *le reste de l'opération contiendra encore le triple carré de la racine déjà obtenue, plus trois fois cette plus petite racine, et en outre l'unité.* Ainsi, toutes les fois que le reste de l'opération excédera la somme de ces trois parties, le dernier chiffre mis à la racine sera trop faible au moins d'une unité : car, si ce reste égalait la somme de ces trois parties, le dernier chiffre composant la racine serait justement trop faible d'une unité. D'où il résulte que, dans l'hypothèse où le dernier chiffre de la racine se trouverait trop faible d'une unité, le nouveau reste s'obtiendra sans avoir besoin de recommencer l'opération ; *il suffira de retrancher du reste la somme des trois parties qui ont servi à la vérification du dernier chiffre de la racine.*

EXTRACTION DES RACINES CUBIQUES INCOMMENSURABLES.

155. Le raisonnement du n.º 142 à l'égard des racines carrées incommensurables, s'applique à l'extraction des cubes irrationnels, c'est-à-dire que, malgré que l'on ne puisse obtenir

exactement la racine de ceux - ci, on peut, comme dans l'extraction des premières racines, en approcher à moins d'une unité décimale quelconque près, et ce en faisant en sorte que le cube proposé renferme trois fois autant de chiffres décimaux que sa racine. Ceci est fondé sur la loi de la multiplication des nombres décimaux. On voit par là que, pour extraire par approximation la racine d'un cube, *il faut multiplier ce dernier par le cube du dénominateur de la fraction qui exprime le degré de l'approximation de la racine.*

Si par exemple on demandait la racine cubique de 327 à moins d'un centième près, on multiplierait 327 par 1000000, cube du dénominateur de la fraction $\frac{1}{100}$; et on aurait à extraire la racine troisième de 327000000, d'après la règle prescrite ci-devant : ce qui donnerait 6,88 pour cette racine.

EXTRACTION DE LA RACINE CUBIQUE DES NOMBRES DÉCIMAUX.

66. — Ces sortes d'extractions se déduisent naturellement de ce qui vient d'être dit touchant l'extraction des racines cubiques incommensurables ; c'est-à-dire qu'il faut faire compter les chiffres décimaux contenus dans le cube proposé, parmi le nombre de ceux qu'il doit renfermer à l'égard de ceux de sa racine.

Exemple : Soit à extraire la racine cubique de 6,24 à moins d'un centième près.

La racine demandée devant renfermer deux chiffres décimaux, le cube proposé devra en contenir six. Or il vient à extraire la racine cubique de 6,240000, laquelle racine sera exprimée en centièmes : ce qui donnera 1,84.

EXTRACTION DE LA RACINE CUBIQUE DES FRACTIONS ORDINAIRES.

157. Puisque, pour élever une fraction au cube, on élève séparément à cette puissance le numérateur et le dénominateur (133), il en résulte que, pour revenir du cube d'une fraction à sa racine, *il faudra extraire séparément la racine cubique du numérateur et du dénominateur*. Exemple :

$$\sqrt[3]{\frac{27}{64}} = \frac{\sqrt[3]{27}}{\sqrt[3]{64}} = \frac{3}{4}$$

158. Il en est des fractions considérées comme cubiques, de même que de celles considérées comme carrées ; c'est-à-dire que les premières sont incommensurables lorsque le numérateur ou le dénominateur, ou enfin lorsque tous les deux sont des cubes irrationnels. Dans les deux premiers cas on extraira par approximation la racine cubique du terme qui ne sera point rationnel. Quant au troisième cas on évitera la double approximation en rendant le dénominateur un cube parfait : c'est à quoi l'on parviendra en multipliant les deux termes de la fraction proposée par le carré du dénominateur.

Voici un exemple pour chacun de ces cas :

PREMIER CAS. $\sqrt[3]{\dfrac{5}{27}} = \dfrac{\sqrt[3]{5}}{\sqrt[3]{27}} = \dfrac{1,7}{3}$ à moins de $\frac{1}{10}$ près.

DEUXIÈME CAS. $\sqrt[3]{\dfrac{27}{32}} = \dfrac{\sqrt[3]{27}}{\sqrt[3]{32}} = \dfrac{3}{3,1}$ à moins de $\frac{1}{10}$ près.

TROISIÈME CAS. $\sqrt[3]{\dfrac{5}{32}} = \dfrac{\sqrt[3]{5 \times (32)^2}}{\sqrt[3]{32 \times (32)^2}} = \dfrac{\sqrt[3]{5120}}{\sqrt[3]{(32)^3}}$

$= \dfrac{\sqrt[3]{5120}}{32} = \dfrac{17,3}{32}$ à moins de $\frac{1}{10}$ près.

Ces racines étant exprimées par deux espèces de fractions, on évitera cette double expression fractionnaire en les convertissant chacune en une seule qui soit décimale, et ce comme on l'a vu dans le n.º 146 à l'égard des racines carrées des fractions incommensurables ; on trouvera respectivement pour les racines ci-dessus 0,5; 0,9 et 0,5 à moins d'un dixième près : approximation apportée dans l'extraction cubique du terme de chaque cas qui n'était point rationnel.

Si l'on demandait la racine cubique d'un nombre entier ou rompu à moins de toute autre unité près, telle que par exemple celle de $\frac{3}{4}$ à moins de $\frac{1}{5}$ près, on multiplierait la fraction proposée, comme il a été dit, par le cube du dénominateur 5 de la fraction donnée pour l'approximation de la racine demandée. Dans ce cas-ci on simplifiera les calculs, et on obtiendra pour racine très-approchée une fraction dont le dénominateur n'excédera pas celui de celle donnée pour approximation : ce qui aura lieu en convertissant la fraction proposée en une autre dont le dénominateur soit le cube exact de celui de la fraction exprimant l'approximation de la racine cherchée, et ce en divisant les deux termes de cette fraction proposée par son dénominateur. On aura donc à extraire la racine troisième de $\frac{2 3}{1}$ de

$\frac{1}{225}$, ce qui donnera $\frac{4}{5}$ pour la racine demandée à moins de $\frac{1}{5}$ près.

DE L'APPLICATION DES SIX OPÉRATIONS ÉLÉMENTAIRES.

160. Les connaissances du calculateur ne se bornent point à savoir ajouter, soustraire, multiplier, diviser, etc. ; il faut qu'il sache encore quand il doit ajouter, soustraire, multiplier, diviser, etc. : c'est-à-dire que la plus grande familiarité que l'on puisse avoir avec les six opérations élémentaires ne suffirait pas pour obtenir la solution d'un problème, si l'on n'était en outre à même de déterminer quelles sont celles de ces six opérations auxquelles se rapporte la détermination de l'inconnue de l'énoncé ; car tout énoncé quelconque renferme toujours deux parties : l'une consiste à découvrir l'opération qu'il faut effectuer pour obtenir la solution de la question ; et l'autre a pour but l'application de la règle. La première de ces parties étant indépendante de tout système de numération, ne peut être soumise à aucune règle générale : elle ne dépend donc uniquement que de la sagacité du calculateur. Il n'en est pas de même de la seconde ; car tout ce qui précède tend à son application.

161. Malgré que nous ayons dit que l'on ne pouvait soumettre à aucune règle générale la détermination de l'opération à employer pour obtenir l'inconnue d'un problème, nous allons ajouter aux définitions et principaux usages de chacune des opérations élémentaires, un principe sûr et général pour parvenir à la

détermination de cette opération. Il consiste *à supposer l'inconnue toute trouvée, et à chercher à la vérifier; ces moyens de vérification se trouveront toujours renfermés implicitement dans l'énoncé même, et on en conclura que l'opération inverse à celle-ci sera celle à l'aide de laquelle on parviendra à déterminer l'inconnue de la question;* car une opération ne se vérifie que par son opération inverse. Voici des exemples sur ce que nous venons de dire :

Premier exemple : Trouver un nombre qui, ajouté à 54,25, donne 345,35.

Si on suppose le nombre demandé tout trouvé, on voit que pour le vérifier il faut l'augmenter de 54,25, et obtenir 345,35 pour résultat : donc 345,35 est ici une somme, et 54,25 l'une de ces parties. Quant à l'autre partie, elle est exprimée par le nombre demandé. Or (19).

Deuxième exemple : 24 mètres de drap ont coûté 480 francs; on demande le prix du mètre?

Il est évident que le prix du mètre, multiplié par 24, donne 480 francs : donc 480 est un produit, et 24 l'un de ses facteurs. Quant à l'autre facteur, c'est le prix du mètre. Or (27).

THÉORIE DES RAPPORTS ET DES PROPORTIONS.

2. Comme nous avons comparé les quantités homogènes sous leurs divers points de vue (n.º 1.ᵉʳ) pour en déduire leurs rapports, et qu'ensuite nous avons comparé ceux-ci à l'unité (2) pour en obtenir les nombres; de même nous comparerons ces derniers entre eux sous les deux points de vue suivans, qui sont les seuls sous lesquels on puisse les mettre en rapport :

1.º *Ou pour savoir de combien l'un surpasse l'autre, ou en est surpassé;*

2.° *Ou combien l'un contient l'autre, ou est contenu en lui.*

Le résultat qui s'obtient dans le premier cas par une soustraction, se nomme *raison*, ou *rapport par différence* ; et celui qui s'obtient dans le second cas par une division, s'appelle *raison*, ou *rapport par quotient.*

Pour marquer que l'on compare deux nombres par différence, on les sépare par un point qui veut dire *est à* : ainsi 12 . 3 s'énonce 12 *est à* 3 ; et le rapport par différence de ces deux nombres est 9.

Pour marquer que l'on compare deux nombres par quotient, on les sépare par deux points qui ont la même signification que le point employé dans le rapport par différence. Ainsi 12 : 3 s'énonce 12 *est à* 3 ; et le rapport par quotient est 4. On pourrait dire aussi que le rapport par quotient de 12 à 3 est $\frac{3}{12}$ ou $\frac{1}{4}$; car il est indifférent de dire que le premier de ces deux nombres est quadruple du second, ou celui-ci le quart du premier : cependant nous conviendrons de prendre à l'avenir pour dividende celui de ces nombres qui sera écrit le premier.

Le nombre que l'on écrit ou que l'on énonce le premier, dans l'un comme dans l'autre cas, s'appelle *antécédent,* et le second *conséquent.*

CHANGEMENS QUE L'ON PEUT FAIRE SUBIR AUX DEUX TERMES D'UN RAPPORT PAR DIFFÉRENCE.

163. Puisque le rapport par différence est l'excès du plus grand des nombres sur le plus petit, ou la différence en moins de ce dernier sur le

premier, il en résulte que, si l'on voulait rendre les deux termes de ce rapport égaux entre eux, on y parviendrait évidemment *en ajoutant la raison au plus petit terme, ou en la retranchant du plus grand.* Cela posé, on sait que la différence de deux nombres ne change pas lors même que l'on ajoute à chacun de ces nombres la même quantité (24) : donc *on n'altérera pas le rapport par différence lorsque l'on augmentera ou que l'on diminuera son antécédent et son conséquent de la même quantité.*

CHANGEMENS QUE L'ON PEUT FAIRE SUBIR AUX DEUX TERMES D'UN RAPPORT PAR QUOTIENT.

54. Il est à observer que nous prendrons toujours, comme il a été dit ci-devant, le dividende pour l'antécédent du rapport ; et alors ce rapport pourra se mettre sous la forme de fraction en prenant l'antécédent pour le numérateur, et le conséquent pour le dénominateur : ainsi $12 : 3$ est la même chose que $\frac{12}{3}$. Malgré que l'expression $\frac{12}{3}$, ou 12 divisé par 3, soit la même que celle $12 : 3$, elle conserve cependant la dénomination de cette dernière. Il résulte de là *que l'on peut, sans altérer le rapport par quotient, diviser ou multiplier ses deux termes par un même nombre* (54).

55. SCOLIE. Si l'on voulait rendre égaux entre eux les deux termes d'un rapport par quotient, on y parviendrait évidemment des deux manières suivantes : 1.° *ou en multipliant le conséquent par la raison*, car le diviseur, multiplié par le quotient, reproduit le dividende ; 2.° *ou en divisant l'antécédent par la raison*, car un

produit divisé par l'un de ses facteurs, reproduit toujours l'autre facteur.

COMPARAISON DES RAPPORTS.

166. Ayant comparé les nombres sous deux points
de vue (162), il nous reste encore à comparer
entre eux les résultats ou les expressions de
chacune de ces premières comparaisons, et ce
sous un seul point de vue, qui est celui de leur
égalité. Ces dernières comparaisons nous fournissent l'*équidifférence* et l'*équiquotient*.

DE L'ÉQUIDIFFÉRENCE.

167. Lorsque l'on compare deux rapports par différence égaux entre eux, on a une *équidifférence*. Exemple : soient les deux rapports
7 . 5 et 10 . 8. Ces deux rapports, écrits de suite,
constituent cette équidifférence 7 . 5 comme
10 . 8. Le mot intermédiaire *comme* se remplace
par les deux points(:), et on a 7 . 5 : 10 . 8. Les
deux termes extrêmes de cette équidifférence
sont exprimés, savoir : le premier par l'antécédent du premier rapport; et le deuxième par
le conséquent du second rapport. Les deux
termes moyens sont donc exprimés par chacun
des autres termes des deux mêmes rapports.

Lorsque les deux termes moyens sont égaux,
l'équidifférence est dite continue. Ainsi 5.6:6.7
est une *équidifférence continue*; elle s'écrit
ainsi : ÷ 5.6.7; et le second terme se nomme
moyen équidifférent.

168. La propriété de toute équidifférence s'é-
nonce ainsi : *La somme des deux termes extrêmes est égale à la somme des deux termes*

moyens. Cette propriété se démontre de la manière suivante :

Si l'on rend égaux entre eux les deux termes de chaque rapport constituant l'équidifférence ci-dessus (163), on aura cette autre équidifférence 7.7 : 10.10, dans laquelle on remarque qu'évidemment la somme des extrêmes est égale à la somme des moyens ; car cette dernière équidifférence s'étant obtenue en ajoutant la raison de la première à chacun de ses conséquens qui font partie l'un de la somme des extrêmes, et l'autre de la somme des moyens, il résulte que chacune de ces sommes a été augmentée de la même quantité, et qu'elles se trouvent égales. Donc elles étaient déjà égales auparavant; car il n'y a que des sommes égales qui, augmentées chacune de la même quantité, peuvent rester égales entre elles. Donc, etc.

Or, *dans l'équidifférence continue, la somme des extrêmes est double du terme moyen.*

9. Réciproquement, si quatre quantités, prises au hasard, sont telles que la somme de deux d'entre elles égale la somme des deux autres, on peut avec ces quatre quantités former une équidifférence, pourvu que l'on prenne pour les extrêmes, ou pour les moyens, les deux parties composant l'une ou l'autre de ces sommes.

Exemple : 7 + 8 = 10 + 5. On formera donc avec ces deux sommes l'équidifférence 7.10 : 5.8, ou 10.7 : 8.5, ou, etc.

D'où il résulte que l'on peut faire dans une équidifférence tous les changemens qui n'altéreront pas l'égalité entre la somme des extrêmes et celle des moyens. Ces changemens sont au nombre de huit. Pour les obtenir, il faut, 1.° faire passer tour à tour chaque terme au premier rang : ce qui revient à mettre les conséquens à la place des antécédens ; à changer ensuite les moyens et les extrêmes de place respectivement entre eux ; et enfin à mettre les conséquens de ce dernier arrangement à la place des antécédens : ce qui se désigne par le mot *alternando*.

2.º Changer entre eux de place les moyens de chacun des quatre précédens arrangemens : ce qui se désigne par le mot *invertendo*.

Alternando.	*Invertendo.*
7 . 5 : 10 . 8	7 . 10 : 5 . 8
5 . 7 : 8 . 10	5 . 8 : 7 . 10
10 . 8 : 7 . 5	10 . 7 : 8 . 5
8 . 10 : 5 . 7	8 . 5 : 10 . 7

170. La propriété caractéristique de l'équidifférence sert à trouver l'un quelconque des termes de cette égalité de différence quand les trois autres termes sont connus.

Exemple : Soit l'équidifférence $7.5:10.x$. Puisque $5 + 10$, ou $15 = 7 + x$, $x = 15 - 7 = 8$. Soit encore $7.5:x.8$, on a, par la même raison que ci-dessus, $x = 15 - 5 = 10$.

D'où l'on voit que, *pour obtenir l'un des extrêmes ou l'un des moyens, il suffit de retrancher de la somme des moyens ou de celle des extrêmes, l'extrême ou le moyen connu : le reste exprimera le terme inconnu de l'équidifférence qui se représentera toujours par la lettre* x.

Dans l'équidifférence continue, si le moyen était x, on déterminerait la valeur de ce terme en prenant la moitié de la somme des extrêmes.

Exemple : $\div 5 . x . 7$, on a $x = \dfrac{5+7}{2} = \dfrac{12}{2} = 6$;

car $x + x$, ou $2x = 5 + 7$, ou 12. Donc, etc.

Donc, *pour trouver un moyen équidifférent entre deux nombres, il suffit de prendre la moitié de la somme de ceux-ci.*

DE L'ÉQUIQUOTIENT OU DE LA PROPORTION.

1. Deux rapports par quotiens égaux, et écrits de suite, constituent la *proportion* ou *l'équiquotient.*

Exemple : les deux rapports 12 : 6 et 8 : 4 forment cette proportion : 12 : 6 comme 8 : 4. Substituant au mot intermédiaire *comme* les quatre points (::), on a 12 : 6 :: 8 : 4.

D'après la formation de cet équiquotient, on voit qu'il en est de la proportion comme de l'équidifférence ; c'est-à-dire que l'antécédent du premier rapport et le conséquent du second forment les extrêmes de la proportion, et que les termes moyens sont exprimés par le conséquent du premier rapport et par l'antécédent du second.

La proportion est *continue* lorsque les deux moyens sont égaux.

Exemple : 8 : 12 :: 12 : 18. Cette *proportion continue* s'écrit ainsi : $\div$ 8 : 12 : 18. Le second terme de cette dernière se nomme *moyen proportionnel.*

172. Cela posé, la propriété caractéristique de toute proportion s'énonce ainsi : *le produit des deux termes extrêmes est égal à celui des deux termes moyens.*

En effet, toute proportion étant formée de deux rapports égaux, la proportion du numéro précédent est composée des deux fractions égales $\frac{12}{6}$ et $\frac{8}{4}$ (164), qui, réduites au même dénominateur, donnent pour leur numérateur respectif les deux produits 12×4 et 8×6, qui, dans l'hypothèse, doivent être égaux. Le premier de ces deux produits exprime précisément celui des extrêmes, et le second celui des moyens. Donc, etc.

Cette propriété de la proportion se démontre encore de la manière suivante :

Si l'on avait une proportion dont les deux termes de chaque rapport fussent égaux entre eux, le produit des extrêmes et celui des moyens seraient alors évidemment égaux entre eux. Or toute proportion peut être ramenée à cet état, ou en divisant les antécédens, ou en multipliant les conséquens par la raison (165). Si donc on ramène la proportion proposée à cet état, d'après le premier ou le second de ces deux procédés, on ne fera autre chose que de diviser ou de multiplier le produit des extrêmes et celui des moyens chacun par le même nombre : car le premier de ces antécédens est facteur de l'un des deux produits, comme le second antécédent est facteur de l'autre ; de même le premier conséquent est l'autre facteur de l'un de ces mêmes produits, comme le second conséquent est aussi l'autre facteur du second de ces produits. Donc, etc.

173. RÉCIPROQUEMENT. Deux produits égaux dont les facteurs sont connus, donnent naissance à une proportion ; ou bien *si quatre quantités, écrites au hasard, sont telles que la première multipliée par la quatrième égale la seconde multipliée par la troisième, elles sont alors en proportion.*

En effet, si l'on met les facteurs de chacun de ces produits sous la forme de fraction, et qu'on les réduise au même dénominateur, on aura deux fractions égales, et par conséquent deux rapports égaux. Donc, etc.

Ce qui fait voir que, pour établir une proportion avec ces quatre quantités, il faut prendre pour les extrêmes, ou pour les moyens, les deux facteurs de l'un ou de l'autre de ces produits.

Exemple : Soient les quatre quantités 10, 5, 8 et 4, qui jouissent de la propriété ci-dessus énoncée. On formera donc avec ces quatre quantités les deux fractions égales $\frac{10}{5}$ et $\frac{8}{4}$; lesquelles fractions constitueront la proportion $\frac{10}{5} = \frac{8}{4}$, ou 10 : 5 :: 8 : 4.

4. De la propriété caractéristique de la proportion on déduit les corollaires suivans :

5. PREMIER COROLLAIRE. *On peut trouver l'un quelconque des termes d'une proportion quand on connaît les trois autres.*

Exemple : Soit 10 : 5 :: 8 : x.

Le produit 5 × 8 égalant celui x × 10, il en résulte que, pour obtenir le facteur x du second produit, on a ce problème à résoudre : un produit 5 × 8, ou 40, et l'un de ses facteurs 10 sont donnés, découvrir l'autre facteur de ce même produit. Or, etc. De même si l'on avait à déterminer le terme en x de cette autre proportion, 10 : 5 :: x : 4, on aurait encore le même problème à résoudre : un produit 10 × 4 et l'un de ses facteurs 5 sont donnés, découvrir l'autre facteur.

D'où l'on voit que, *pour déterminer l'un des extrêmes ou l'un des moyens d'une proportion, il faut faire le produit des moyens ou des extrêmes, et le diviser par l'extrême ou le moyen connu : le quotient exprimera le terme inconnu de la proportion.*

Ainsi, dans la proportion continue, le produit des moyens devient un carré qui est exprimé par le produit des extrêmes. Donc *le moyen proportionnel entre deux nombres est la racine carrée du produit de ceux-ci.*

Or le moyen proportionnel de l'équiquotient continu ÷ 8 : x : 18 est exprimé par le résultat de cette opération : $\sqrt{8 \times 18} = \sqrt{144}$. Il est donc 12.

RÉCIPROQUEMENT, si l'on a $(12)^2 = 18 \times 8$, on constituera la proportion continue

$$\div 8 : \sqrt{\overline{(12)_2}} : 18, \text{ ou } \div 8 : 12 : 18.$$

176. DEUXIÈME COROLLAIRE. La seconde consé-quence de la propriété caractéristique de la pro-portion, c'est que l'on peut faire aux termes de l'équiquotient tous les changemens qui ne troubleront pas l'égalité du produit des ex-trêmes à celui des moyens. Ces combinaisons sont, comme dans l'équidifférence, au nombre de huit, et s'obtiennent de la même manière.

Alternando.	*Invertendo.*
14 : 7 :: 4 : 2	14 : 4 :: 7 : 2
7 : 14 :: 2 : 4	7 : 2 :: 14 : 4
4 : 2 :: 14 : 7	4 : 14 :: 2 : 7
2 : 4 :: 7 : 14	2 : 7 :: 4 : 14

Ces changemens peuvent servir à ces deux usages principaux : 1.º de faire en sorte que le terme inconnu x soit toujours le dernier de la proportion;

2.º De multiplier ou de diviser les deux anté-cédens ou les deux conséquens par un même nombre, sans troubler la proportion.

En effet, si l'on change de place les moyens, les deux antécédens deviennent les deux termes du premier rapport, et les deux conséquens forment les deux termes du second rapport. Cela étant, on sait que l'on peut toujours diviser ou multiplier les deux termes d'un rapport par un même nombre (164). Donc, etc.

Exemple : Si l'on divise par 3 les deux antécédens de la proportion $3 : 7 :: 15 : x$, on aura $1 : 7 :: 5 : x$, de laquelle on tire $x = 35$.

Autre exemple : Soit à trouver le quatrième terme de cette proportion $\frac{2}{3} : 12 :: \frac{3}{4} : x$.

Les opérations à effectuer sur des fractions étant toujours plus compliquées que celles à effectuer sur des entiers, nous allons ramener la proportion ci-dessus à une autre qui sera exprimée par des nombres entiers. Pour cela, on réduira les deux antécédens fractionnaires au même dénominateur, ce qui donnera $\frac{8}{12} : 12 :: \frac{9}{12} : x$; puis on multipliera l'un et l'autre de ces antécédens par 12, ce qui donnera la proportion $8 : 12 :: 9 : x$. Si l'on divise les deux termes du premier rapport par 4, on aura cette autre proportion $2 : 3 :: 9 : x$, de laquelle on tire $x = \frac{27}{2}$.

7. Si l'on réduit au même dénominateur les deux fractions égales composant la proportion $4 : 2 :: 6 : 3$, il en résultera d'une part l'égalité entre les antécédens, et de l'autre part celle entre les conséquens; c'est-à-dire que l'on obtiendra la proportion $12 : 6 :: 12 : 6$, dans laquelle les rapports sont les mêmes que ceux de la précédente (164). D'où il résulte évidemment que la somme des antécédens, comparativement à un seul d'entre eux, contient le double de fois l'un des conséquens; car chacun de ceux-ci est contenu le même nombre de fois dans chacune des parties égales (antécédens) composant cette somme. Si donc on divise la somme des antécédens par celle des conséquens, le quotient ou le rapport de ces sommes sera rappelé à sa valeur primitive, c'est-à-dire que ce quotient sera le même que celui résultant de l'une des deux parties égales (antécédens) de la première somme par l'une des deux parties aussi égales (conséquens) de la seconde somme; c'est-à-dire enfin *que l'on obtiendra avec la somme des antécédens et celle des conséquens d'une proportion, un rapport égal à chacun de ceux composant cette proportion.*

On démontrerait de même que cette propriété aurait encore lieu si la suite se composait de trois, quatre, etc., rapports égaux; car, en ramenant ces rapports au même état que ceux ci-dessus, en multipliant les deux termes de chacun par le produit résultant des conséquens de tous les autres (56), on verrait que le quotient de la somme des antécédens par l'un des conséquens serait alors triple, quadruple, etc., de celui d'un des antécédens par son conséquent, et que ce quotient reviendrait égal à celui-ci en prenant pour diviseur la somme des conséquens. Donc, etc.

Or une suite de quotiens égaux ramenés à cet

état nous offrant toujours cette propriété *que la somme des antécédens est à la somme des conséquens comme un antécédent est à son conséquent,* il est facile d'en conclure que cette propriété existe dans la série des rapports primitifs : car ceux-ci n'ont point été altérés par l'opération indiquée ci-dessus. La même propriété a donc aussi lieu sur la différence des antécédens et des conséquens : c'est-à-dire que *la différence de deux des antécédens quelconques est à la différence de leurs conséquens comme un antécédent est à son conséquent.*

Cette belle propriété des rapports égaux a été démontrée par M. Francœur, dans sa *Théorie des Fractions,* de la manière suivante :

« Soient deux fractions quelconques $\frac{7}{11}$ et $\frac{35}{55}$: après la
» réduction au même dénominateur, on jugera qu'elles
» sont égales ou inégales, suivant que les produits en
» croix 7×55 et 35×11 seront égaux ou inégaux. Si donc
» on a deux produits égaux, 35×11 et 7×55, on pourra
» en composer deux fractions égales $\frac{35}{55}$ et $\frac{7}{11}$.
» D'après cela, prenons deux fractions égales, telles que
» $\frac{7}{11}$ et $\frac{35}{55}$, d'où $35 \times 11 = 7 \times 55$; retranchant de part et
» d'autre 7×11, nous aurons $(35-7) \times 11 = (55-11)$
» $\times 7$: donc $\dfrac{35-7}{55-11} = \dfrac{28}{44} = \dfrac{7}{11}$.

» Ainsi, *lorsque deux fractions sont égales, celle que*
» *l'on forme avec la différence ou la somme de leurs*
» *numérateurs et celle de leurs dénominateurs leur est*
» *encore égale.* »

Alors, si l'on avait $\frac{30}{6} = \frac{15}{3}$, ou $30 : 6 :: 15 : 3$, on obtiendrait, $1.^{\circ}$ $\dfrac{30+15}{6+3} = \dfrac{45}{9} = \dfrac{15}{3}$; $2.^{\circ}$ $\dfrac{30-15}{6-3} = \dfrac{15}{3}$.

Ce qui s'exprime ainsi : $\dfrac{30 \pm 15}{6 \pm 3} = \dfrac{15}{3}$.

Donc, $1.^{\circ}$ *la somme des antécédens est à*

celle des conséquens comme un antécédent est à son conséquent, et invertendo ;

2.º *La différence de deux antécédens est à celle de leurs conséquens comme un antécédent est à son conséquent,* et invertendo.

On peut dire également que *la somme des antécédens est à leur différence comme la somme des conséquens est à leur différence,* et invertendo.

En effet, si l'on considère la proportion $30:6::15:3$, on aura : $\dfrac{30\pm15}{6\pm3}$. Développant, on a : 1.º $\dfrac{30+15}{6+3}=\dfrac{45}{9}=\dfrac{15}{3}$ 2.º $\dfrac{30-15}{6-3}=\dfrac{15}{3}$. Donc $\dfrac{30+15}{6+3}=\dfrac{30-15}{6-3}$, ou $30+15:6+3::30-15:6-3$. Changeant de place les moyens, on a $30+15:30-15::6+3:6-3$. Donc, etc.

DES RAPPORTS SIMPLES ET COMPOSÉS.

8. Il en est d'un rapport comme d'un nombre : il est premier ou multiple, suivant qu'il n'a été formé d'aucun autre, ou qu'il est le produit de deux ou d'un plus grand nombre de rapports. Ce sont les premiers de ces rapports que l'on nomme *rapports simples,* et les seconds que l'on appelle *rapports composés.* Donc, pour qu'une fraction exprime un rapport premier, il faut que ces deux termes soient premiers entre eux.

9. Puisque, pour multiplier les fractions entre elles, on multiplie tous les numérateurs entre eux et tous les dénominateurs entre eux (59), il en résulte que, *pour multiplier les rapports entre eux, il faut faire séparément le produit des antécédens et des conséquens* (164).

On a donné le nom de *rapport double* ou *rapport triple*, etc., à celui qui est formé par la multiplication de deux ou de trois, etc., rapports égaux.

180. SCOLIE. L'expression 12 : 4 étant égale à 3, il résulte que, si l'on voulait multiplier cette expression $\frac{12}{4}$ un certain nombre de fois par elle-même, ce qui reviendrait ou à la carrer, ou à la cuber, etc., il suffirait ou de carrer, ou de cuber, etc., son résultat 3. Donc *le rapport qui existe entre les carrés ou les cubes, etc., de deux nombres, est le même que le carré ou le cube, etc., du rapport qui existe entre ces mêmes nombres que l'on doit alors considérer comme des racines. D'où il suit qu'un rapport double, triple, etc., n'est autre chose que le carré ou le cube, etc., du rapport simple.*

181. *Autre remarque.* Puisque des fractions égales, multipliées par des fractions égales, donnent des produits égaux; que les fractions expriment les rapports entre leurs termes (164), et qu'enfin la multiplication des rapports entre eux s'effectue en multipliant ces rapports termes à termes (179), il résulte évidemment de là que *deux ou plusieurs proportions multipliées termes à termes donnent des rapports composés égaux entre eux.*

Partant, si les premiers rapports de ces proportions étaient exprimés par un même antécédent et un même conséquent, de même si les seconds rapports de ces mêmes proportions étaient aussi exprimés par un même antécédent et un même conséquent, il en résulterait que chacun des rapports composés de la proportion obtenue serait exprimé par les carrés ou les cubes, etc., des termes exprimant les rapports composant, suivant qu'il y aurait deux, trois, etc. , proportions de multipliées entre elles (180). Or, pouvant toujours ramener les rapports de ces proportions à cet état, lorsque ces mêmes proportions sont égales entre elles, nous dirons donc *que l'on peut élever à une même puissance chacun des quatre termes d'une proportion, et réciproquement.*

Exemple : Soit la proportion 4 : 2 :: 6 : 3. Elevant au carré chacun de ses termes, on a : 16 : 4 :: 36 : 9. En élevant au cube, on a : 64 : 8 :: 216 : 27.

La réciprocité de l'une et de l'autre de ces deux proportions ainsi obtenues, nous ramène à la proportion proposée.

82. Remarquons en outre que, 1.° *lorsque deux proportions ont un rapport commun , les deux autres rapports peuvent s'écrire en proportion.*

Exemple : Soient les proportions 4:5::12:15 et 4:5::8:10, dans lesquelles on voit que $\frac{4}{5}=\frac{12}{15}=\frac{8}{10}$. Donc $\frac{12}{15}=\frac{8}{10}$. Donc , etc.

2.° *Lorsque deux proportions ont les mêmes premiers et les mêmes seconds antécédens , telles que* 4 : 12 :: 5 : 15, *et* 4 : 8 : 5 : 10, *on peut former une proportion avec leurs conséquens.*

En effet, si l'on change de place les moyens dans l'une comme dans l'autre de ces proportions, on aura celles 4 : 5 :: 12 : 15, et 4 : 5 :: 8 : 10 ; desquelles on tire $\frac{12}{15}=\frac{8}{10}$; c'est-à-dire que l'on retombe dans le cas précédent.

3.° *Si deux proportions avaient les mêmes premiers et les mêmes seconds conséquens, on formerait une proportion avec leurs antécédens de la même manière que l'on en a formé une avec les conséquens des deux proportions qui avaient les mêmes antécédens.*

THÉORIE DES RAPPORTS DIRECTS ET INVERSES.

183. Afin de se mettre à même de distinguer les rapports inverses des rapports directs, il faut remarquer que, 1° pour qu'une proportion subsiste, il faut que les deux antécédens soient à la fois les deux plus grands ou les deux plus petits termes, comparativement à leur conséquent respectif. Même remarque par rapport aux deux conséquens. 2.° Toute question qui donne naissance à une proportion renferme dans son énoncé des quantités de deux espèces, savoir : deux de la même espèce entre elles, et qui sont toutes deux connues; et deux autres qui sont aussi de la même espèce entre elles, et dont l'une est inconnue. Malgré que les quantités de la première espèce soient hétérogènes à celles de la seconde espèce, chacune de celles-ci est relative à l'une des premières. Ainsi toute question qui donne lieu à une proportion offre toujours cette observation :

Le plus grand terme de la première espèce est au plus petit terme de la même espèce
Comme le plus grand terme de la seconde espèce est au plus petit terme de cette espèce.
Ou invertendo :
Le plus petit terme de la première espèce est au plus grand terme de la même espèce
Comme le plus petit terme de la seconde espèce est au plus grand terme de cette espèce.

Deux rapports seront donc dans un ordre direct quand les deux termes du premier seront entre eux comme les deux termes du second. Exemple : 8 : 4 :: 10 : 5, sont des rapports écrits dans un ordre direct.

Ces deux rapports seront alors dans un ordre inverse, lorsque les deux termes de l'un ne seront pas entre eux comme les deux termes de l'autre : tels sont les rapports 8 : 4 et 5 : 10. Dans ce cas-ci il faut, pour qu'ils puissent s'écrire de suite, renverser les deux termes du second rapport si on laisse subsister les deux termes du premier dans leur ordre, et écrire 8 : 4 :: 10 : 5. De là la distinction des *proportions directes* des *proportions inverses*.

4. PORISME. *Deux fractions qui ont le même numérateur sont en raison inverse de leur dénominateur.* Afin de rendre la démonstration de cette proposition plus sensible, nous considérerons deux fractions qui auront l'unité pour numérateur, telles que $\frac{1}{3}$ et $\frac{1}{4}$.

Comparant la première de ces fractions à la seconde, on aura le rapport $\frac{1}{3} : \frac{1}{4}$, dans lequel on remarque que c'est l'antécédent qui est le plus grand terme, parce qu'il a le plus petit dénominateur. Cela posé, si l'on réduit ces deux fractions au même dénominateur, afin de supprimer ces derniers, et d'avoir un rapport exprimé par des nombres entiers,

on aura : $\dfrac{1\times4}{3\times4} : \dfrac{1\times3}{4\times3} = \dfrac{4}{3\times4} :: \dfrac{3}{4\times3} = 4 : 3 ;$

c'est-à-dire que l'on obtient, pour les termes en nombres entiers de ce rapport, les deux dénominateurs écrits dans un ordre inverse. En sorte que l'on peut avec les deux fractions proposées, et leur dénominateur, former la proportion $\frac{1}{3} : \frac{1}{4} :: 4 : 3$. Donc, etc.

Si les deux fractions proposées avaient pour numérateur un nombre tout autre que l'unité, la même propriété aurait encore lieu; ce dont on peut se convaincre par le raisonnement suivant:

Soient les deux fractions $\frac{2}{3}$ et $\frac{2}{4}$, qui ont le même numérateur.

Si l'on compare la plus grande à la plus petite, on aura: $\frac{2}{3} : \frac{2}{4}$. Supprimant leur dénominateur, on a : $8 : 6$, rapport dont le premier terme est composé du produit du numérateur de l'antécédent du rapport proposé par le dénominateur du conséquent de ce même rapport; et le second terme est composé du produit du numérateur du conséquent de ce rapport proposé par le dénominateur de l'antécédent de ce même rapport proposé. D'où l'on remarque que les deux termes de ce second rapport ont un facteur commun, qui est le numérateur des fractions proposées. Si donc on divise l'un et l'autre de ces termes par ce numérateur, on aura évidemment un rapport dont le premier terme sera le dénominateur du conséquent du rapport proposé, et le second terme sera le dénominateur de l'antécédent du même rapport proposé; c'est-à-dire que l'on aura $4 : 3 :: \frac{2}{3} : \frac{2}{4}$. Donc, etc.

185. *Deux fractions qui ont le même dénominateur sont entre elles en raison directe de leur numérateur.*

Exemple : Soient les deux fractions $\frac{3}{6}$ et $\frac{5}{6}$.

Si l'on compare la première de ces deux fractions à la seconde, et que l'on supprime les dénominateurs égaux, il est évident que les numérateurs resteront comparés dans le même ordre; c'est-à-dire que l'on aura : $\frac{3}{6} : \frac{5}{6} :: 3 : 5$. Donc, etc.

Enfin si deux quantités sont entre elles comme $3 : 5$, le rapport direct sera $\frac{3}{5}$; et le rapport inverse sera comme $5 : 3$, ou $\frac{5}{3}$.

Nous allons appliquer les principes de la théorie précédente aux problèmes suivans :

DE LA RÈGLE DE TROIS SIMPLE.

186. C'est ainsi que l'on nomme la proportion

dont l'énoncé ne renferme que quatre quantités dont trois d'entre elles seulement sont connues.

Premier exenple : 66 hectogrammes d'un certaine marchandise ont coûté 235 francs, combien coûteront 87 hectogrammes de la même marchandise ?

Avant que de passer à la solution de ce problème, observons généralement que *l'énoncé d'une règle de trois simple renferme toujours deux conditions dont chacune se nomme période.* Ainsi, dans le problème dont il s'agit, 66 hectogrammes et leur prix respectif 235 francs sont là les quantités composant la première période, et 87 hectogrammes et leur prix respectif représenté par la lettre x forment la seconde période. En sorte que *chacune de ces périodes se compose directement de l'une des quantités de la première espèce, avec sa quantité relative de la seconde espèce.* Cela posé, on concevra facilement que les nombres d'hectogrammes des deux périodes *sont dans un même rapport que leur prix respectif.* Or la proportion qui doit satisfaire à la question, sera composée des deux rapports 66 hectogrammes : 87 hectogrammes, et 235 f. : x f. On voit que ces rapports se sont obtenus *en comparant chaque quantité de la première période à sa quantité homogène de la seconde.*

Actuellement, avant que d'écrire ces deux rapports de suite, il faut s'assurer s'ils sont dans un ordre direct. Pour cela, je remarque que x fr., quantité relative à 87 hectogrammes, doit être plus grande que son antécédent 235 francs relatif à 66 hectogrammes ; car plus le nombre d'hectogrammes est grand, plus son prix respectif est grand ; il faut donc que l'autre conséquent 87 hectogrammes soit aussi plus grand que son antécédent 66 hectogrammes (183) : cela étant, on aura la proportion 66 hect. : 87 hect. :: 235 fr. : x fr.; de laquelle on tire $x = 309,^{\text{fr.}} 77\ldots$ etc.

Cette solution suffit pour que l'on puisse résoudre les questions qui donnent lieu à une règle de trois simple : car c'est un raisonnement qui convient à toutes ces sortes de règles.

Deuxième exemple : 7 hommes ont fait un ouvrage quelconque en 4 jours de travail ; en combien de jours 12 hommes feront-ils le même ouvrage ?

Comparant chacune des quantités de la premiere période à son homogène de la seconde, on a les deux rapports suivans : 7 h. : 12 h. et 4 j. : x j., qui sont en raison inverse : car x j., quantité relative à 12 h., doit être plus petite que son antécédent 4 j., qui est relatif à 7 h., parce que plus il y a d'ouvriers, moins il leur faut de jours pour confectionner l'ouvrage en question. On renversera donc les deux termes du premier rapport, afin de conserver x pour dernier terme de la proportion : ce qui donnera : 12 : 7 :: 4 : x, d'où l'on tire :

$$x = \frac{28}{12} \text{j.} = \frac{7}{3} \text{j.} = 2^{\text{j.}} + \frac{1}{3} \text{j.}$$

187. Ne pouvant être trop exercé sur les proportions, nous pensons qu'il est de nécessité de donner ici plusieurs problèmes de règles de trois.

PREMIER PROBLÈME. *Une force représentée par 3 met en mouvement un corps dont la gravité ou le poids est représenté par 24 ; quel est le nombre représentant la force qu'il faudrait pour mouvoir avec la même vitesse un corps dont la gravité serait représentée par 8 ?*

Les quantités homogènes de l'une et de l'autre périodes de l'énoncé étant écrites dans l'ordre naturel de cet énoncé, constituent la proportion directe 24 : 8 :: 3 : x, de laquelle on tire : $x = \frac{24}{24} = 1$.

DEUXIÈME PROBLÈME. *Un corps grave de 8 est poussé à une certaine distance par une force exprimée par 1 ; quelle force faudrait-il pour chasser ce corps à la même distance si sa gravité était 24, et quel serait le rapport des deux forces ?*

La proportion directe 8 : 24 :: 1 : x nous donne 3 pour la force qu'il faudrait dans la seconde hypothèse. Actuellement on aura le rapport de la plus petite force à la plus grande, en substituant à la place de x, dans le rapport $1 : x$,, sa valeur 3; ce qui donnera $1 : 3 = \frac{1}{3} :$ rapport qui était déjà exprimé par son équivalent $8 : 24$ qui égale $\frac{8}{84}$ ou $\frac{1}{3}$.

Troisième problème. *Il a fallu 8 hommes pour faire un certain ouvrage en $\frac{3}{4}$ d'heure; combien faudrait-il d'hommes pour faire le même ouvrage en $\frac{2}{3}$ d'heure?*

Les quantités homogènes de l'une et de l'autre périodes étant écrites de suite d'après l'ordre qu'elles ont dans l'énoncé, constituent la proportion inverse $8 : x :: \frac{3}{4} : \frac{2}{3}$; car il est évident que la quantité représentée par x doit être plus grande que son antécédent 8, attendu que le nombre d'ouvriers de la deuxième période doit augmenter proportionnellement au diminutif de leur temps respectif sur le temps relatif aux ouvriers de la première période. Ainsi, pour que le conséquent du second rapport soit aussi plus grand que son antécédent, il faut intervertir l'ordre des termes de ce second rapport, et écrire

$$8 : x :: \frac{2}{3} : \frac{3}{4}, \text{ ou } \frac{2}{3} : \frac{3}{4} :: 8 : x = 8 : 9 :: 8 : x;$$

d'où l'on tire $x = \frac{72}{8} = 9$.

Quatrième problème. *5 régimens d'infanterie ont consommé en 35 jours leur magasin de vivres; en combien de jours 7 régimens l'eussent-ils consommé?*

Chaque quantité de la première période étant comparée à son homogène de la seconde dans le même ordre qu'elles ont dans l'énoncé, forment cette proportion inverse : $5 : 7 :: 35 : x$. Intervertissant le premier rapport, on a : $7 : 5 :: 35 : x$; d'où l'on tire $x = 25$ jours.

Cinquième problème. *Une famille nombreuse qui a été réduite à la ration par des circonstances malheureuses, n'a plus que pour 20 jours de vivres, et cependant elle doit encore tenir 30 jours dans le même état; on demande à quoi doit être réduite la ration de chaque membre composant cette famille?*

Malgré que cet énoncé ne renferme que trois termes, il n'en est pas moins soluble : car le quatrième terme, qui est la ration que l'on donnait jusqu'à ce jour, peut être représenté par un nombre quelconque. Si donc on représente par l'unité la ration donnée jusqu'à ce jour à chaque individu, on aura la règle inverse $20 : 3o :: 1 : x$, qui, rendue directe, donne $3o : 20 :: 1 : x$. De cette dernière on tire $x = \frac{2o}{3o} = \frac{2}{3}$. Donc la ration ne sera plus que les $\frac{2}{3}$ de ce qu'elle était.

SIXIÈME PROBLÈME. *Il y a des vivres dans une place forte pour nourrir 422 hommes pendant une année ou 365 jours; on demande pour combien de jours il y aurait de vivres si l'on augmentait la garnison jusqu'à 1024 hommes?* Règle inverse. Ainsi on a $1024 : 422 :: 365 : x$; de laquelle proportion on tire $x = 15o^j + \frac{43o}{1024}$.

SEPTIÈME PROBLÈME. *Le bassin d'une fontaine a trois ouvertures : par la première toute l'eau dont le bassin est rempli s'écoule en trois heures, par la seconde elle s'écoule en 5 heures, et par la troisième elle s'écoule en 7 heures; on veut savoir en combien de temps s'écoulerait toute l'eau contenue dans ce bassin si les trois orifices étaient ouverts à la fois?*

SOLUTION. En supposant qu'il faille une heure aux trois ouvertures coulant ensemble pour rendre toute l'eau contenue dans le bassin, il est évident que la première ouverture rendrait le $\frac{1}{3}$ de cette eau pendant le même temps, la seconde en rendrait le $\frac{1}{5}$, la troisième enfin en rendrait le $\frac{1}{7}$. Or la quantité d'eau qui s'écoulerait pendant une heure, par les trois orifices, serait $\frac{1}{3} + \frac{1}{5} + \frac{1}{7}$, ou $\frac{71}{105}$. Ainsi la question se réduit à trouver le nombre d'heures qu'il faudrait pour que les $\frac{105}{105}$ de cette eau s'écoulassent, sachant que pendant une heure il s'en écoule les $\frac{71}{105}$; ce qui constitue la règle directe suivante : $\frac{71}{105} : \frac{105}{105} :: 1 : x$; d'où l'on tire $x = 1^h + \frac{34}{71}^h$.

DE LA RÈGLE DE TROIS COMPOSÉE.

188.   La règle de trois composée est celle qui renferme plus de trois termes connus : on l'appelle règle de trois parce que l'on peut toujours la ramener à trois termes simples, d'après ce qui suit :

Exemple : 12 hommes on fait 154 mètres d'ouvrage en 15 jours; combien 15 hommes en feront-ils en 18 jours?
SOLUTION. Il est facile de remarquer que les x^m dé-

pendent ici non-seulement du nombre d'hommes, mais encore du nombre de jours que ceux-ci doivent employer au travail, de même que les 154 mètres ont dépendu des 12 hommes et de leur 15 jours de travail. Donc le rapport $154^m : x^m$ est évidemment le même que celui qui sera composé des deux rapports $12^h : 15^h$ et $15^j : 18^j$. Mais, avant que d'obtenir ce rapport composé, il convient d'assigner la place de chacun des termes des rapports composant, c'est-à-dire qu'il faut les écrire dans leur ordre direct ou inverse, suivant qu'ils seront directs ou inverses ; car c'est de l'un comme de l'autre de ces rapports que dépend la valeur de x, et que, d'un autre côté, cette inconnue est d'autant plus grande que les conséquens de ces rapports sont plus grands (183). Or, pour parvenir à assigner la place des termes de chacun de ces rapports composant, il suffit de les comparer un à un à celui $154^m : x^m$: ce qui constitue les deux règles de trois directes et simples $12^h : 15^h :: 154^m : x^m$ et $15^j : 18^j :: 154^m : x^m$, dont la première détermine la valeur de x relativement au nombre d'hommes, et la seconde détermine la valeur de cette même inconnue proportionnellement au nombre de jours que ces hommes doivent travailler.

Les deux proportions s'indiquent ainsi qu'il suit, en n'écrivant qu'une seule fois le dernier rapport (*) :

$$\left.\begin{array}{l} 12:15 \\ 15:18 \end{array}\right\} :: 154:x$$

Partant, pour obtenir avec les deux rapports $12:15$ et $15:18$, le premier rapport de la proportion composée, il suffit, d'après ce qui a été dit n.° 178, de multiplier les antécédens entre eux et les conséquens aussi entre eux. On

---

(*) Par la raison que ces proportions ont chacune pour second rapport $154^m : x^m$, on pourrait croire qu'il y a lieu d'appliquer aux deux autres rapports la remarque du n.° 182 ; mais si on se rappelle ce qui vient d'être dit, *que* x *est à son antécédent* 154 *ce que le conséquent* 15 *est à son antécédent, et que cette même inconnue est encore à* 154 *ce que le conséquent* 18 *est à son antécédent* 15, on en conclura bien d'une part $\dfrac{12}{15} = \dfrac{154}{x}$;

et de l'autre part $\dfrac{15}{18} = \dfrac{154}{x}$, sans cependant en conclure $\dfrac{12}{15} = \dfrac{15}{18}$.

pourra donc supprimer les facteurs communs à l'un et à l'autre de ces deux produits (164) : ce qui simplifiera les opérations.

Ainsi 15 étant commun aux antécédens et aux conséquens, il se biffera, et on aura le rapport 12 : 18; les deux termes de ce dernier étant divisés par 6, donnent 2 : 3 pour le premier rapport de la proportion composée; en sorte que cette dernière est 2 : 3 :: 154 : x. Divisant les deux antécédens par 2, on a 1 : 3 :: 77 : x; de laquelle on tire $x = 231^m$.

189. Le raisonnement ci-dessus n'est pas plus particulier à cet exemple qu'à tous les autres; car, dans toutes les règles de trois composées, la valeur de l'inconnue est toujours, comme dans cette hypothèse, dépendante de plusieurs conditions, c'est-à-dire dépendante de plusieurs rapports donnés : c'est pourquoi nous pouvons déduire de la solution précédente une règle générale pour ramener une règle de trois composée à une règle de trois simple. Cette règle générale consiste, *1.º à chercher dans l'énoncé de la question le terme de même espèce que l'inconnue, afin de former avec ceux-ci le dernier rapport, ayant soin de placer cette inconnue au dernier rang; 2.º à comparer chaque terme de la première période à son terme homogène de la seconde, ce qui donnera les rapports composant; 3.º à comparer ensuite chacun de ceux-ci au dernier rapport (formé de l'inconnue et de son terme similaire), observant d'écrire ces rapports les uns au-dessous des autres, dans un ordre direct ou inverse, selon qu'à chaque comparaison on verra qu'ils sont directs ou inverses; 4.º à faire toutes les réductions possibles; 5.º à multiplier les quantités restantes et irréductibles les unes par les autres, c'est-à-dire tous les restes des antécédens entre eux, et tous les restes des consé-*

quens aussi entre eux. Par là la règle com-
posée sera ramenée à une simple proportion.

Nous appliquerons cette règle générale aux problèmes suivans :

Premier problème. 12 mètres de drap large de $\frac{3}{4}$ m, ont coûté 420 francs ; on demande combien coûteraient 15 mètres de drap de la même qualité, mais large de $\frac{2}{3}$ m?

Solution. Le terme de même espèce que l'inconnue étant 420 francs, on aura pour dernier rapport 420 f. : x f.

Comparant chaque terme de la première période à son terme homogène de la seconde, on obtient les deux rapports composant $12^m : 15^m$ et $\frac{3}{4}$ m : $\frac{2}{3}$ m, qui, comparés un à un au dernier rapport, constituent la règle de trois composée.

$$\left.\begin{array}{c} 12^m \ : \ 15^m \\ \frac{3}{4}\,m \ : \ \frac{2}{3}\,m \end{array}\right\} :: 420 \text{ f.} : x \text{ f.}$$

Sachant que les conséquens des rapports composant sont relatifs à x, il sera facile de reconnaître si chacune de ces proportions composant est directe ou inverse ; car dans la première $12^m : 15^m :: 420^f : x^f$, on voit que plus il y a de mètres de drap, plus la quantité x doit être grande : donc cette proportion est directe. Quant à la seconde de ces proportions $\frac{3}{4} : \frac{2}{3} :: 420 : x$, il est facile de remarquer que moins le drap est large, moins l'inconnue x f est grande : donc cette dernière proportion est encore directe. Or, ces proportions étant directes, on les laissera subsister dans l'état où elles sont, et on fera les simplifications suivantes :

$$\left.\begin{array}{c} 3 \ . \ \cancel{12} \ : \ \cancel{15} \ . \ 5 \\ 3 \ . \ \cancel{9} \ . \ \dfrac{\cancel{3}}{4} \ : \ \dfrac{x}{\cancel{3}} \ . \ \overset{2}{8} \end{array}\right\} :: 420 : x$$

Supprimant les dénominateurs des deux termes du second rapport composant, il vient 9 : 8 ; les deux termes 9 et 15 étant divisés par 3, deviennent 3 et 5 ; enfin les deux termes 12 et 8 étant divisés par 4, se changent en ceux 3 et 2.

Actuellement, multipliant les restes entre eux, comme il a été dit, on a la proportion 9 : 10 :: 420 : x. Si l'on divise les deux antécédens par 3, on aura 3 : 10 :: 140 : x ; de laquelle on tirera $x = 488$, f.89c. à moins de $\frac{1}{100}$ près.

Deuxième problème. Si 20 pionniers enlèvent en 15 jours 45 mètres cubes de terre ; combien 25 de ces ouvriers en 40 jours enlèveront-ils de mètres cubes de cette terre, en supposant , 1.º que les premiers ouvriers travaillent 8 heures par jour, et les seconds 10 heures ; 2.º que la force des premiers ouvriers est à celle des seconds comme 6 : 7; 3.º enfin que la dureté du premier terrain est à celle du second comme 9 : 11.

Solution. Dorénavant , pour plus de commodité , on réunira les termes semblables de la manière suivante :

1.re Période. 20 ouvr. 15 j. 45 m. cub. 8 h. 6 forc. 9 dur.
2.e Période. 25.   40. x.   10. 7.   11.

Comparant , comme précédemment , chaque rapport composant à celui 45 m. : x m. , on aura cette règle de trois composée :

$$\left.\begin{array}{rcl}
20\ \text{ouvriers} & : & 25\ \text{ouvriers} \\
15\ \text{jours} & : & 40\ \text{jours} \\
8\ \text{heures} & : & 10\ \text{heures} \\
6\ \text{force} & : & 7\ \text{force} \\
9\ \text{dureté} & : & 11\ \text{dureté}
\end{array}\right\} \;::\; 45\,\text{m.} : x\,\text{m.}$$

Afin de reconnaître celles de ces règles composant qui sont inverses, on n'aura, comme dans l'exemple précédent, qu'à comparer le conséquent de chaque rapport composant à son antécédent respectif, afin de se conformer au principe du n.º 183. A cet effet on dira : 1.º plus il y a d'ouvriers, plus il s'enlèvera de mètres cubes de terre : donc cette première proportion est directe; 2.º plus les ouvriers emploient de jours au travail, plus il s'enlève de mètres cubes de terre : donc celle-ci est encore directe. En faisant le même raisonnement à l'égard de la troisième proportion , on verra qu'elle est aussi directe. Quant à la quatrième, on dira : moins les ouvriers sont forts, moins ils enlèveront de mètres cubes de terre : ce qui fait voir que celle-ci est encore directe. Relativement à la cinquième de ces proportions, on voit que plus le terrain est dur, moins les ouvriers enlèvent de mètres de terre. Cette dernière proportion est donc inverse ; c'est pourquoi on intervertira l'ordre des termes de son premier rapport. (Ce que l'on fera toujours en pareil cas : car, si l'on intervertissait l'ordre des termes du second rapport, celui-ci serait bien en raison directe du premier, mais en raison inverse des autres rapports composant. Or, etc.) C'est ce qui a lieu dans le nouveau tableau ci-après, dans lequel on s'est dispensé d'écrire au-dessus de chaque quantité la lettre initiale de l'unité qu'elle exprime :

$$\left.\begin{array}{r@{\;:\;}l}
2\cancel{0} & 25 \\[2pt]
\overset{1}{1\cancel{5}} & \overset{4}{4\cancel{0}} \\[2pt]
\overset{\cancel{4}}{8} & \overset{5}{1\cancel{0}} \\[2pt]
\overset{2}{\cancel{6}} & \overset{7}{7} \\[2pt]
11 & \overset{3}{\cancel{9}}
\end{array}\right\} :: \overset{3}{4\cancel{5}} : x.$$

Avant que d'effectuer les multiplications, on fera les simplifications suivantes : Les deux termes 20 et 40 étant divisés chacun par 10, deviennent 2 et 4. Divisant les deux antécédens 15 et 45 par 15, on obtiendra 1 et 3. Les deux termes 8 et 10 étant divisés par 2, se changent en ceux 4 et 5 ; le terme 4 étant commun aux deux produits, je le biffe de part et d'autre. Enfin, divisant par 3 les deux termes 6 et 9, on a 2 et 3 pour ceux-ci. Actuellement, multipliant d'une part les restes 2, 11 et 2, et de l'autre part les restes 25, 7, 3 et 5, on a les deux produits 44 et 2625, qui, écrits de suite, donnent le rapport composé 44 : 2625 ; celui-ci, comparé au dernier rapport, donne la proportion $44 : 2625 :: 3 : x$; de laquelle on tire $x = 178$ m. cub. $+ \frac{43}{44}$ m. cub.

TROISIÈME PROBLÈME. Il a fallu 30 rouleaux de papier de $36,^{m}75$ de longueur, sur $1,^{m}75$ de largeur, pour tapisser deux appartemens composés de chacun 4 pièces ; on demande combien il faudra de rouleaux de $24,^{m}5$ de longueur, sur $1,^{m}5$ de largeur, pour tapisser un seul appartement de 6 pièces. Avec ces données, on suppose de plus que les longueurs des premiers appartemens sont à celles des seconds comme $\frac{2}{3} : \frac{3}{4}$; que les largeurs des premiers sont à celles des seconds comme $\frac{3}{5} : \frac{5}{7}$; et enfin que les hauteurs sont entre elles comme $\frac{3}{5} : \frac{2}{3}$.

Rassemblant les quantités de même espèce, on a :

1.re Pér. 30 r. 36,^{m}75 long. 1,^{m}75 l. 2 ap. 4 p. $\frac{2}{3}$ long. $\frac{3}{5}$ l. $\frac{3}{8}$ h.
2.e Pér. x.   24,5.   1,5.   1.   6. $\frac{3}{4}$. $\frac{6}{7}$. $\frac{2}{3}$.

d'où l'on tire la proportion composée :

$$
\left.
\begin{array}{rcl}
36,^{\text{m}}75 &:& 24,^{\text{m}}5 \\
1,^{\text{m}}75 &:& 1,^{\text{m}}5 \\
2 &:& 1 \\
4 &:& 6 \\
\frac{2}{3} &:& \frac{3}{4} \\
\frac{3}{5} &:& \frac{5}{7} \\
\frac{3}{8} &:& \frac{2}{3}
\end{array}
\right\} :: 30^{\text{R.}} : x.^{\text{R.}}
$$

Supprimant la virgule dans les nombres décimaux, en faisant en sorte que les deux termes de chaque rapport renferment le même nombre de chiffres décimaux, afin qu'ils soient multipliés par la même quantité ; puis, réduisant les termes fractionnaires au même dénominateur, on a :

$$
\left.
\begin{array}{rcl}
3675 &:& 2450 \\
175 &:& 150 \\
2 &:& 1 \\
4 &:& 6 \\
8 &:& 9 \\
21 &:& 25 \\
9 &:& 16
\end{array}
\right\} :: 30 : x.
$$

Parmi ces proportions composant, on remarque que les deux premières sont inverses ; c'est pourquoi on intervertit l'ordre des termes de leur premier rapport ; et on a :

$$
\left.
\begin{array}{rcl}
\cancel{2450} &:& \cancel{3675}\;^{7} \\
\cancel{6} & & \\
\cancel{150} &:& \cancel{175} \\
2 &:& 1 \\
4 &:& \cancel{6} \\
8 &:& \cancel{9} \\
21 &:& 25 \\
\cancel{9} &:& \cancel{16}
\end{array}
\right\} \begin{array}{c} 15 \\[2pt] :: \cancel{30} : x. \end{array}
$$

Je simplifierai en supprimant d'abord 9, commun à la première et à la deuxième colonnes ; ensuite je vois 2 et 8 dans la première colonne, dont leur produit est 16 ; et je vois 16 dans la deuxième colonne : je biffe de part et d'autre ces termes. Je remarque que les termes 2450 et 3675 sont divisibles par 25 : effectuant, j'ai 98 et 147. Ces derniers termes étant encore divisés par 49, deviennent 2 et 3. De même, les termes 150 et 175 sont divisibles par 25, et donnent 6 : 7. Le terme 6 se trouve dans la première et la deuxième colonnes : je le fais disparaître. J'observe que j'ai 21 dans la première colonne, et trois fois 7 dans la seconde : je les supprime. Pour simplifier davantage, j'efface le 2 de la première colonne, et je prends la moitié du second antécédent : de manière qu'il ne me reste plus que ces quatre quantités $4 : 25 :: 15 : x$, dont la quatrième égale 93 roul. $+ \frac{3}{4}$ roul.

QUATRIÈME PROBLÈME. 60 ouvriers, en 12 jours, travaillant 10 heures par jour, ont creusé 5 fossés de 60 mètres de longueur sur 12 mètres de largeur et 7 de profondeur.

D'un autre côté, 50 ouvriers, en 24 jours, travaillant 8 heures par jour, ont creusé 3 fossés de 70 mètres de longueur sur 16 mètres de largeur et 6 de profondeur.

On suppose de plus que la dureté du premier terrain est à celle du second comme $4 : 5$; et l'on demande quel était dans toutes ces hypothèses le rapport des forces des deux troupes d'ouvriers?

Représentant la force des premiers ouvriers par 1, et celle des seconds par x, on aura $1 : x$ pour le rapport des forces des troupes d'ouvriers; et la proportion composée sera :

$$
\left.\begin{array}{rcl}
60 &:& 50 \\
12 &:& 24 \\
10 &:& 8 \\
5 &:& 3 \\
60 &:& 70 \\
12 &:& 16 \\
7 &:& 6 \\
4 &:& 5
\end{array}\right\} :: 1 : x;
$$

dans laquelle on remarquera, 1.º que moins les ouvriers de la deuxième période sont nombreux, plus ils doivent être forts; 2.º que plus ils travaillent de jours, moins il leur faut de force; 3.º que moins ils travaillent d'heures par jour, plus il leur faut de force ; 4.° que moins ils ont de fossés à creuser, moins il leur faut de force ; 5.° que plus les fossés sont longs, plus il leur faut de force ; 6.° que plus les fossés sont larges, plus il leur faut de force ; 7.° que moins ces fossés sont profonds, moins il leur faut de force ; 8.° enfin que plus le terrain est dur, plus il leur faut de force.

C'est par ces raisonnemens que l'on reconnaîtra que la première, la deuxième et la troisième de ces proportions composant sont inverses. Intervertissant les termes de leur premier rapport, on a :

$$
\left.
\begin{array}{rcl}
80 &:& 60 \\
12 &:& 12 \\
4 && 3 \\
&& 8 \\
8 &:& 10 \\
8 &:& 3 \\
60 &:& 70 \\
12 &:& 16 \\
7 &:& 6 \\
4 &:& 8
\end{array}
\right\} :: 1 : x.
$$

Faisant les simplifications que l'on voit ci-dessus, on a la proportion $4 : 3 :: 1 : x$; de laquelle on tire $x = \frac{3}{4}$. Donc le rapport demandé est comme $1 : \frac{3}{4}$, ou $4 : 3$. On voit par ce rapport de force que les seconds ouvriers n'avaient que les $\frac{3}{4}$ de la force des premiers.

CINQUIÈME PROBLÈME. Dans une bibliothèque on emploie deux sections d'écrivains à copier des manuscrits : les uns, plus âgés, ne travaillent que le jour, et écrivent en ronde ; les autres travaillent la nuit, et écrivent en coulée. Cela posé, les premiers, au nombre de 24, ont transcrit en 90 jours, et travaillant 8 heures par jour, 8 exemplaires d'un ouvrage en 6 volumes in-4.°, contenant l'un portant l'autre 480 pages, chaque page 64 lignes, chaque ligne 56 lettres.

On demande en combien de nuits la deuxième section, composée de 30 copistes qui travaillent 6 heures par nuit, transcrira 9 exemplaires en 4 volumes in-folio, contenant l'un portant l'autre 800 pages, chaque page 84 lignes, chaque ligne 80 lettres.

On suppose à présent que la vîtesse des premiers copistes est à celle des seconds comme $4 : 5$; que la difficulté de

travailler le jour est à celle de travailler la nuit comme
5 : 6 ; que celle d'écrire la ronde est à celle d'écrire la
coulée comme 6 : 5 ; enfin que la difficulté de lire le premier ouvrage est à celle de lire le second comme 8 : 7.

1.re Pér. 24. cop. 90. j. 8. h. 8. ex. 6. vol. 480. p. 64. lig. 56. l. 4. v. 5. d. 6. *id.* 8. *id*
2.e Pér. 30.   x.   6.   9.   4.   800.   84.   80.   5.   6.   5.   7.

Comparaison dans laquelle les deux premières proportions
composant, ainsi que la huitième, sont inverses

$$
\left.
\begin{array}{rcl}
24 &:& 30 \\
8 &:& 6 \\
8 &:& 9 \\
6 &:& 4 \\
480 &:& 800 \\
64 &:& 84 \\
56 &:& 80 \\
4 &:& 5 \\
5 &:& 6 \\
6 &:& 5 \\
8 &:& 7
\end{array}
\right\} :: 90 : x.
$$

Intervertissant les proportions inverses, on a :

$$
\left.
\begin{array}{rcl}
30 &:& 24 \\
6 &:& 8 \\
8 &:& 9 \\
6 &:& 4 \\
480 &:& 800 \\
64 &:& 84 \\
56 &:& 80 \\
8 &:& 4 \\
8 &:& 6 \\
6 &:& 8 \\
8 &:& 7
\end{array}
\right\} :: 90 : x.
$$

De cette dernière proportion composée on déduit cette
règle de trois simple, $4 : 7 :: 90 : x$, de laquelle on conclut
que $x = 157$ nuits $\frac{1}{2}$.

DES DIFFÉRENTES RÈGLES DÉPENDANTES DES PROPORTIONS.

191. Les intérêts, les escomptes, les changes, la répartition d'un bénéfice ou d'une perte entre plusieurs associés, la supposition d'un nombre fictif pour obtenir le véritable nombre, le prix moyen de l'unité d'un alliage de choses, etc., sont autant de résultats qui ne s'obtiennent que par des opérations dépendantes des proportions : c'est de quoi nous allons nous convaincre en définissant successivement chacune de ces opérations.

DE LA RÈGLE D'INTÉRÊT.

192. On appelle intérêt le profit que le créancier tire du prêt de son argent : il varie suivant les conditions entre le prêteur et l'emprunteur. L'intérêt se stipule de deux manières : ou en indiquant celui que porte la somme de 100 fr., ce que l'on désigne par les mots quatre, cinq, six, etc., pour cent, et que l'on écrit 4, 5, 6, etc., p. $\frac{0}{0}$; ou en fixant la somme que doit rapporter 1 franc d'intérêt : le denier 16, par exemple, signifie que 16 fr. rapportent 1 fr. d'intérêt, etc. ; le denier 20 équivaut par conséquent au 5 p. $\frac{0}{0}$. La synonymie qui existe entre ces deux manières de stipuler l'intérêt est démontrée par cette proportion : Si 20 fr. rapportent 1 fr., que rapporteront 100 fr. ? On trouve 5 fr. ; de même le denier 25 équivaut au 4 p. $\frac{0}{0}$.

L'intérêt est simple lorsqu'il se tire uniformément du capital primitif, sans pouvoir jamais devenir capital, ni produire aucun intérêt; il est composé lorsqu'étant échu et non payé, il se joint au capital, et produit lui-même intérêt. Nous ne nous occuperons ici que de l'intérêt simple; quant à l'intérêt composé, nous le stipulerons immédiatement après les progressions.

La règle d'intérêt a précisément pour but de déterminer la somme due pour de l'argent prêté sous quelques-unes des conditions ci-dessus.

Exemple : Un négociant a prêté 680 francs à raison de 5 pour $\frac{o}{o}$ par an; on demande à combien doit se monter au bout d'une année l'intérêt de son capital?

Ce problème est le même que le suivant : Si 100 francs rapportent 5 francs pendant un an, que rapporteront 680 fr. pendant le même temps? c'est-à-dire que les taux sont dans un même rapport que leurs capitaux respectifs. Ainsi, comparant entre elles ces quantités de même espèce, on a les deux rapports 100 : 680 et 5 : x, qui, à cause de leur égalité, constituent la proportion 100 : 680 :: 5 : x; de laquelle on tire $x = 34$ francs : donc le négociant touchera 714 fr. au bout de l'année.

Autre exemple : Quel est l'intérêt de 1000 francs pendant un mois, à raison de $\frac{1}{4}$ franc pour $\frac{o}{o}$ par mois; ou bien, si 100 francs rapportent $\frac{1}{4}$ franc pendant un mois, que rapporteront 1000 francs au bout du même temps? Ce problème constitue la règle de trois directe 100 : 1000 :: $\frac{1}{4}$: x. On a $x = 2$,f.5.

Ces deux exemples suffisent pour faire voir comment on doit résoudre toutes les questions semblables : *il suffit, sans avoir besoin d'établir la règle de trois, de multiplier le capital dont on cherche l'intérêt par le taux donné, et de diviser le produit par le capital respectif au taux donné.*

DE LA RÈGLE D'INTÉRÊT COMPOSÉE.

193.   Cette règle est ainsi nommée, parce que, pour obtenir le montant de l'intérêt cherché, il faut avoir égard non-seulement à la valeur du capital, mais encore au temps pour lequel on veut le déterminer.

Exemple : 1560 francs ont été placés à intérêt au 6 pour $\frac{\circ}{\circ}$ par an, ou 365 jours; combien rapporteront-ils au bout de 3 mois et 9 jours, ou 99 jours?

Ici l'intérêt cherché dépend du capital 1560 francs, et du temps 99 jours. Or la proportion 100 f. : 1560 f. :: 6 : x donne la valeur de l'intérêt relativement au capital, et cette autre proportion 365 j. : 99 j. :: 6 : x détermine le montant de cet intérêt proportionnellement au nombre de jours pour lesquels on doit le stipuler. Donc cet intérêt cherché s'obtiendra par la proportion composée :

$$\left.\begin{array}{lll}100 &:& 1560 \\ 365 &:& 99\end{array}\right\} :: 6 : x.$$

Dans cette proportion on remarque, 1.° *que plus les capitaux sont grands, plus l'intérêt cherché est grand;* 2.° *que plus le temps est court, plus l'intérêt est petit.* Donc les proportions composant sont directes.

Multipliant entre eux les rapports composant, on a : 3650 : 15444 :: 6 : x. D'où l'on tire $x = 25,^f39$.

Il faut remarquer qu'en général *les règles d'intérêt composées se résolvent comme les règles de trois composées : les termes du second rapport de la proportion composée sont toujours les intérêts connus et cherchés; et les deux termes du premier rapport de la même proportion forment un rapport directement composé des produits des capitaux par les temps respectivement relatifs à ces intérêts.*

Nous allons appliquer cette règle générale à l'exemple suivant :

Quel est l'intérêt de 11000 francs à $\frac{1}{4}$ f. pour $\frac{0}{0}$ par mois durant 7 mois ?

On a donc 100 f. × 1 : 11000 f. × 7 :: $\frac{1}{4}$: x, ou 100 : 77000 :: $\frac{1}{4}$: x, ou 1 : 770 :: $\frac{1}{4}$: x ; d'où l'on tire $x = 192$,f.5.

N. B. Dans ces sortes d'opérations il faudra toujours ramener les temps respectifs à la même unité temporaire, en comptant les mois pour 30 jours.

DES ESCOMPTES.

194. L'escompte est la remise que fait le créancier, ou la perte à laquelle il se soumet en faveur du débiteur lorsqu'il veut être payé avant l'échéance ; ou bien encore c'est la réduction que subit la valeur d'un effet lorsqu'on en demande le paiement avant le temps qui y est indiqué. Or escompter c'est déduire d'une somme prêtée les intérêts qui y sont confondus : ce qui fait que cette opération peut, comme celle des intérêts, donner lieu à des règles de trois simples et à des règles de trois composées qui prennent respectivement les noms de *règles d'escompte simples, et de règles d'escompte composées.*

DE LA RÈGLE D'ESCOMPTE SIMPLE.

95. Cette règle est simple lorsque l'escompte ne dépend que du capital.

Exemple : Un homme qui a tiré une lettre de change de 2500 francs sur un banquier, payable dans un an, a besoin d'argent ; le prix lui en est escompté sur-le-champ, en s'offrant à déduire l'intérêt à raison de 6 pour $\frac{0}{0}$ par an : combien le banquier doit-il payer ?

Comme le banquier doit retenir l'intérêt du capital au 6 pour $\frac{0}{0}$, il s'ensuit que pour 100 fr. il ne doit payer que 94 francs. On peut donc dire : Si pour un capital de

100 francs on ne doit payer que 94 fr., combien devra-t-on payer pour un capital de 2500 francs? c'est-à-dire que l'on peut établir cette proportion directe 100 : 2500 :: 94 : x. On voit par là que le banquier doit prélever 150 francs qui sont précisément l'intérêt de 2500 francs pour un an, le taux étant au 6 pour $\frac{o}{o}$.

Cette manière d'opérer s'appelle prendre l'*intérêt* ou l'*escompte en dehors*. Ce n'est pas la manière la plus juste de prendre l'escompte, quoiqu'elle soit la plus usitée : car dans ce cas-ci on voit que les banquiers, en retenant l'escompte du montant du billet, retiennent l'intérêt et du capital et des intérêts qui s'y trouvent confondus.

196. Si au contraire on ne retient que l'intérêt de la somme que l'on paie effectivement, l'opération s'appelle prendre l'*escompte en dedans.*

Exemple : A quoi se réduiront actuellement 2500 francs payables dans un an ? l'intérêt est au 6 pour $\frac{o}{o}$.

Raisonnant de cette manière : Si 106 francs payables dans un an se réduisent à 100 francs payables actuellement, à quoi se réduiront 2500 francs? On aura la proportion 106 : 2500 :: 100 : x; de laquelle on tire $x = 2358$,f.49.

Le banquier paiera donc 2358,f.49, et il retiendra par conséquent 141,f.51. Cette dernière quantité doit être l'intérêt de 2358,f.49 pendant un an. En effet, si l'on calcule cet intérêt, on aura 100 : 2358,f.49 :: 6 : x; d'où $x = 141$,f.509, ou 141,f.51. Ce dernier nombre, joint à 2358,f.49 donne bien 2500 francs.

C'est donc la manière la plus juste de calculer l'escompte, puisque ce procédé s'accorde avec la théorie des règles d'intérêt.

D'après cela on voit qu'il ne suffit pas de convenir du taux de l'escompte, mais qu'il faut encore spécifier de quelle manière on le caculera.

DES RÈGLES D'ESCOMPTE COMPOSÉES.

97. Les règles d'escompte composées sont celles
dans lesquelles l'intérêt que l'on a droit de se
retenir sur la somme que l'on avance dépend,
comme dans les règles d'intérêt composées,
non-seulement du montant des capitaux, mais
encore du temps pour lequel on en a fait l'a-
vance.

Exemple : Un propriétaire place chez un banquier une
certaine somme, pour laquelle y compris les intérêts à $4\frac{1}{2}$
pour $\frac{0}{0}$ par an, il doit au bout de l'année toucher 1755,f.6;
mais quatre mois après, ayant besoin d'argent, il va prier le
banquier de le payer en s'offrant de lui escompter *en dedans*
l'intérêt pour les huit mois restans : quelle somme le banquier
doit-il payer ?

Pour résoudre ce problème, on raisonnera ainsi : $104\mathrm{f}.,\frac{1}{2}$
renferment le capital 100 francs et les intérêts $4\mathrm{f}.\frac{1}{2}$, de
même que 1755,f.6 renferment le capital et les intérêts
inconnus; c'est-à-dire que le quatrième terme de la proportion
$104\mathrm{f}.\frac{1}{2} : 1755,\mathrm{f}.6 :: 4\frac{1}{2} : x$ exprimera les intérêts d'un an.
Pour trouver ceux de 8 mois, je n'ai plus qu'à faire cette
autre proportion $12^{\mathrm{mois}} : 8^{\mathrm{mois}} :: 4\frac{1}{2} : x$. L'intérêt cherché dépend donc de cette proportion composée :

$$\left.\begin{array}{l} 104\mathrm{f}.\frac{1}{2}: \ 1755,\mathrm{f}6 \\ \ \ 12^{\mathrm{m}} : \ \ \ \ 8^{\mathrm{m}} \end{array}\right\} :: 4\frac{1}{2} : x.$$

Les termes accompagnés de fractions étant mis sous la
forme fractionnaire, et leurs dénominateurs supprimés,
on obtient :

$$\left.\begin{array}{l} 209: 1755,6 \\ \ 12: \ \ \ \ 8 \end{array}\right\} :: 9 : x.$$

Simplifiant et multipliant de part et d'autre les restes
entre eux, on a $209 : 1170, 4 :: 9 : x$; d'où l'on tire x
$= 50,\mathrm{f}.4$ pour l'escompte que le banquier doit prélever sur
la somme de 1755,f.6. Ce banquier ne paiera donc que
1705,f.2.

Autre exemple : Que valent actuellement 10000 francs

payables dans 7 mois, l'intérêt à $\frac{1}{4}$ fr. pour $\frac{0}{0}$ par mois, et l'escompte en dehors ?

Escompter en dehors, c'est, comme nous l'avons dit, retenir l'intérêt de la somme entière. Donc, dans ce cas-ci, il faut retenir l'intérêt de 10000 fr. aux conditions ci-dessus: ce qui se fera par le procédé de l'exemple précédent; avec cette différence qu'au lieu de stipuler l'intérêt en dedans, on le stipulera en dehors; et on aura :

$$\left.\begin{array}{c} 100 : 10000 \\ 1 : \ \ 7 \end{array}\right\} :: \frac{1}{4} : x.$$

De cette proportion composée on tire $x = 175$ francs, qui est précisément l'intérêt de 10000 francs pendant 7 mois.

On voit par là *que l'escompte composé en dedans ou en dehors rentre dans les règles d'intérêt composées.*

DE LA RÈGLE CONJOINTE.

198. On appelle règle conjointe la règle par laquelle on détermine les rapports et les valeurs qu'ont entre eux les poids et les mesures de différens pays. Cette opération, connue sous le nom d'*arbitrage*, est souvent usitée dans les changes.

Exemple : 5o livres de *Paris* valent 5ı livres de *Hambonrg*; 25 de celles-ci en valent 24 de *Francfort*; on demande le rapport de la livre de *Paris* à celle de *Francfort* ?

Puisque 5o livres de *Paris* valent 5ı livres de *Hambourg*, on a pour le rapport de la livre de *Paris* à celle de *Hambourg* 5o : 5ı; d'où l'on voit que la livre de *Paris* est les $\frac{50}{51}$ de la livre de *Hambourg*. Le rapport de la livre de *Francfort* à celle de *Hambourg* est comme 24 : 25; ce qui fait voir que la livre de *Francfort* n'est que les $\frac{24}{25}$ de la livre de *Hambourg*. Cela posé, le rapport de la livre de *Paris* à celle de Francfort est donc comme $\frac{50}{51} : \frac{24}{25}$. Faisant disparaître les dénominateurs, on a $50 \times 25 : 24 \times 51$, ou 1250 : 1224 pour le rapport demandé.

Autre exemple : Pour 3 francs de France, on a en Angleterre 31 ½ deniers sterlings ; la livre sterling ou 240 deniers sterlings valent en *Hollande* 405 deniers de gros ; 50 deniers de gros rapportent en *Espagne* 189 maravédis ; on demande combien on aura de maravédis pour 1800 francs de France ?

On remarque facilement, par l'enchaînement de rapports qui existent entre les quantités données, que le rapport des 1800 francs de France aux x maravédis est directement composé des rapports qui existent entre les quantités homogènes de l'énoncé. Donc ces sortes de questions se résolvent encore par les règles de trois composées. Ainsi, en comparant entre elles les quantités de même espèce, on a :

$$\left.\begin{array}{l} 3 : 31\frac{1}{2} \\ 240 : 405 \\ 50 : 189 \end{array}\right\} :: 1800 : x.$$

Les simplifications faites, on tire la proportion $8 : 107163 :: 9 : x$; de laquelle on obtient 120558 maravédis, plus $\frac{3}{8}$ de maravédis pour la valeur de x.

DE LA RÈGLE DE SOCIÉTÉ.

99. La règle de société est ainsi nommée parce qu'elle sert à partager entre plusieurs associés le bénéfice ou la perte résultante de leur société. *Ce bénéfice ou cette perte doit être répartie entre les associés proportionnellement à la mise de chacun.*

Pour s'en convaincre, il suffit d'observer que le gain ou la perte de chacun des coassociés doit être contenue dans le gain total, ou la perte totale, autant de fois que la mise particulière est contenue dans la somme totale des mises : d'où il suit que celui qui aurait fourni par exemple la moitié ou le tiers des fonds de la société, devrait avoir la moitié ou le tiers du gain total. Or chacune de ces mises particulières, et le gain ou la perte, étant exprimés par des nombres, il en résulte que la règle de société a pour but *de partager un nombre proposé en parties qui soient entre elles comme des nombres donnés.*

Exemple : Qu'il s'agisse de partager 120 en trois parties qui soient entre elles comme les nombres 4, 3, 2.

On pourrait se dispenser d'observer ici que le nombre 120 représente le gain ou la perte résultante d'une société, et que les nombres 4, 3, 2 représentent les mises particulières des associés.

Partant, si l'on compare successivement le premier des nombres donnés à chacun des deux autres, on aura les deux rapports 4 : 3 et 4 : 2, dont le premier égale celui que l'on formerait en comparant la première partie du nombre à partager à la seconde, et le second de ces rapports égale celui que l'on formerait en comparant cette même première partie du nombre à partager à la troisième partie du même nombre 120. De ce raisonnement on déduit les proportions :

$$4 : 3 :: \text{la } 1.^{re} : \text{la } 2.^{me}$$
$$4 : 2 :: \text{la } 1.^{re} : \text{la } 3.^{me}$$

Invertendo.

$$4 : \text{la } 1.^{re} :: 3 : \text{la } 2.^{me}$$
$$4 : \text{la } 1.^{re} :: 2 : \text{la } 3.^{me}$$

Ces deux dernières proportions ayant un même premier rapport, on en conclut que les quatre rapports qui les composent sont égaux entre eux (182).

On peut donc avec ces deux proportions former cette suite de rapports égaux $4 : \text{la } 1.^{re} :: 3 : \text{la } 2.^{me} :: 2 : \text{la } 3.^{me}$

Or on a vu n.° 177 que la somme des antécédens est à la somme des conséquens comme l'un quelconque des antécédens est à son conséquent. On peut donc dire ici que la somme 9 des trois parties proportionnelles données est à celle des trois parties que l'on cherche (qui est représentée par 120) comme l'une quelconque de ces trois parties proportionnelles données est à la partie de 120 qui lui correspond.

L'opération se réduit donc à faire autant de règles de trois qu'il y a de mises. Chacune de ces règles de trois aura pour antécédens la mise totale et l'une des mises particulières, et pour conséquens le gain total et le gain particulier correspondant à la mise particulière comprise dans la proportion.

Ainsi dans la question ci-dessus, on a à résoudre les trois règles de trois suivantes :

$$9 : 120 :: 4 : x = 53,33$$
$$9 : 120 :: 3 : y = 40,00$$
$$9 : 120 :: 2 : z = 26,66$$

$$119,99$$

Réunissant les valeurs des trois inconnues, on obtient 119,99, somme qui égale bien, à moins d'un centième près, le nombre proposé 120. Donc, etc.

PROBLÈME. Trois associés, dont le premier a fait un fonds de 400 francs, le second une mise de 750 francs, et le troisième a avancé 600 francs, ont gagné 980 francs; on demande le gain relatif à chaque mise ?

Ce problème revient à celui-ci : Partager le nombre 980 en trois parties qui soient entre elles comme les nombres 400, 750 et 600; ce qui donne lieu aux trois proportions :

$$1750 : 980 :: 400 : x = 224$$
$$1750 : 980 :: 750 : y = 420$$
$$1750 : 980 :: 600 : z = 336$$

$$980$$

DE LA RÈGLE DE SOCIÉTÉ COMPOSÉE.

La règle de société est composée lorsque l'énoncé qui lui donne lieu renferme, outre les mises, des conditions telles que celles relatives aux temps.

Exemple : Deux personnes s'étant associées, la première a fourni 700 fr. qui sont restés deux mois dans la société; la deuxième de ces personnes a fait un fonds de 400 fr. qui est resté un mois et quinze jours dans la société : on demande ce que chaque associé doit prélever sur le bénéfice qui se monte à 500 fr. ?

Dans ce cas-ci le gain particulier dépend non-seulement de la mise particulière, mais encore du temps pendant lequel cette mise a fait partie des fonds de la société : c'est-à-dire que plus la mise particulière est grande, plus le gain particulier est grand; et que plus le temps pendant lequel cette mise a fait partie des fonds de la société est grand, plus encore ce gain particulier est grand. Si donc, après avoir converti chaque temps à l'unité de même espèce, on multiplie chaque mise par son temps respectif, on augmentera les mises proportionnellement à leurs temps respectifs; et alors l'opération sera ramenée à une règle de société simple. Ainsi pour l'exemple en question on a :

$$700 \times 60 + 400 \times 45 : 500 :: 700 \times 60 : x.$$
$$700 \times 60 + 400 \times 45 : 500 :: 400 \times 45 : y.$$

Effectuant les opérations indiquées, il vient à résoudre les deux proportions suivantes :

$$60000 : 500 :: 42000 : x = 350 \, f.$$
$$60000 : 500 :: 18000 : y = 150$$
$$\overline{}$$
$$500$$

Donc, en général, pour ramener une règle de société composée à cette opération simple, *il faut multiplier chaque mise par le temps qu'elle a fait partie des fonds de la société, observant d'exprimer le temps relatif à chaque mise par l'unité de même espèce, etc.*

Voici un exemple qui, sans différer du précédent, se trouve un peu plus compliqué; on le rencontrera très-souvent :

Trois personnes se sont associées pour un an ou douze mois : la première personne a fait un fonds de 6000 fr.; mais six mois après, ayant eu besoin d'argent, elle a retiré 2000 fr. qu'elle a gardé deux mois, au bout duquel temps elle a rapporté 1000; la seconde personne a fourni 4000 fr., et quatre mois après elle a encore fourni 500 fr.; enfin la troisième personne a mis 7000 fr. On demande ce que chacun des associés doit prélever sur le gain qui se monte à 3600 fr. ?

En examinant attentivement cet énoncé, on voit,
1.º que la mise du premier associé se compose :

        1.º De 6000 fr. pendant 6 mois ;
        2.º De 4000 fr. pendant 2 mois ;
        3.º De 5000 fr. pendant 4 mois ;

2.º Que celle du second associé se compose :

        1.º De 4000 fr. pendant 4 mois ;
        2.º De 4500 fr. pendant 8 mois.

Actuellement, multipliant chacune des mises partielles
composant chacune de ces deux premières mises particulières par son temps respectif, et ajoutant de part et
d'autre les produits partiels, on aura respectivement pour
chacune des deux premières mises particulières 64000 fr.
et 52000 fr. Quant à la troisième de ces mises particulières, elle est de 7000 fr. × 12, ou 84000 fr. La question
est donc ramenée à partager le gain 3600 fr. en trois parties qui soient entre elles comme les nombres 64000,
52000 et 84000 (199). Divisant par 1000 chacun de ces
nombres, on a les trois proportions :

$$200 : 3600 :: 64 : x.$$
$$200 : 3600 :: 52 : y.$$
$$200 : 3600 :: 84 : z.$$

Divisant par 100 les deux termes du premier rapport
de chacune de ces proportions, il vient à résoudre les
trois suivantes :

$$2 : 36 :: 64 : x = 1152 \text{ fr.}$$
$$2 : 36 :: 52 : y = 936$$
$$2 : 36 :: 84 : z = 1512$$
$$\overline{3600}$$

La première personne prélèvera donc 1152 fr. ; la seconde 936 fr. ; et la troisième prélèvera 1512 fr.

201.   Voici un cas qui pourrait présenter un peu
de difficulté :

Partager un nombre quelconque en parties qui soient
entre elles dans des rapports donnés.

Exemple : Partager 650 en trois parties, dont la première
soit à la deuxième comme 5 : 4, et la deuxième soit à la
troisième comme 7 : 3.

Si on réduit les rapports donnés au même antécédent,

en appliquant à leurs premiers termes le raisonnement du n.º 56 concernant la réduction des fractions au même dénominateur, on aura à partager le nombre 650 en trois parties dont la première soit à la seconde comme $35 : 28$, et dont la deuxième soit à la troisième comme $35 : 15$. Mais, comme les conséquens de ces nouveaux rapports ont un antécédent commun, il en résulte que la question proposée revient à partager le nombre 650 en trois parties qui soient entre elles comme les nombres 35, 28 et 15 (199).

Autre exemple : Partager le nombre 900 en quatre parties, telles que la première soit à la seconde comme $3 : 2$; que la deuxième soit à la troisième comme $5 : 7$; et que la troisième soit à la quatrième comme $8 : 9$.

Commençant, comme ci-dessus, par convertir les rapports donnés au même antécédent, il vient à partager le nombre 900 en quatre parties, de manière que la première soit à la seconde comme $120 : 80$; que la seconde soit à la troisième comme $120 : 168$; et que la troisième soit à la quatrième comme $120 : 135$: d'où l'on voit que l'antécédent de chacun de ces rapports est exprimé par le même nombre. Si donc on n'écrit qu'une seule fois cet antécédent, il viendra à partager le nombre 900 en quatre parties qui soient entre elles comme les nombres 120, 80, 168 et 135 : ce qui donne lieu aux quatre règles de trois suivantes :

$$
\left.
\begin{array}{l}
503 : 900 :: 120 : x = 214{,}71 \\
503 : 900 :: \ \ 80 : y = 143{,}14 \\
503 : 900 :: 168 : z = 300{,}59 \\
503 : 900 :: 135 : u = 241{,}55
\end{array}
\right\} 899{,}99.
$$

On voit par là que ces sortes de questions où il s'agit de partager un nombre en parties qui soient entre elles dans des rapports donnés, retombent dans celles où il est question de partager ledit nombre en des parties qui soient entre elles comme des nombres donnés : *pour cela il suffit de réduire les rapports donnés au même antécédent.*

DE LA RÈGLE DE FAUSSE POSITION.

202. La règle de fausse position est ainsi nommée parce que l'on pose en avant un nombre *faux*, *fictif* ou *hypothétique*, pour obtenir par son moyen le véritable nombre.

Il faut observer que le nombre que l'on suppose doit avoir les mêmes propriétés que celles que l'on fait connaître dans le nombre inconnu.

Quel est le nombre dont la moitié et les deux tiers font 14 ?

Supposons le nombre 6, duquel on peut prendre commodément la moitié qui est trois, et les deux tiers qui sont 4. Ces deux parties 3 et 4 étant réunies donnent 7, comme les deux parties respectivement homogènes du nombre inconnu donnent 14. Cela posé, la somme 7 est à l'une ou à l'autre de ses parties comme la somme 14 est à sa partie qui correspond à celle du premier rapport ; c'est-à-dire que l'on obtiendra les deux parties inconnues de 14 en résolvant les deux proportions :

$$\left.\begin{array}{l} 7 : 3 :: 14 : x \\ 7 : 4 :: 14 : y \end{array}\right\} \text{ou } \textit{invert.} \left\{\begin{array}{l} 7 : 14 :: 3 : x = 6 \\ 7 : 14 :: 4 : y = 8 \end{array}\right\} 14$$

Par ces deux dernières proportions on voit aussi que le rapport de la première somme à la seconde est le même que celui que l'on obtient en comparant l'une quelconque des parties du nombre fictif à la partie correspondante du nombre inconnu.

Dans l'un comme dans l'autre de ces systèmes de proportions, on remarque que la valeur de x doit exprimer la moitié du nombre cherché, et que celle de y en exprime les deux tiers. Donc la valeur de l'une quelconque de ces inconnues, de x par exemple, suffit pour obtenir le nombre véritable, qui dans l'hypothèse est 12.

203. La règle ci-dessus deviendra plus évidente si l'on remarque que les deux parties du

nombre inconnu, qui doivent former le nombre 14, sont entre elles comme les deux parties 3 et 4 du nombre hypothétique 6. Or, pour obtenir ces parties, il faut partager le nombre 14 en deux parties qui soient entre elles comme les deux nombres 3 et 4 (199) : ce qui donnera lieu aux deux proportions du numéro précédent.

PROBLÈME. Partager 840 entre trois personnes, de manière que la seconde ait les $\frac{2}{3}$ de la part de la première, et que la troisième ait les $\frac{4}{7}$ des parts des deux autres.

Je cherche d'abord un nombre duquel je puisse prendre commodément les $\frac{2}{3}$ et les $\frac{4}{7}$. Le moyen sûr d'obtenir ce nombre, c'est de faire le produit des dénominateurs des fractions données. Dans ce cas-ci, je suppose donc 7×3, ou 21, pour la part de la première personne, de laquelle part je tire 14 pour celle de la seconde, et de la somme des deux premières parts je déduis 20 pour la part de la troisième personne. Or les véritables parties du nombre proposé sont entre elles comme celles que l'on vient d'obtenir. La question se change donc en celle-ci : partager le nombre 840 en trois parties qui soient entre elles comme les nombres 21, 14 et 20 (199) : ce qui donnera lieu aux trois proportions suivantes :

$$\left.\begin{array}{l} 55 : 840 :: 21 : x = 320 \frac{8}{11} \\ 55 : 840 :: 14 : y = 213 \frac{9}{11} \\ 55 : 840 :: 20 : z = 305 \frac{5}{11} \end{array}\right\} 840$$

AUTRE PROBLÈME. Un homme à l'article de la mort, laissant sa femme enceinte, ordonne que, si elle accouche d'un garçon, elle n'aura que le $\frac{1}{3}$ de son bien qui se monte à 21000 francs, tandis que l'enfant aura les $\frac{2}{3}$; et que si au contraire elle accouche d'une fille, elle aura les $\frac{2}{3}$ du bien, tandis que la fille n'aura que le $\frac{1}{3}$. Il arrive un cas imprévu par le testateur : c'est que la mère met au monde un garçon et une fille. On demande ce que la mère, la fille et le fils doivent avoir de l'héritage chacun en particulier?

Il est facile de remarquer, d'après l'énoncé du tes-

tament, que l'intention du mourant était que le garçon
eût le double de la mère, et la mère le double de la
fille. Si donc on suppose 1 pour la fille, la mère doit
avoir 2, et le fils 4.

Ainsi il s'agit de partager 21000 francs en trois parties
qui soient entre elles comme les nombres 1, 2 et 4;
ce qui donne :

$$\left.\begin{array}{l} 7 : 21000 :: 1 : x = 3000 \text{ f.} \\ 7 : 21000 :: 2 : y = 6000 \text{ f.} \\ 7 : 21000 :: 4 : z = 12000 \text{f.} \end{array}\right\} 21000 \text{ f.}$$

DE LA RÈGLE D'ALLIAGE.

204. Cette règle est ainsi nommée parce que le
nombre et le prix de plusieurs choses alliées
étant donnés, on peut déterminer le prix de
l'unité du mélange.

Exemple : Un marchand de vin a mélangé 64 bouteilles de vin à 0,f.35 la bouteille; 60 bouteilles à 0,f.50;
80 bouteilles à 0,f.65; et 144 bouteilles à 0,f.75 : on demande à combien revient la bouteille du mélange?

Il est clair que 64 bouteilles à 0,f.35 valent 22,f.40;
que 60 bouteilles à 0,f.50 valent 30f. ; que 80 bouteilles à 0,f.65 valent 52fr. ; et que 144 bouteilles
à 0,f.75 valent 108fr. Cela posé, ajoutant d'une part
les quatre nombres de bouteilles, et de l'autre part les
quatre prix respectifs, on a 348 bouteilles de vin qui
reviennent à 212,f.40. Partant, pour trouver le prix de
la bouteille de ce mélange, il suffit de résoudre cette
proportion : si 348 bouteilles coûtent 212,f.40, que coûtera
une seule bouteille, ou $348^{\text{b}} : 1^{\text{b}} :: 212,^{\text{f}}40 : x^{\text{f}}$ De cette
règle directe on tire $x = 0,\text{f.}61$.

Cet exemple seul suffit pour faire remarquer
généralement que, *pour résoudre ces sortes de
règles, il faut trouver séparément le prix
de chaque espèce de choses qui entrent dans
le mélange : ce qui se fera en multipliant
le nombre d'unités de chaque espèce de choses*

par le prix respectif. Cela étant fait, on ajoutera d'un côté tous ces prix, et de l'autre côté tous les nombres de choses ; puis on divisera la première somme par la seconde : le quotient sera le prix de l'unité du mélange.

205. On se sert encore de la règle d'alliage pour prendre un milieu entre divers résultats donnés par l'expérience ou par l'observation.

Exemple : Je suppose que l'on ait mesuré la distance de deux points assez éloignés, et qu'à cause de l'incertitude on ait répété cette opération plusieurs fois de suite ; que deux fois on ait trouvé $2785,^{m}54$; qu'à trois autres mesurages on ait trouvé $2784,^{m}25$; et que par un sixième mesurage on ait enfin trouvé $2783,^{m}75$:

Ces divers résultats n'étant pas les mêmes, il est probable qu'il y a erreur dans chacun d'eux. Or si l'on avait obtenu à chaque fois la véritable mesure, la somme faite des six résultats serait égale à six fois cette mesure ; la même chose arriverait encore si quelques-uns des résultats péchaient par défaut et les autres par excès, de manière qu'il y eût compensation ; c'est-à-dire que l'on connaîtrait encore la vraie valeur en divisant la somme des résultats par leurs nombres. Ainsi par cette opération les erreurs dans un sens détruisent en partie les erreurs en sens contraire, et l'excédant se trouve réparti entre chacun des résultats, et d'autant plus diminué que le nombre des mesurages est plus grand.

$$2785,^{m}54$$
$$2785, \quad 54$$
$$2784, \quad 25$$
$$2784, \quad 25$$
$$2784, \quad 25$$
$$2783, \quad 75$$
$$\overline{16707,^{m}58}$$

Ainsi, divisant par 6 la somme des résultats ci-dessus, on a $2784,^{m}596$ pour la véritable distance.

DES PROGRESSIONS.

206. On entend par progression une suite de nombres allant toujours en augmentant ou en diminuant de la même quantité ; mais, comme cette suite de nombres peut aller en augmentant par voie d'addition ou de multiplication,

de même qu'elle peut aller en diminuant par voie de soustraction ou de division, il en résulte que l'on doit distinguer deux sortes de progressions; savoir : les premières, *progressions par différence*, et les secondes, *progressions par quotient*.

De la progression par différence.

207. La progression par différence est donc une suite de termes dont chacun surpasse celui qui le précède, ou en est surpassé de la même quantité; ce qui fait que la progression peut être ascendante ou descendante : telles sont les deux suites de nombres 1, 4, 7, 10, etc.; et 22, 19, 16, 13, 10, etc.

Pour marquer que ces nombres sont en progression par différence, on les fait précéder de deux points séparés par un trait, et l'on place entre chaque terme un point comme dans l'équidifférence continue; en sorte que l'on a pour les deux suites ci-dessus : ÷ 1. 4. 7. 10. 13. etc.; et ÷ 22. 19. 16. 13. etc.

On énonce ces progressions ainsi : comme 1 est à 4, comme 4 est à 7, comme 7 est à 10, etc.

Ce dont chaque terme surpasse son précédent ou en est surpassé, est appelé *raison de la progression*.

208. Il est facile de remarquer, d'après la nature de la progression par différence, que, connaissant le premier terme et la raison de la progression, on peut obtenir les termes suivans, en ajoutant successivement la raison au terme précédent si la progression est ascen-

dante ; dans le cas contraire on retranchera la raison du terme précédent. Donc le second terme de toute progression par différence ascendante est formé du premier, plus de la raison ; le troisième terme est formé du second, plus de la raison, c'est-à-dire du premier, plus de deux fois la raison ; le quatrième terme est formé du troisième, plus de la raison, c'est-à-dire du premier, plus de trois fois la raison : ainsi de suite. En général *un terme quelconque d'une telle progression est égal au premier terme, plus à autant de fois la raison qu'il y a de termes avant lui.*

209.   Ce principe va servir à résoudre les deux problèmes suivans :

1.º *Trouver un terme quelconque de la progression sans calculer les termes intermédiaires ; 2.º insérer entre deux nombres donnés, et aussi près l'un de l'autre qu'on puisse l'imaginer, autant de moyens équidifférens que l'on voudra.*

Solution du premier problème.

Trouver le centième terme de la progression ÷ 4. 9. 14. etc.

Ce centième terme étant précédé de 99 autres termes, se forme donc du premier terme 4, plus de 99 fois la raison 5 ; c'est-à-dire qu'il est égal à $4 + 5 \times 99$, ou à 499.

Solution du second problème.

Pour insérer entre deux nombres donnés autant de moyens équidifférens que l'on voudra, *il faut retrancher le plus petit de ces deux nombres donnés du plus grand, et diviser le reste par le nombre des moyens à insérer, augmenté lui-même de l'unité : le quotient sera la raison de la progression.*

En effet, le plus grand des deux nombres donnés, qui est le dernier terme de la progression, est formé du premier terme, c'est-à-dire du plus petit de ces nombres donnés, plus d'autant de fois la raison qu'il y a de termes avant lui. Donc, si du plus grand on ôte le plus petit, le reste sera la raison répétée autant de fois qu'il y a de termes moyens, plus le premier terme. Donc, etc.

Nous appliquerons cette règle à l'exemple suivant.

Insérer 8 moyens équidifférens entre 4 et 11.

Avec ces deux nombres donnés et les 8 moyens qu'ils doivent intercepter, on formera donc une progression par différence composée de 10 termes, dont 11, le plus grand des nombres donnés, sera le dernier terme, et par conséquent précédé des neufs autres termes de cette même progression. Or, ce dernier terme étant composé du premier terme 4, plus de neuf fois la raison, il s'ensuit que si l'on retranche le premier terme du dernier, le reste 7 exprimera neuf fois la raison. Ce reste 7 étant rendu neuf fois moindre, devient $\frac{7}{9}$ pour la raison de la progression. Ainsi, ajoutant cette raison au premier terme, on a $4\frac{7}{9}$ pour le deuxième terme; puis, ajoutant à ce dernier terme une deuxième fois la raison, on aura le troisième terme de la progression. Continuant d'ajouter ainsi la raison au dernier terme obtenu, on aura cette suite de termes :

$$\div 4 \cdot 4\tfrac{7}{9} \cdot 5\tfrac{5}{9} \cdot 6\tfrac{3}{9} \cdot 7\tfrac{1}{9} \cdot 7\tfrac{8}{9} \cdot 8\tfrac{6}{9} \cdot 9\tfrac{4}{9} \cdot 10\tfrac{2}{9} \cdot 11.$$

On pourrait de cette manière insérer autant de moyens équidifférens que l'on voudrait entre 0 et 1; car la raison qui régnerait alors dans la progression serait exprimée par une fraction dont le numérateur serait 1, et le dénominateur le nombre de moyens à insérer, augmenté de l'unité.

Ainsi les neuf moyens équidifférens que l'on pourrait insérer entre 0 et 1 sont :

$$\div 0 \cdot \tfrac{1}{10} \cdot \tfrac{2}{10} \cdot \tfrac{3}{10} \cdot \tfrac{4}{10} \cdot \tfrac{5}{10} \cdot \tfrac{6}{10} \cdot \tfrac{7}{10} \cdot \tfrac{8}{10} \cdot \tfrac{9}{10} \cdot 1;$$

ou

$$\div 0 \cdot 0,1 \cdot 0,2 \cdot 0,3 \cdot 0,4 \cdot 0,5 \cdot 0,6 \cdot 0,7 \cdot 0,8 \cdot 0,9 \cdot 1.$$

Si l'on renverse la progression

$$\div 1 \cdot 4 \cdot 7 \cdot 10 \cdot 13 \cdot 16 \cdot 19 \cdot 22 \cdot 25 \cdot 28 . \text{etc.};$$

10.

et qu'on l'écrive au-dessous de celle-ci, ayant soin de faire correspondre les termes, on aura :

$$\div\; 1\,.\,4\,.\,7\,.\,10\,.\,13\,.\,16\,.\,19\,.\,22\,.\,25\,.\,28\,.\,31.$$
$$\div 31\,.\,28\,.\,25\,.\,22\,.\,19\,.\,16\,.\,13\,.\,10\,.\,7\,.\,4\,.\,1.$$

D'où l'on voit que le premier terme de la progression proposée correspond à son dernier terme ; le second à son avant-dernier ; le troisième à son avant-deuxième dernier : ainsi de suite.

Cela posé, toutes les sommes que l'on formera avec chacun des termes de la progression proposée et son correspondant inférieur, seront égales entre elles.

En effet, la somme formée du premier et du dernier terme sera composée de deux fois le premier terme (208), plus d'autant de fois la raison qu'elle est contenue dans le dernier terme ; celle formée du second et de l'avant-dernier terme se trouve, comparativement à la première somme, d'une part diminuée de la raison par rapport à l'avant-dernier terme ; et de l'autre part elle se trouve augmentée de la raison par rapport au second terme. Donc ces deux sommes sont égales.

On démontrerait de la même manière que la somme formée du troisième et de l'avant-deuxième dernier terme leur est encore égale ; il en est de même des autres sommes.

Donc *toutes les sommes que l'on peut faire avec deux des termes d'une progression par différence, pris à égale distance des extrêmes, sont égales.*

D'après cela, si le nombre des termes de la progression était impair, la somme moyenne serait double du terme moyen : ce qui devient encore plus évident si l'on fait attention que trois termes consécutifs de la progression constituent une équidifférence continue (167). Donc, etc.

Ainsi *le nombre de ces sommes égales est toujours marqué par la moitié du nombre des termes de la progression.*

1. SCOLIE. Puisque la totalité de toutes ces sommes égales, ou mieux, puisque l'une d'elles, multipliée par leur nombre, égale la somme de tous les termes de la progression, il en résulte *que la somme de tous les termes d'une progression par différence est égale à la somme des deux termes extrêmes multipliée par la moitié du nombre des termes.*

2. Les problèmes suivans nous mettront au fait des propriétés que nous venons de faire connaître sur la progression par différence.

I. Une personne a distribué des aumônes pendant 8 jours : le premier jour elle a donné 0,f.25 , le second 0,f.40 ; ainsi de suite, toujours en donnant 0,f.15 de plus que le jour précédent : on demande ce que cette personne a donné le huitième jour ?

On voit par l'énoncé de la question qu'il s'agit de trouver le huitième terme de la progression $\div$ 0,25 . 0,40....., qui est égal à 0,f.25 $+$ 0,f.15 $\times$ 7, ou à 1f.,30 (209, premier problème).

II. Un particulier doit 1860 francs à un financier. Celui-ci voulant donner à son débiteur la faculté de s'acquitter envers lui dans le courant de l'année , ils conviennent que le premier mois il sera payé une somme de 100 fr., et que chacun des autres mois il sera payé une même somme de plus que le précédent mois, et ce jusqu'au douzième mois qui complétera le paiement : on demande quelles sont les sommes qui se paieront chaque mois ?

On voit par l'énoncé du problème que la somme 1860 f. doit s'acquitter en douze paiemens dont chacun excédera son précédent de la même quantité. Donc ces paiemens forment une suite de termes en progression par différence, dont leur somme ne pourra excéder 1860. Ainsi la créance

1860 francs peut être considérée comme étant le produit
de la somme du premier et du dernier paiement par la
moitié du nombre de ces paiemens (211). Si donc on divise 1860 par 6, moitié du nombre des paiemens, le quotient
310 exprimera la somme du premier et du dernier terme
de la progression. Or le premier terme étant 100, le der-
dernier sera 310—100, ou 210. Partant, la question est ramenée à insérer 10 moyens équidifférens entre 100 et 210
(209 , deuxième problème) : ce qui donne la progression
÷ 100 . 110 . 120 . 130 . 140 . 150 . 160 . 170 . 180 .
190 . 200 . 210 , dont les termes désignent respectivement
les paiemens du premier, du deuxième, etc., mois.

DES PROGRESSIONS PAR QUOTIENT.

213.	La progression par quotient est une suite
de termes dont chacun contient celui qui le
précède, ou est contenu en lui le même nombre
de fois ; ce qui fait qu'elle peut être, comme celle
par différence , ascendante ou descendante :
telles sont les deux suites de nombres 3, 6, 12,
24, 48, etc. ; et 48, 24, 12, 6, etc.

Pour distinguer ces progressions de celles dont
nous venons de parler, on fait précéder la suite
de quatre points séparés par un trait horizontal,
et l'on place deux points entre ces termes comme
dans la proportion continue. Les deux suites ci-
dessus s'écrivent donc ÷ 3 : 6 : 12 : 24 : 48, etc. ;
et ÷ 48 : 24 : 12 : 6 : 3 : etc., et s'énoncent
comme les progressions par différence.

La raison de la progression par quotient est
le quotient de l'un des termes par son précédent, ou celui de ce dernier par son suivant,
selon que la progression est ascendante ou descendante.

214.	De ce qui précède on voit que, connaissant
le premier terme et la raison d'une progression
par quotient, on peut obtenir les termes suivans

en multipliant successivement le dernier terme obtenu par la raison. Donc le second terme de toute progression par quotient est formé du premier multiplié par la raison; le troisième terme est formé du second multiplié également par la raison, ou bien du premier aussi multiplié deux fois par la raison, c'est-à-dire du premier multiplié par le carré de la raison; le quatrième terme est égal au troisième multiplié par la raison, ou bien au premier multiplié trois fois par la raison, c'est-à-dire que ce quatrième terme se forme du premier multiplié par la troisième puissance de la raison : ainsi de suite. Donc en général *un terme quelconque d'une progression par quotient est formé du premier terme multiplié par la raison élevée à une puissance marquée par le nombre des termes qui le précède.*

115. Ce principe de la progression par quotient va servir à résoudre les deux problèmes suivans :

1.º *Trouver un terme quelconque de la progression, sans calculer les termes intermédiaires ;*

2.º *Insérer entre deux nombres donnés autant de moyens proportionnels que l'on voudra.*

Solution du premier problème.

Trouver le 12.ᵐᵉ terme de la progression $\div 3 : 6 :$ etc.

Le 12.ᵐᵉ terme demandé égale $3 \times (2)^{11} = 3 \times 2048 = 6144$.

Solution du second problème.

Insérer 9 moyens proportionnels entre 2 et 2048.

Le plus grand de ces deux nombres donnés étant le dernier terme de la progression, est donc composé du premier terme qui est le plus petit des deux nombres donnés multiplié par la raison élevée à une puissance marquée par le nombre des termes moyens à insérer, augmenté lui-même de un. Ce plus un représente le premier terme de la progression dans le nombre de ceux qui précèdent le dernier. Dans ce cas-ci, le second facteur du produit 2048 est donc la dixième puissance de la raison; partant, si l'on divise 2048 par le premier terme 2, le quotient 1024 sera la dixième puissance de la raison; il faudra donc, pour avoir cette raison, extraire la racine dixième de 1024 : mais, comme cette dernière opération devient très-difficile en raison de la grande multiplicité des parties qui entrent dans son opération inverse (134), nous allons seulement de ce qui précède conclure qu'en général *pour insérer entre deux nombres donnés autant de moyens proportionnels que l'on voudra, il faut diviser le plus grand de ces deux nombres donnés par le plus petit; puis extraire du quotient une racine du dégré marqué par le nombre des moyens à insérer, augmenté lui-même de l'unité.*

Ainsi, pour en revenir à notre exemple, je divise 2048 par 2, ce qui me donne 1024 pour quotient, duquel résultat je prends la racine 10.e qui est 2. Cela étant fait, je multiplie le premier terme par cette raison 2, et j'ai le second terme. Celui-ci étant multiplié encore par la raison, me donne le troisième terme. Continuant de former ainsi les autres termes, j'obtiens la suite :

$$\div 2 : 4 : 8 : 16 : 32 : 64 : 128 : 256 : 512 : 1024 : 2048.$$

216. SCOLIE. De la définition de la progression par quotient, on conclut qu'une telle suite de nombres n'est autre chose qu'une collection de rapports égaux. Donc trois termes de la suite, pris dans leur ordre naturel, constituent l'équiquotient continu; de même quatre termes consécutifs, ou pris deux à deux à égale distance des extrêmes, constituent une proportion. D'où il suit que *tous les produits résultant de deux des termes de la progression, pris à égale distance des extrêmes, sont égaux entre eux* (171).

217. PORISME. *Pour avoir la somme de tous les*

termes d'une progression par quotient, il faut multiplier le plus grand terme de la suite par la raison, et retrancher du produit le plus petit terme; enfin diviser le reste par la raison diminuée d'une unité.

Cette proposition est démontrée dans le n.º 232 de l'algèbre de M. *Lacroix*, à peu près de la manière suivante :

Nous considérerons la suite $\div$ 2 : 6 : 18 : 54, etc., représentant les termes de cette progression respectivement par les lettres a, b, c, ... l, on aura cette autre suite $\div$ $a : b : c : d :.....: l$, dans laquelle la raison est représentée par q. Or on a vu n.º 214 qu'un terme quelconque de la progression par quotient était exprimé par le produit résultant de son terme précédent par la raison. Donc $b=aq$, $c=bq$, $d=cq$, $e=dq$, ... $l=kq$. Cela posé, il est bien évident que si l'on compare la somme des premiers membres de ces équations à celle de leurs seconds membres, il y aura encore équation, c'est-à-dire que l'on aura :
$b+c+d+e+......+l=aq+bq+cq+dq+......+kq$, ou
$b+c+d+e+........+l=$ ($a+b+c+d+.......+k$) q.
Partant, si l'on nomme s la somme cherchée, on aura :
$$b+c+d+e+......+l=s-a$$
$$a+b+c+d+......+k=s-l;$$
d'où l'on tire $s-a=q$ ($s-l$), et par conséquent $s=\dfrac{ql-a}{q-1}$. Donc, etc.

Dans l'exemple ci-dessus, on trouvera pour la somme des dix premiers termes de la progression :
$$\div 2 : 6 : 18 : \text{etc.}, \frac{2\times(3)^{10}-2}{2}=(3)^{10}-1=59048.$$

218. La solution du problème suivant nous fera mettre en pratique les propriétés de la progression par quotient :

Un roi des Indes autorisa le philosophe Sessa à lui demander tout ce qu'il voudrait pour le récompenser de la découverte du jeu d'échecs ; celui-ci demanda un grain de blé pour la première case de l'échiquier ; deux pour la seconde, quatre pour la troisième : ainsi de suite toujours en redoublant. On demande, 1.º combien il y aurait eu de grains de blé sur la 64.ᵉ et dernière case ; 2.º le nombre de grains de blé compris dans les 64 cases ?

On voit que, pour satisfaire à la première demande, il faut trouver le 64.ᵉ terme de la progression ÷ 1 : 2 : 4, etc. ; et que, pour satisfaire à la seconde question, il suffit de trouver la somme des 64 termes de la même progression. Or, pour en revenir à la première question, on sait que le 64.ᵉ terme de cette suite se compose du premier multiplié par la 63.ᵉ puissance de la raison 2.

Pour trouver la 63.ᵉ puissance de 2, on simplifiera le nombre des multiplications si l'on remarque que la 2.ᵉ puissance de 2 multipliée par elle-même, donne la 4.ᵉ, que la 4.ᵉ multipliée par elle-même donne la 8.ᵉ ; et ainsi de suite. Ce qui est évident, puisque, pour avoir la 8.ᵉ puissance d'un nombre, il faut que ce nombre y entre 8 fois comme facteur (123). Or, si l'on multiplie par elle-même la 4.ᵉ puissance de ce nombre dans laquelle ce dernier est 4 fois facteur, il se trouvera 8 fois facteur du produit. Donc, etc.

Cela posé, on multipliera la 2.ᵉ puissance de 2, qui est 4, par elle-même, et on aura 16 pour la 4.ᵉ puissance de 2. Celle-ci multipliée par elle-même donnera 256 pour la 8.ᵉ puissance de cette raison, qui, multipliée par elle-même, donne 65536 pour la 16ᵉ. Cette dernière puissance multipliée par elle-même donnera 4294967296 pour la 32ᵉ. Celle-ci, multipliée par la 16.ᵉ, donne 281474976710656 pour la 48.ᵉ puissance de 2, laquelle étant multipliée par la 11.ᵉ, qui est 2048, donnera 576440752303423488 pour la 59.ᵉ puissance de 2. Enfin, multipliant cette dernière puissance par la 4.ᵉ, on aura 9223052036854775808 pour la 63.ᵉ puissance de la raison de la progression.

Multipliant cette 63.ᵉ puissance par le 1.ᵉʳ terme de la progression, qui est l'unité, on a cette 63.ᵉ puissance pour le 64.ᵉ terme demandé.

Pour en revenir à la seconde question du problème, on multipliera le dernier terme de la progression par la raison ; ce qui donnera 18446104073709551616, duquel produit on retranchera le premier terme de la suite; puis on divisera le reste par la raison diminuée d'une unité; et on aura 18446104073709551614 pour la somme de tous les grains de blé contenus dans les soixante-quatre cases du jeu.

DE L'INTÉRÊT COMPOSÉ.

Nous avons dit, numéro 192, que nous traiterions ici de l'intérêt composé. Afin de stipuler cet intérêt, nous prendrons pour exemple le problème suivant, dans lequel on remarquera un taux usuraire, car il n'y a que des usuriers qui puissent stipuler l'intérêt de cette manière :

Une personne a prêté 1600 francs à 9 fr. $\frac{3}{5}$ pour $\frac{0}{0}$ par an, à condition que si l'on ne payait pas les intérêts annuels, ces intérêts seraient regardés comme faisant partie du capital, et porteraient eux-mêmes l'intérêt convenu. L'emprunteur reste 5 ans 4 mois 10 jours sans rien payer; combien doit-il ?

Il n'est pas difficile de remarquer que le capital 1600 f., augmenté de son intérêt à $9\frac{3}{5}$, ou $9\frac{6}{10}$ pour $\frac{0}{0}$, doit composer le capital de la seconde année; que ce dernier capital, augmenté toujours de son intérêt au même taux, doit composer celui de la troisième année : ainsi de suite. Or il est facile de voir en outre que le capital de chaque année se formera en multipliant celui de la précédente année par la quantité exprimant la valeur d'un franc au bout de l'année. Ainsi, pour trouver l'intérêt d'un franc pendant une année, on dira : puisque 100 francs donnent 9,f.6 d'intérêt, 1 fr. donnera le centième de 9,f.6, ou 0,f.096. Or la valeur de 1 franc au bout de l'année est 1,f.096. Cela posé, on voit que le capital primitif et celui de chacune des quatre dernières années sont en progression par quotient, et que la raison de cette progression est 1,f.096.

Le cinquième terme de la progression $\div$ 1600f. : 1600 ×1,096 : etc., qui est 2198,f.8 exprime donc ce que devait le débiteur à la fin de la cinquième année. Pour trouver ce qu'il devait au bout de 5 ans et 4 mois, on observera qu'il suffit de multiplier 2198,f.8 par la valeur de 1 franc au bout de 4 mois. Or, 1 franc rapportant 0,f.096 au bout d'une année, ou 12 mois, il est clair que pendant 4 mois il ne rapportera que le tiers de 0,f.096, ou 0,f.032. Il faut donc multiplier 2198,f.8 par 1,032. Le produit 2269,f.16 exprimera ce qui était dû au bout de 5 ans et 4 mois. Enfin, pour satisfaire entièrement à la question, il ne nous reste plus qu'à ajouter au capital 2269,f.16 son intérêt pendant 10 jours; ce qui se fera de la manière suivante : 1 fr. rapportant au bout de l'année ou de 12 mois 0,f.096, il est évident qu'au bout d'un mois il ne doit rapporter que $\frac{1}{12}$ de 0,f.096, ou 0,f.008, et qu'au bout de 10 jours il ne produira que $\frac{1}{3}$ de 0,f.008, ou 0,f.0026. Donc 1 franc au bout de 10 jours vaudra 1,f.0026, et les 2269f.,16 au bout du même temps vaudront 1,f.0026 × 2269,16 =2275,f.06.

Le débiteur doit donc payer au bout de 5 ans 4 mois et 10 jours 2275,f.06.

Ce problème seul suffit pour mettre le lecteur en état de résoudre tous ceux de ce genre.

DES LOGARITHMES.

220. Après avoir écrit une progression par différence au-dessous d'une progression par quotient, on a remarqué plusieurs propriétés de la correspondance des termes. La grande utilité que l'on a présumé d'abord retirer de ces belles propriétés, a fait distinguer par le nom de *logarithmes* les termes de la suite par différence.

Disons donc *que les logarithmes sont des nombres en progression par différence, qui répondent terme à terme à une pareille suite de termes en progression par quotient.* Leur inventeur est *Néper*, célèbre géomètre écossais.

Par cette définition des logarihtmes, on voit que chaque nombre peut en avoir une infinité, puisque l'on peut concevoir autant de progression par différence que l'on peut imaginer de raisons différentes pour celles-ci ; cependant on doit en adopter deux fondamentales : l'une par quotient, l'autre par différence, et dont la correspondance de leurs termes offre le plus d'avantage. A cette fin on a choisi pour progression par quotient la progression décuple $\div$ 1 : 10 : 100 : 1000 : etc.; et pour progression par différence la suite naturelle des nombres en commençant par zéro :

$$\div \, 0 \, . \, 1 \, . \, 2 \, . \, 3 \, . \, 4 \, . \, 5 \, . \, 6 \, . \text{ etc.}$$

Ecrivant cette dernière progression au-dessous de la première, on a :

Nombres $\div$ 1 : 10 : 100 : 1000 : 10000 : 100000 : etc.
Logar. $\div$ 0 . 1 . 2 . 3 . 4 . 5 .etc.

La première de ces progressions exprime les nombres, et les termes correspondans de la seconde expriment leurs logarithmes.

11.   D'après ce qui a été dit n.ᵒˢ 208 et 214 à l'égard de la formation de l'un quelconque des termes de la progression par différence et de la progression par quotient, il est facile de remarquer *qu'autant de fois la raison de la suite décuple est facteur dans l'un quelconque de ses termes, autant de fois la raison de la suite naturelle des nombres est contenue dans le terme de celle-ci, correspondant à celui dont il s'agit de la première suite.*

Partant, si l'on considère les deux progressions fondamentales dont la raison de la première qui commence par 1 est 10, et celle de la seconde qui commence par zéro est l'unité, on remarquera que le nombre de zéros contenus dans l'un des termes de la première suite

indique toujours le nombre de fois que la raison
y est facteur (8); et qu'autant de fois l'unité
sera contenue dans l'un des termes de la seconde suite, autant de fois la raison de celle-ci
sera contenue dans ce terme. De là on tire
ces deux conséquences :

1.º *Le logarithme d'un nombre exprimé par
l'unité suivie de zéros, sera toujours composé
d'autant d'unités entières qu'il y aura de
zéros sur la droite dudit nombre;*

2.º *Si l'on ajoute une, deux, trois, etc.,
unités au logarithme d'un nombre, on multiplie ce nombre par 10, 100, 1000, etc.; et
réciproquement.*

222. De ce qui précède il résulte que les nombres
compris dans la série 2, 3, ...9, qui composent
la suite du terme 1 au terme 10 de la progression par quotient, n'ont pas de logarithmes
en nombres entiers, ou mieux, ces logarithmes
sont moindres que l'unité, car ils sont interceptés par les deux termes 0 et 1 de la suite
inférieure. Quant aux nombres compris dans
les séries 11, 12, ...99, 101, 102 .....999, etc.,
qui composent les suites de 10 à 100, de 100
à 1000, etc., ils ne peuvent avoir de logarithmes
en nombres entiers, mais bien des entiers accompagnés de parties décimales : car ces logarithmes se trouvent interceptés par les termes
1 et 2, 2 et 3, etc. Cela posé, la partie entière du logarithme se nomme *caractéristique*,
parce qu'elle caractérise la série à laquelle appartient le nombre correspondant. Ainsi la caractéristique de la série 1, 2, 3 .....9 est zéro;
celle de la seconde série 10, 11.....99 est 1;
celle de la série 100, 101, 102 ......999 est 3 :
ainsi de suite.

Partant, pour trouver le logarithme de chacun des termes moyens des séries ci - dessus, par exemple ceux de la première série, il faut faire en sorte que ces nombres 2, 3 ..... 9 fassent partie de la progression fondamentale par quotient, et qu'ils aient des termes correspondans dans la progression par différence. Or il est clair que, si l'on insérait un très-grand nombre de moyens proportionnels entre leurs extrêmes 1 et 10 (215, 2.ᵉ problème), il arriverait de deux choses l'une : ou que quelques-uns de ces moyens seraient 2, 3, ... 9 ; ou du moins qu'il s'en trouverait deux consécutifs qui intercepteraient chacun de ces nombres 2, 3, ... 9, et qui différeraient d'autant moins entre eux, que le nombre des moyens insérés serait plus grand ; puis on insérerait le même nombre de moyens équidifférens entre 0 et 1 (209', 2.ᵉ problème), et chacun de ces moyens, calculé jusqu'à la cinquième ou septième décimale, serait le logarithme du terme correspondant de la suite par quotient. Il en serait de même pour les nombres compris entre 10 et 100, entre 100 et 1000, etc.

Il faut donc se représenter que l'on a inséré dix millions de moyens proportionnels entre 1 et 10, pareil nombre entre 10 et 100, pareil nombre entre 100 et 1000, etc.; et que l'on a inséré un pareil nombre de moyens équidifférens entre 0 et 1 , pareil nombre entre 1 et 2, pareil nombre entre 2 et 3, etc.

Ayant transporté alors dans une même colonne verticale les nombres 1, 2, 3....., etc., on a écrit dans une colonne à côté les termes de la progression par différence que l'on a trouvés correspondans à ceux-là, ou plutôt celui correspondant au plus rapproché des deux de la progression par quotient qui les interceptait. On aura ainsi une idée de la formation des logarithmes.

Par là on juge facilement de la difficulté que l'on a dû éprouver en formant les tables des logarithmes ; car, pour insérer le nombre de moyens proportionnels indiqué, il a fallu extraire une racine du 9999999 degré : ce qui serait devenu très-pénible si cette difficulté n'eût été en grande partie levée par l'extraction de quelques racines carrées successives qui n'ont pas laissé que de donner lieu à un calcul encore très-compliqué. C'est à quoi nous ne nous arrêterons pas : car tout ce que nous venons déjà de dire à ce sujet n'est que pour donner une idée de la formation des tables des logarithmes.

(*Voyez* à la fin de ce Traité la Table des Logarithmes, calculée depuis 1 jusqu'à 270.)

PROPRIÉTÉS DES LOGARITHMES.

223.   Pour mettre en évidence les propriétés des logarithmes, il faut considérer une progression par quotient dont le premier terme soit l'unité, et une progression par différence qui commence par zéro : car les logarithmes n'offrent d'utilité qu'autant que les propriétés des progressions supposent que la première commence par 1, et la seconde par zéro. Soient donc les deux progressions :

$$\div\ 1 : 3 : 9 : 27 : 81 : 243 : 729 : 2187, \text{ etc.}$$
$$\div\ 0 . 4 . 8 . 12 . 16 . 20 . 24 . 28, \text{ etc.}$$

Partant, si l'on multiplie l'un par l'autre deux des termes de la progression par quotient, et qu'en même temps on ajoute entre eux les deux termes correspondans de la progression par différence, la raison de la première de ces deux progressions sera autant de fois facteur dans le produit que la raison de la seconde progression sera contenue dans la somme. Donc *le produit et la somme seront deux termes qui se correspondront* (221); *c'est-à-dire que ce produit aura pour logarithme la somme des logarithmes de ses facteurs.*

En effet, si d'une part on multiplie les deux termes 9 et 81 de la première progression, dont le premier contient deux fois la raison comme facteur, et le second quatre fois, on aura un produit dans lequel cette raison sera six fois facteur, c'est-à-dire que l'on obtiendra le septième terme de la progression (214); et si de l'autre part on ajoute les deux termes 8 et 16 de la seconde progression correspondans aux deux termes de la première progression, dont le premier de ces termes contient deux fois la raison de la progression par différence, et dont le second de ces termes la contient quatre fois, on aura une somme qui contiendra six fois cette raison, c'est-à-dire que l'on aura le septième terme de la seconde suite (208). Donc, etc.

Cette propriété s'énonce ainsi : *la somme des logarithmes de deux nombres fait connaître le logarithme du produit de ces deux nombres.*

224. Nous venons de voir que la multiplication entre eux de deux des termes de la progression par quotient donnait toujours pour résultat un terme de la progression par différence égal à la somme de leurs termes correspondans, et en outre nous savons que la division est l'opération inverse de la multiplication. Donc, si l'on divisait l'un par l'autre

ces mêmes termes de la progression par quotient, on obtiendrait un résultat exprimant celui que l'on aurait en faisant sur leurs termes correspondans l'opération inverse de celle qui a été pratiquée sur ceux-ci dans la première hypothèse; c'est-à-dire *que la différence de deux logarithmes fait connaître le logarithme du quotient des nombres correspondans.*

De ces propriétés des logarithmes on conclut *que ce qui se fait par voie de multiplication sur les nombres, peut se faire par voie d'addition sur leurs logarithmes; et que ce qui se fait par voie de division sur ces mêmes nombres, peut se faire par voie de soustraction sur leurs logarithmes.*

USAGES DES LOGARITHMES.

225.　Il suit de ce qui précède que, 1.º *pour faire une multiplication par logarithmes, il faut ajouter le logarithme du multiplicateur au logarithme du multiplicande; la somme sera le logarithme du produit :* c'est pourquoi, cherchant cette somme dans la table des logarithmes, on trouvera toujours son produit écrit sur la même ligne horizontale.

Exemple : Multiplier 42 par 12, on a :

$$\text{Logarithme de } 42 = 1,62325$$
$$+ \text{ Logarithme de } 12 = 1,07918$$

$$\text{Logarithme du produit } 2,70243 = 504.$$

2.º *Pour faire une division par logarithmes, il faut retrancher le logarithme du diviseur du logarithme du dividende; puis chercher dans les tables à quel nombre répond le logarithme reste : ce nombre sera le quotient cherché.* En effet, la somme du logarithme du diviseur et du logarithme du quotient doit égaler le logarithme du dividende.

Exemple : Diviser 504 par 12, on a :

Logarithme de 504 = 2,70243
— Logarithme de   12 = 1,07918
____
Logarithme du quotient 1,62325 = 42.

26. Ainsi, pour carrer, cuber, etc., un nombre donné, il faut ajouter son logarithme deux fois, trois fois, etc., à lui-même : ce qui revient à le multiplier par 2, par 3, etc. En général *il faut multiplier le logarithme du nombre proposé par le nombre qui exprime le degré de la puissance à laquelle on veut l'élever : le résultat logarithmique répondra à la puissance demandée.*

Exemple : Cuber le nombre 12, on a :
Logarithme de 12 = 1,07918, dont le triple est 3,23754. Ce dernier étant cherché dans les tables, on voit qu'il répond à 1728, qui est effectivement le cube demandé.

27. RÉCIPROQUEMENT, *pour extraire les racines deuxième, troisième, etc., il faudra diviser les logarithmes de ces puissances par 2, par 3, etc. ; c'est-à-dire par le nombre qui marque le degré de la racine que l'on veut extraire : le quotient logarithmique aura pour correspondant dans les tables la racine cherchée.*

Exemple : Extraire la racine cinquième de 243, on aura :
Logarithme de 243 = 2,38561, dont le cinquième est 0,47712, qui, cherché dans les tables, répond à 3, nombre qui est bien la racine cinquième de 243.

228.　De ce qui précède et de ce qui a été dit n.° 175, on déduit facilement le moyen de trouver par logarithmes le quatrième terme d'une proportion : *il suffit d'ajouter les logarithmes des deux termes moyens ou des deux termes extrêmes ; puis de retrancher de la somme le logarithme du terme extrême ou du terme moyen connu, selon qu'il s'agira d'obtenir un extrême ou un moyen qui sera toujours exprimé par le nombre correspondant au logarithme reste.*

Exemple : Trouver le terme en x de la proportion $6 : 3 :: 8 : x$, on a :

$$\left.\begin{array}{l}\text{Log. de } 3 = 0{,}47712\\ +\text{Log. de } 8 = 0{,}90309\end{array}\right\}\,1{,}38021 - \text{L. de } 6 \text{ qui est } 0{,}77815 = 0{,}50206 =$$

Le logarithme reste 0,50206 étant cherché dans les tables, on voit qu'il répond à 4, nombre qui est effectivement le quatrième terme demandé.

229.　Les opérations que nous venons de présenter nous font voir que les calculs les plus compliqués ne sont qu'un jeu lorsqu'on les effectue par le secours des propriétés que nous avons remarquées sur la correspondance admirable des termes des deux progressions fondamentales ; car on voit que la multiplication et la division sont deux opérations qui, effectuées par logarithmes, se changent respectivement en une addition et en une soustraction : d'où il résulte que la formation des puissances et l'extraction des racines s'effectuent respectivement par une multiplication et une division très-simples.

D'après cela, il importe donc de donner ici le moyen d'obtenir les nombres et les logarithmes qui ne se trouvent point dans les tables.

DES NOMBRES DONT LES LOGARITHMES NE SE TROUVENT POINT DANS LES TABLES.

30.. Les fractions ordinaires, les quantités exprimées en décimales, ainsi que les nombres entiers accompagnés de l'une ou de l'autre de ces fractions, n'ont pas leurs logarithmes dans les tables, de même que les nombres qui ne sont pas des puissances parfaites du degré de leurs racines. Indépendamment de cela, nous aurons encore à donner le moyen d'obtenir le logarithme d'un nombre qui excédera les limites des tables : car on conçoit très-bien que, quelle que soit leur étendue, on rencontrera des nombres qui excéderont leurs limites.

31. Occupons-nous en premier lieu de trouver le logarithme d'un nombre joint à une fraction ordinaire, en prenant pour exemple le nombre $5 + \frac{3}{7}$.

Convertissant le tout en septièmes, on a à trouver le logarithme de $\frac{38}{7}$. Or l'expression $\frac{38}{7}$ n'est autre chose que l'indication de la division de 38 par 7 (49), dont le quotient exprime encore la valeur de cette expression fractionnaire. Ainsi le logarithme de ce quotient, qui s'obtient en retranchant le logarithme de 7 de celui de 38 (225), satisfera à la question. Donc le logarithme 0,73468 est celui demandé.

On conclut de là *que le logarithme d'une fraction s'obtiendra toujours en retranchant le logarithme du dénominateur de celui du numérateur;* mais, comme cette soustraction est impossible en ce que le dénominateur d'une fraction proprement dite excède le numérateur, *on retranchera au contraire le logarithme du numérateur de celui du dénominateur ; et pour se rappeler que l'on a opéré de cette manière, on affectera le reste du signe moins* (—). Partant, le logarithme de $\frac{7}{38}$ = — 0,73468.

En effet, — 0,73468 n'est pas le reste de la soustraction qui devait s'effectuer, mais bien ce dont le logarithme du numérateur s'est trouvé trop faible pour que l'on ait pu effectuer cette soustraction. Ainsi, toutes les fois que l'on aura à retrancher un nombre d'un plus petit, *il faudra, après avoir retranché le plus petit du plus grand, affecter le reste du signe* —.

Exemple : 3—7=7—3=—4.

Les quantités qui sont ainsi affectées du signe moins (—) s'appellent *négatives*, et celles affectées du signe plus (+) se nomment *positives*. C'est en algèbre que l'on définit avec succès ces quantités.

Ainsi les logarithmes des fractions proprement dites sont négatifs.

232. Si l'on voulait que la caractéristique du logarithme d'une fraction fût seule négative, *on ajouterait assez d'unités au logarithme du numérateur pour que l'on pût en soustraire celui du dénominateur ; cela étant fait, et la soustraction effectuée, on affectera la partie décimale du reste d'une caractéristique négative égale à la différence entre les unités du reste et les unités qui ont été ajoutées pour rendre la soustraction possible : on aura ainsi le logarithme demandé.*

En effet, après avoir ajouté un certain nombre d'u-

nités à la caractéristique du logarithme du numérateur,
on a multiplié la fraction par autant de fois le facteur 10
que l'on a ajouté d'unités au logarithme de son numérateur (52 et 221. 2.º). Donc le logarithme reste, qui est
celui de la fraction, est autant de fois trop grand. Ainsi,
pour rappeler ce logarithme à sa valeur, il faut retrancher de sa caractéristique le même nombre d'unités qui a été
ajouté à celle du logarithme du numérateur de la fraction
proposée. Mais, pour parvenir à effectuer cette soustraction
comme il a été dit n.º 231, on retranchera au contraire la
caractéristique du reste du nombre d'unités ajoutées, et on
affectera le reste du signe — : ce qui donne bien un
reste négatif égal à la différence qui existe entre les unités
restantes et les unités ajoutées. L'exemple suivant suffira
pour rendre ceci très sensible : soit la fraction $\frac{31}{2154}$.

« J'ajoute d'abord assez d'unités au logarithme du numérateur 31, qui est 1,49136, pour que l'on puisse en
soustraire le logarithme du dénominateur 2154, qui est
3,33325.

Dans ce cas-ci, j'augmente donc de 7 unités le logarithme de 31, et j'ai 8,49136. Retranchant de ce dernier
logarithme celui du dénominateur, on aura 8,49136 —
3,33325=5,15811. La partie décimale 0,15811 de ce reste,
étant affectée d'une caractéristique 2, égale à la différence 2
qui existe entre les 5 unités du reste, et les 7 unités ajoutées
pour rendre la soustraction possible, donne le logarithme
2,15811, qui est celui cherché. La caractéristique de ce logarithme étant seule négative, on met au-dessus de cette
caractéristique le signe moins : ce qui donne $\overline{2}$,15811.

Ceci deviendra encore plus évident si l'on remarque que
le logarithme d'une fraction est égal au logarithme du
numérateur moins celui du dénominateur, et que si, pour
rendre la soustraction possible, on ajoute plusieurs unités
au logarithme du numérateur, le reste est alors trop grand
de toutes les unités ajoutées. On doit donc diminuer de
ces unités ajoutées la caractéristique du reste. Ainsi quand,
pour obtenir le logarithme de $\frac{31}{2154}$, on retranche le logarithme de 2154 du logarithme 31 augmenté de 7 unités,
le reste 5,15811 se trouve trop grand des 7 unités ajoutées,
on doit donc ôter 7 unités de ce reste. Effectuant cette soustraction sur la caractéristique, pour que la partie décimale
0,15811 demeure positive, on ôtera 7 de 5 : ce qui donnera

le reste — 2. Le logarithme demandé est donc bien $\overline{2},15811$.

Opérant de cette manière sur les deux fractions $\frac{17}{35748}$ et $\frac{1}{2134}$, on trouvera que leurs logarithmes sont respectivement — 3,32280, ou $\overline{4},67720$ et — 3,32919, ou $\overline{4},67081$.

233.　　SCOLIE. Les logarithmes des fractions proprement dites doivent donc être employés selon une règle tout opposée à celle que nous avons assignée pour les logarithmes des nombres entiers ; c'est-à-dire que, *si l'on multiplie par une fraction, au lieu d'ajouter le logarithme de cette fraction multiplicateur au logarithme du multiplicande, il faut l'en retrancher.*

En effet, multiplier par une fraction, c'est multiplier par le numérateur, et ensuite diviser par le dénominateur (59, 3.ᵉ cas). Si donc on opère par logarithme, il faut ajouter le logarithme du numérateur, puis retrancher de la somme le logarithme du dénominateur (225); ou, ce qui revient au même, retrancher seulement l'excès du logarithme du dénominateur sur celui du numérateur. Or cet excès est précisément le logarithme négatif de la fraction multiplicateur. Donc, etc.

A l'égard de la division par une fraction, nous dirons qu'*au lieu de retrancher le logarithme de la fraction diviseur du logarithme du dividende, il faudra le lui ajouter.*

En effet, diviser par une fraction, c'est multiplier par le dénominateur de cette fraction diviseur, puis diviser ensuite par son numérateur (63, 3.ᵉ cas). En sorte que diviser par $\frac{3}{4}$, c'est la même chose que de multiplier par $\frac{4}{3}$. Donc, si l'on opère par logarithme, il faut ajouter le logarithme de l'expression fractionnaire $\frac{4}{3}$, c'est-à-dire qu'il faut ajouter la différence du logarithme de 4 au logarithme de 3 ; ou, en d'autres termes, ajouter la différence qui existe entre le logarithme du dénominateur de la fraction proposée pour diviseur, et le logarithme de son numérateur.

Cette différence logarithmique est précisément le logarithme négatif de la fraction diviseur. Donc, etc.

34.   Arrivons au moyen de trouver le logarithme d'un nombre qui excède les limites des tables. Pour cela il faut se rappeler cette seconde conséquence du n.º 221 : que si l'on ajoute une, deux, etc., unités à la caractéristique du logarithme d'un nombre, on multiplie ce nombre par 10, par 100, etc. ; et que si au contraire on retranche une, deux, etc., unités de la caractéristique d'un logarithme, on divise le nombre correspondant par 10, par 100, etc.

Cela posé, qu'il soit question de trouver le logarithme de 487928. Pour cela, on séparera par une virgule sur la droite du nombre proposé autant de chiffres qu'il sera nécessaire pour que la partie restante à gauche puisse se trouver dans les tables. Ici je détache deux chiffres, et j'ai 4879,28, nombre qui est 100 fois plus petit que le nombre proposé. Ainsi le logarithme de 4879,28, rendu 100 fois plus grand, sera le logarithme demandé. Or, pour obtenir le logarithme de 4879,28, je cherche dans les tables le logarithme de la partie entière 4879 que je trouve être 3,68842. Pour avoir le logarithme de la partie décimale 0,28, je prends la différence 9 qui existe entre les logarithmes des nombres 4879 et 4880 ; après quoi je fais cette règle de trois : si pour une unité de différence entre les nombres 4879 et 4880 on a 0,00009 de différence entre leur logarithme ; combien pour 0,28 de différence entre les deux nombres 4879,28 et 4879 aura-t-on de différence entre leur logarithme ? c'est-à-dire que l'on établira la proportion $1 : 9 :: 0,28 : x$, de laquelle on tire $x = 2,52$, ou simplement 2 en négligeant les deux décimales. J'ajoute donc 2 au logarithme 3,68842, en observant que ces deux unités à ajouter ne peuvent être que de l'ordre de la dernière décimale ; car la différence 9 relative à la différence 1 était de cet ordre : ce qui me donne 3,68844 pour le logarithme de 4879,28. En sorte que pour avoir le logarithme de 487928 il ne me reste plus qu'à ajouter deux unités à la caractéristique du

dernier logarithme, et il viendra 5,68844 pour le loga‑
rithme cherché.

Cet exemple seul suffit pour se mettre au fait de la recherche des logarithmes de ces sortes de nombres.

235. Remarquons, au sujet de la règle précédente, que la règle de trois qui s'y trouve est visiblement fausse, parce qu'elle suppose que les nombres croissent proportionnellement à leurs logarithmes.

Pour se convaincre du contraire de ce que cette règle de trois suppose, il suffit de se remettre sous les yeux les deux progressions fondamentales :

$$\div\ 1 : 10 : 100 : 1000 : 10000 : 100000 : 1000000 : \text{etc.}$$
$$\div 0 . 1 . 2 . 3 . 4 . 5 . 6 . \text{etc.}$$

et on verra que, puisque les nombres 1, 10, 100, etc., ont respectivement pour logarithmes 0, 1, 2, etc., les nombres de 1 à 10, de 10 à 100, de 100 à 1000, etc., se partagent inégalement une unité entre eux ; car on remarque que la différence entre les logarithmes de deux termes consécutifs de la progression par quotient, est toujours 1, tandis que celle qui existe entre ces deux mêmes termes, est d'abord 9, ensuite 90, puis 900, 9000, etc. : ce qui fait voir que l'unité qui est ici la différence entre deux logarithmes consécutifs, sera répartie d'abord entre 9, ensuite entre 90, puis entre 900, etc. Donc, etc.

D'où il suit que plus les nombres sont grands, moins leurs logarithmes diffèrent. Ainsi on ne peut donc supposer les différences entre les nombres comme étant proportionnelles aux différences entre leurs logarithmes, que dans les nombres fort grands. Donc, *pour avoir le logarithme d'un nombre qui excède les limites des tables, on aura soin de séparer sur sa droite le plus petit nombre possible de chiffres pour que la partie restante à gauche se trouve dans les tables ; et alors l'opération précédente sera plus que suffisante pour les calculs ordinaires.*

36. *Pour avoir le logarithme d'un nombre accompagné de décimales, on cherche ce logarithme comme si le nombre proposé n'avait point de virgule ; et après l'avoir trouvé, soit immédiatement dans les tables, soit par la méthode que l'on vient de donner, on ôtera autant d'unités à sa caractéristique qu'il y avait de décimales dans le nombre proposé.*

Exemple : Trouver le logarithme de 32,25. Je cherche le logarithme de 3225 qui est 3,50853. Ce logarithme qui appartient à 3225, nombre 100 fois plus grand que le nombre proposé, est lui-même 100 fois trop grand. Or, si l'on retranche 2 unités de la caractéristique de ce logarithme, on aura 1,50853 pour le logarithme de 32,25.

Si l'on demandait le logarithme de 34254,25, après avoir supprimé la virgule décimale, on viendrait à trouver le logarithme de 3425425, d'après le procédé du numéro précédent. Or, détachant trois chiffres sur la droite de ce nombre, on a 3425,425 dont le logarithme est 3,53471. Ce logarithme est 1000 fois plus petit que celui du nombre 3425425 ; mais comme ce dernier nombre est 100 fois plus grand que le nombre proposé 34254,25, il en résulte que le logarithme trouvé n'est que 10 fois trop petit ; il est donc 4,53471.

37. *Pour avoir le logarithme d'un nombre décimal plus petit que l'unité, on cherche encore ce nombre dans les tables, comme s'il n'avait pas de virgule décimale ; et ayant pris le logarithme correspondant, on le retranchera d'autant d'unités qu'il y avait de décimales dans le nombre proposé, et on fera précéder le reste du signe moins (—).*

Cette règle est fondée sur ce qui a été dit n.º 234.

En effet, le logarithme ainsi obtenu aura été multiplié

par autant de fois le facteur 10 qu'il y avait de décimales dans le nombre proposé, et alors, pour le rappeler à sa juste valeur, il faudra en retrancher autant d'unités qu'il y avait de décimales dans le nombre proposé ; mais, comme la soustraction se trouve impossible, on retranchera au contraire le logarithme obtenu de ce nombre d'unités égal au nombre des chiffres décimaux contenus dans la fraction décimale proposée (231). Donc, etc.

Exemple : Trouver le logarithme de 0,05.

Je cherche le logarithme de 5 que je trouve être 0,69897 ; mais, comme ce logarithme appartient à un nombre 100 fois plus grand que le nombre proposé, il en résulte que ce logarithme est lui-même 100 fois plus grand que celui de ce nombre donné. Donc, pour le rappeler à sa valeur, il faut en retrancher 2 unités. Cela ne pouvant se faire, je retranche au contraire le logarithme 0,69897 de 2 unités, et le reste 1,30103 sera affecté du signe moins : ce qui donne —1,30103 pour le logarithme cherché.

DES LOGARITHMES DONT LES NOMBRES NE SE TROUVENT POINT DANS LES TABLES.

238.   Cette recherche, qui se compose de l'inverse de la précédente, n'est pas moins utile que cette dernière ; car il existe une infinité de cas dans lesquels elle peut être employée : tel est le cas de la division où le quotient n'est pas un nombre entier ; et alors le logarithme de ce résultat ne se trouve pas exactement dans les tables.

239.   Commençons par trouver le nombre correspondant à un logarithme donné ; ce qui présente les deux cas suivans :

1.º Si le logarithme donné excède les limites des tables, on ôtera assez d'unités à sa caractéristique pour que l'on puisse trouver les premiers chiffres à gauche de ce logarithme ; si tous les chiffres se trouvent alors dans les tables, le nombre cherché sera le nombre même écrit vis-à-vis, pourvu que l'on mette à sa suite autant de zéros que l'on aura ôté d'unités à la caractéristique.

Exemple : Soit le logarithme 7,60336 qui se trouve, après avoir ôté 4 unités à sa caractéristique, répondre au nombre 4012 : d'où l'on conclut que le logarithme proposé répond à 40120000.

2.º *Si l'on ne trouve dans les tables que les premiers chiffres du logarithme, on se conduira comme dans l'exemple suivant :*

Pour trouver à quel nombre répond le logarithme 5,24327, j'ôte deux unités à la caractéristique ; le logarithme 3,24327 que j'ai alors, tombe entre 1750 et 1751 : le nombre auquel ce logarithme appartient est donc 1750 et une fraction. Afin d'avoir cette fraction, je retranche du logarithme proposé, diminué des deux unités, le logarithme de 1750 qui est le plus petit des deux nombres interceptans : ce qui me donne une différence 0,00023. Je prends en même temps la différence 0,00025 qui existe entre les logarithmes des nombres interceptans 1750 et 1751 ; puis je fais cette règle de trois : si une différence 0,00025 entre les logarithmes de 1751 et 1750 répond à une unité de différence entre ces nombres, à quelle différence de nombre doit répondre la différence logarithmique 0,00023, ou, plus simplement $25 : 23 :: 1 : x = \frac{23}{25}$. Ainsi le logarithme 3,24327 appartient au nombre $1750 + \frac{23}{25}$. Le logarithme proposé 5,24327 qui appartient à un nombre 100 fois plus grand, a par conséquent pour correspondant le nombre $175000 + \frac{2300}{25}$, ou 175092 après avoir extrait les entiers contenus dans la fraction $\frac{2300}{25}$.

Remarquons, comme précédemment, que la proportion que nous venons de faire n'est exacte qu'autant que les nombres sont grands, par exemple au-dessus de 1500 : c'est-à-dire que, quand la caractéristique sera 3, les erreurs n'influeront en rien sur les calculs ordinaires.

Quant aux logarithmes qui auront une caractéristique inférieure à 3, le numéro suivant va donner le moyen de trouver leurs nombres correspondans sans le secours de cette règle de trois.

240. Il est un cas pour lequel on peut se dispenser de suivre le procédé que nous venons d'indiquer, surtout lorsque l'on ne veut se borner à trouver le nombre correspondant au logarithme proposé qu'à moins d'un dixième, d'un centième ou d'un millième près. Ce cas est celui où la caractéristique du logarithme proposé est inférieure d'une, de deux ou de trois unités à la plus grande qui soit contenue dans les tables.

Exemple : Quel est le nombre auquel répond le logarithme 0,54327 ?

Dans ce cas-ci, je cherche le logarithme proposé avec trois unités de plus à la caractéristique ; c'est - à - dire que je cherche 3,54327 , logarithme 1000 fois plus grand que celui proposé , et par conséquent le nombre correspondant, qui est intercepté par les deux nombres 3493 et 3494, est 1000 fois trop grand. D'où je conclus que le nombre cherché est 3,493 à moins d'un millième près.

Si l'on n'avait ajouté que deux ou qu'une seule unité à la caractéristique du logarithme proposé, on n'eût obtenu le nombre correspondant qu'à moins d'un centième ou d'un dixième près.

Si ces approximations ne suffisaient pas, on suivrait le procédé du n.º 239.

241. Nous avons vu n.ᵒˢ 231 et 237 que les loga-

rithmes des fractions ordinaires et des quantités décimales plus petites que l'unité, étaient
négatifs.

Si donc on voulait savoir à quelle fraction
ordinaire répond un logarithme négatif, *il
faudrait d'abord chercher la fraction décimale
correspondante, puis transformer celle-ci en
fraction ordinaire.*

Exemple : Soit à déterminer la fraction ordinaire correspondante au logarithme négatif —1,53273. A cet effet
on retranchera ce logarithme de une, ou de deux, ou de
trois, etc., unités, et, après avoir trouvé le nombre qui
répond au logarithme restant, on en séparera sur la droite,
par une virgule, autant de chiffres qu'il y aura eu d'unités
dans le nombre dont on aura retranché le logarithme proposé. Ainsi, pour en revenir à notre exemple, je retranche
le logarithme proposé —1,53273 de 4 unités; le reste
2,46727 tombe entre les logarithmes des nombres 293 et
294 : j'en conclus que la fraction décimale correspondante
est entre 0,0293 et 0,0294, c'est-à-dire qu'elle est 0,0293 à
moins d'un dix-millième près, et qu'alors la fraction ordinaire
correspondante est $\frac{293}{10000}$. En effet, retrancher de 4 un
logarithme négatif, c'est multiplier le nombre 10000 correspondant au logarithme 4 par la fraction correspondante
à ce logarithme négatif (233), ou bien c'est multiplier
cette fraction par 10000 (31). Donc le nombre que l'on
obtient est 10000 fois trop grand. Donc, etc.

DU COMPLÉMENT ARITHMÉTIQUE,
OU DIFFÉRENCE D'UN NOMBRE A SON UNITÉ
DÉCUPLE.

42. On nomme complément ce qu'il faudrait ajouter à un nombre pour avoir l'unité suivie d'autant de zéros qu'il y a de chiffres dans ledit
nombre; en sorte que *l'on entendra par complément arithmétique la différence qui existe*

*entre un nombre et l'unité suivie d'autant de
zéros qu'il y a de chiffres dans ce nombre,
ou la différence en moins d'un nombre à son
unité décuple.*

Ainsi le complément arithmétique de 3424 sera 10000
—3424=6576; celui de 53299 est 100000—53299=46701.

USAGE DU COMPLÉMENT ARITHMÉTIQUE.

243. De la manière d'obtenir le complément
arithmétique d'un nombre, on conclut aisément que si l'on avait à retrancher un nombre
d'un autre, *on y parviendrait en ajoutant à ce
dernier le complément arithmétique du premier,
pourvu toutefois que l'on retranchât de la
somme une unité immédiatement supérieure à
la plus élevée qui soit contenue dans le nombre
dont on a pris le complément arithmétique.*

En effet, un nombre quelconque et son complément arithmétique ne sont autre chose que les deux parties composant la somme exprimée par l'unité de l'ordre immédiatement supérieur au plus élevé dudit nombre (242). Mais,
par hypothèse, la premère de ces deux parties doit être
retranchée, et au lieu d'effectuer cette soustraction, on
ajoute encore l'autre partie : donc le résultat se trouve
trop grand de la somme de ces deux parties. Donc, etc.
L'exemple suivant fera ressortir l'évidence de cette allé-
gorie.
Soit à retrancher 3422 de 52325. A cet effet, j'ajoute au
nombre 52325 le complément arithmétique de 3422, qui
est 10000—3422=6578, ce qui me donne 58903 : résultat
trop grand de 10000, puisque du nombre proposé 52325
je devais en retrancher 3422, première partie de la somme
10000; tandis que je lui ai ajouté l'autre partie 6578 de cette
même somme 10000. Donc le résultat 58903 est réellement trop grand de toute la somme 10000. Or, retranchant
de 58903 une unité de dixaine de mille, qui est l'unité

de l'ordre immédiatement supérieur au plus élevé qui soit contenu dans le nombre 3422, il vient 48903 pour la différence des deux nombres proposés.

44. Il résulte de là que si l'on avait à ajouter entre eux deux nombres, et qu'il fallût ôter de leur somme la somme de deux autres nombres, ce qui exigerait deux additions et une soustraction, l'opération se ramènerait *à ajouter aux deux premiers nombres les complémens arithmétiques des deux seconds, et à retrancher de la somme autant d'unités qu'on y aurait fait entrer de complémens; observant que ces unités à retrancher doivent être respectivement de l'ordre immédiatement supérieur à celui des plus hautes unités qui seront contenues dans chacun des nombres appartenant à ces complémens : ce dernier résultat sera la différence des deux sommes proposées.*

Exemple : Ajouter entre eux les deux nombres 638425 et 152331, et de leur somme retrancher les deux autres nombres 16402 et 1294.

On procédera à cette opération ainsi qu'il suit :

$$\text{Nombres à ajouter :} \left\{ \begin{array}{l} 638425 \\ 152331 \end{array} \right.$$

$$\text{Nombres à retrancher :} \left\{ \begin{array}{l} \text{comp.}^{\text{t}}\,\text{arith.}^{\text{e}}\,\text{de } 16402 = 83598 \\ \text{comp.}^{\text{t}}\,\text{arith.}^{\text{e}}\,\text{de } 1294 = 8706 \end{array} \right.$$

$$883060$$

La somme 883060 que j'obtiens est alors trop grande, 1.° d'une unité de centaine de mille par rapport au complément arithmétique du premier des deux nombres à retrancher; 2.° d'une unité de dixaine de mille par rapport au complément arithmétique du second de ces mêmes nombres à retrancher.

Or, retranchant de cette somme ces deux unités, on a 773060 pour la différence des nombres proposés.

Afin d'éviter les erreurs auxquelles la sous-

traction de ces unités de différens ordres pourrait entraîner, on fera en sorte que les complémens arithmétiques soient homogènes ; c'est-à-
dire qu'il faudra les obtenir en retranchant les
nombres à soustraire de l'unité suivie du même
nombre de zéros, et ajouter alors à la règle précédente ce qui suit : *Il faudra retrancher de
la somme totale autant d'unités d'un ordre
immédiatement supérieur à celui des plus
hautes unités qui soient contenues dans le
plus grand des nombres dont on a ajouté le
complément arithmétique, qu'il y a eu de complémens d'ajoutés.*

C'est ainsi qu'en reprenant le même exemple on aurait :
638425 + 52331 + (100000 — 16402) + (100000 — 1294),
ou 638425 + 52331 + 83598 + 98706 = 973060. Retranchant donc de cette dernière somme deux unités de l'ordre
des centaines de mille, on aura 773060, résultat précédemment obtenu.

Cette propriété du complément arithmétique
offre de grands avantages, principalement dans
les calculs logarithmiques ; c'est pourquoi nous
allons l'appliquer aux exemples suivans :

APPLICATION DU COMPLÉMENT ARITHMÉ-
TIQUE AUX LOGARITHMES.

245. De ce qui a été dit sur le complément arithmétique, on déduit facilement son application aux
logarithmes.

Exemple : Trouver par logarithme le quotient qui doit
résulter de la division de 3760 par 79.

Pour effectuer cette opération comme l'exige l'énoncé de
la question, il faut retrancher le logarithme de 79 du logarithme de 3760 (225) : ce qui revient à ajouter le com-

plément arithmétique du logarithme de 79 au logarithme de 3760, et à retrancher de la caractéristique du logarithme somme une unité de son ordre le plus élevé (243). Ainsi la question ci-dessus résolue par le secours du complément arithmétique nous fournit :

Logarithme de 3760=3,57519
+Comp.ᵗ arith.ᵉ du logar. de 79=8,10237

Logarithme du quotient.   ꞓ1,67756=47,59.

46. De ce qui a été dit n.º 59, troisième cas, on conclut que le produit d'une fraction par une fraction se compose du quotient résultant de la division du produit des deux numérateurs par le produit des deux dénominateurs.

Si donc on veut obtenir par les logarithmes le produit de $\frac{322}{547}$ par $\frac{35}{98}$, il faudra de la somme des logarithmes des deux numérateurs 322 et 35 (225) retrancher la somme des logarithmes des deux dénominateurs 547 et 98 (225. 2.º), ou, bien, en employant le complément arithmétique, il faudra ajouter à la somme des logarithmes des numérateurs le complément arithmétique des logarithmes des deux dénominateurs, et retrancher du logarithme somme deux unités de l'ordre le plus élevé de sa caractéristique : le reste sera le logarithme produit des deux fractions (244). Ainsi on a pour l'exemple ci-dessus :

Logarithme de 322 = 2,50786
Logarithme de   35 = 1,54407
Complément arithmétiq. du logarithme de 547 = 7,26201
Complément arithmétiq. du logarithme de   98 = 8,00877

19,32271

Le logarithme somme 19,32271 se trouve trop grand de 20 unités par rapport aux deux complémens qui y sont entrés (244). Or, ne pouvant retrancher 20 unités de ce logarithme somme, on le retranchera au contraire de 20 unités (231), et on aura —0,67729 : logarithme qui répond à 0,2102 à moins d'un dix-millième près (241).

47. On peut employer le complément arithmé-

tique dans la recherche du logarithme d'une fraction : à cet effet *il faudra ajouter le complément arithmétique du logarithme du dénominateur au logarithme du numérateur* (231), *et se rappeler que la caractéristique du logarithme somme sera trop grande de dix unités.*

Par cette manière d'obtenir le logarithme d'une fraction on évitera la distinction des logarithmes négatifs d'avec les logarithmes positifs : ce qui fera que les premiers s'emploieront dans les calculs comme ceux des nombres entiers, pourvu que l'on ait soin de retrancher des résultats qu'on aura obtenus en employant de tels logarithmes, les dix unités de trop à la caractéristique, autant de fois que l'on remarquera qu'elles y seront entrées.

248. La règle ci-dessus s'appliquera aux fractions décimales ; c'est-à-dire que si l'on proposait de déterminer le logarithme de 0,345, qui n'est autre chose que $\frac{345}{1000}$, *on ajouterait au logarithme de la fraction proposée le complément arithmétique du logarithme de l'unité suivie d'autant de zéros qu'il y a de chiffres décimaux dans cette fraction décimale proposée* (75).

249. Malgré que de ce qui précède on puisse déduire facilement le moyen de résoudre une règle de trois logarithmique par le secours du complément arithmétique, nous croyons devoir en donner ici un exemple.

Soit 3 : 12 :: 8 : x, on a :

$$\begin{aligned}
\text{Logarithme de } 12 &= 1,07918 \\
\text{Logarithme de } 8 &= 0,90309 \\
\text{Complément arith. du logarithme de } 3 &= 9,52288 \\
\hline
\text{Logarithme du quatrième terme} &\ldots\ldots 11,50515
\end{aligned}$$

THÉORIE DES DIFFÉRENS SYSTÈMES DE NUMÉRATION.

50.   On a vu (6) dans la troisième partie de notre système de numération qu'un chiffre placé à la gauche d'un autre exprimait des unités dix fois plus grandes que celles exprimées par ce dernier; c'est-à-dire que ces premières unités étaient décuples des secondes. On pourrait tout aussi bien convenir que tout chiffre qui sera à la gauche d'un autre exprimera des unités doubles, triples, quadruples, etc. : ce qui donnerait alors lieu à des systèmes de numération *binaire, ternaire, quaternaire,* etc., qui ont respectivement pour base 2, 3, 4, etc.

Cela posé, quel que soit le système que l'on adopte, les nombres y seront écrits d'après des conventions analogues à celles adoptées dans le système décimal; c'est-à-dire que, toutes les fois que l'on aura un nombre d'unités égal à la base du système adopté, on aura une unité de l'ordre immédiatement supérieur (nommée dixaine dans le système décimal). De même un nombre de celles-ci, égal à la base, en donnera une encore d'un ordre immédiatement supérieur (nommée centaine dans le système décimal). Ainsi de suite. *En sorte que, si l'on veut avoir, dans le système donné, l'expression de chaque nombre successivement plus grand d'une unité, on ajoutera successivement 1 au premier chiffre à droite; et lorsque cette addition donnera un nombre égal à la base du système, ou plus grand que ce système, on ajoutera une unité de plus au chiffre immédiatement à gauche; puis on écrira à droite le nombre d'unités excé-dantes*. D'après cela on voit qu'un seul caractère significatif suffit pour le système binaire; qu'il en faut deux pour le ternaire; trois pour le quaternaire : en général, autant qu'il y a d'unités moins une dans la base du système, parce que ce moins un est toujours remplacé par un caractère auxiliaire pour marquer qu'il n'y a pas d'unités de l'ordre où il se trouve placé. On pourrait choisir pour le système binaire les caractères 0 et 1; pour le ternaire ceux 0, 1 et 2; pour le quaternaire ceux 0, 1, 2 et 3, etc.

Cela posé, veut-on écrire *quatre* dans le système quaternaire, on aura 10; le nombre *cinq* écrit dans ce système vaut par conséquent 11, c'est-à-dire la base plus 1; l'expression 12 dans ce système vaut *six*, c'est-à-dire la base plus 2; celle 13 vaut donc 7, ou la base plus 3. De même l'expression 20 = 8, ou deux fois la base.

Dans le système binaire, l'expression 10 vaut *deux* ou la base; celle 11 vaut *trois* ou la base plus 1.

Dans le système *duodécimal*, l'expression 10 vaut *douze*, celle 13 vaut *quinze* : 22 égale donc *vingt-six* ou deux fois la base plus 2, etc.

Ce que nous venons de dire suffit pour nous mettre à même d'écrire un nombre dans l'un quelconque des différens systèmes de numération. Quant à la réciproque, qui consiste à énoncer dans le discours les nombres écrits dans ces différens systèmes de numération, on ne peut la déduire de ce qui précède, parce que nous n'avons pas de noms français pour désigner les divers ordres d'unités de ces différens systèmes. Pour parvenir à énoncer ces nombres, on est donc obligé de les transformer ou de les traduire dans le système décimal, qui contient des mots français, pour désigner l'unité de chaque ordre continuellement décuple (5). En conséquence, nous sommes conduits à donner ici le moyen de transformer dans le système décimal un nombre écrit dans un système quelconque.

DE LA TRANSFORMATION DANS LE SYSTÈME DÉCIMAL D'UN NOMBRE ÉCRIT DANS UN SYSTÈME QUELCONQUE.

51. *Premier exemple* : Enoncer dans le discours le nombre 23121 écrit dans le système *quaternaire*.

A cet effet, je vais commencer par le traduire dans le système décimal, observant que je désignerai, pour rendre la transformation plus sensible, les unités du deuxième, du troisième, etc., ordre du nombre proposé, respectivement par les noms de dixaine, de centaine, etc.

Partant, 1.° le premier chiffre 1 de droite vaut 1 dans le système décimal ; 2.° le second chiffre 2, qui vaut deux dixaines, exprime deux fois la base du système, ou deux fois 4 ou 8 ; 3.° le troisième chiffre 1, qui vaut une centaine ou une fois le carré de 10, marque par conséquent que l'on a pris une fois le carré de la base, c'est-à-dire une fois le produit de 4 par 4, ou $4 \times 4 \times 1 = 16$; 4.° le chiffre 3, qui vaut trois mille ou trois fois le cube de 10, désigne pour lors que l'on a pris trois fois le cube de la base, ou $4 \times 4 \times 4 \times 3 = 192$; 5.° enfin le chiffre 2, qui est au rang des dixaines de mille, est donc formé de deux fois la quatrième puissance de 10 : il marque par conséquent que l'on a pris deux fois la quatrième puissance de la base, ou $4 \times 4 \times 4 \times 4 \times 2 = 512$.

Ajoutant au premier chiffre de droite du nombre proposé tous les produits ci-dessus, comme on le voit ci-après, on aura 729 pour l'expression dans le système décimal du nombre 23121 écrit dans le système quaternaire.

$$\left.\begin{array}{rcl}
1 & = & 1 \\
4 \times 2 & = & 8 \\
(4)^2 \times 1 & = & 16 \\
(4)^3 \times 3 & = & 192 \\
(4)^4 \times 2 & = & 512
\end{array}\right\} 729.$$

Ce que l'on vient de dire étant applicable aux autres systèmes, nous en déduirons ce principe *que, dans l'expression d'un nombre écrit dans quelque système que ce soit, chaque chiffre marque combien de fois il faut prendre de la base du système dans lequel le nombre proposé est exprimé, une puissance d'un degré marqué par le rang qu'occupe le chiffre à la gauche des unités simples.*

Deuxième exemple : Transformer dans le système décimal le nombre 43525 écrit dans le système *sexternaire.*

$$\left.\begin{array}{rcl} 5 & = & 5 \\ 6 \times 2 & = & 12 \\ (6)^2 \times 5 & = & 180 \\ (6)^3 \times 3 & = & 648 \\ (6)^4 \times 4 & = & 5184 \end{array}\right\} 6029.$$

Donc le nombre 43525 écrit dans le système sexternaire répond à 6029 écrit dans le système décimal.

Troisième exemple : Transformer dans le système décimal le nombre 7185 écrit dans le système novennaire, on a :

$$\left.\begin{array}{rcl} 5 & = & 5 \\ 9 \times 8 & = & 72 \\ (9)^2 \times 1 & = & 81 \\ (9)^3 \times 7 & = & 5103 \end{array}\right\} 5261.$$

DE LA TRANSFORMATION DANS UN SYSTÈME QUELCONQUE D'UN NOMBRE ÉCRIT DANS LE SYSTÈME DÉCIMAL.

252. Cette transformation, qui est l'inverse de la précédente, se déduit facilement de cette dernière; car on remarque dans celle-ci que le nombre décimal égal, à celui écrit dans l'un

quelconque de ces systèmes, renferme successivement chaque puissance de ce système quelconque autant de fois qu'il y a d'unités dans
chacun des chiffres du rang respectivement
correspondant à chacune de ces puissances
jusqu'à la plus haute, qui est marquée par le
rang qu'occupe le dernier chiffre de gauche
dudit nombre, et renferme en outre le premier
chiffre de droite de ce nombre.

D'où l'on conclut généralement que, *pour
transformer dans un système quelconque un
nombre écrit dans le système décimal, il faut
chercher d'abord quelle est la plus haute
puissance de la base nouvelle que le nombre
proposé peut contenir, et ensuite chercher
le nombre de fois que cette plus haute puissance y est contenue : le quotient sera le premier chiffre de gauche de l'expression demandée. On cherchera ensuite combien de
fois le reste du nombre proposé renferme la
puissance de la base immédiatement inférieure, et on mettra le quotient à la droite
du premier chiffre déjà obtenu. S'il y a un
second reste, on le divisera encore par la
puissance de la base immédiatement inférieure, observant de mettre zéro au quotient
toutes les fois que le reste ne pourra pas se
diviser par la puissance qui lui correspond;
puis de continuer à diviser ce reste par la
puissance de la base d'un degré encore inférieur, et de mettre le quotient toujours à
la droite de celui précédemment obtenu. On
continuera ainsi l'opération jusqu'à ce que
l'on ait employé pour diviseur la première
puissance de la base, c'est-à-dire la base
elle-même. Après avoir placé ce dernier quo-*

tient, on écrira encore à sa droite le reste de la division, ou zéro s'il n'y a pas de reste : car il est évident que ce reste exprimera toujours le premier chiffre de droite du nouveau système qui est entré dans le nombre proposé sans avoir été multiplié par aucun facteur.

Nous allons faire l'application de cette règle sur quelques exemples.

Premier exemple : Transformer dans le système quaternaire le nombre 4697 écrit dans le système décimal.

Je formerai donc, comme on le voit ci-après, un tableau des diverses puissances de la nouvelle base 4 jusqu'à la plus haute que puisse contenir le nombre proposé 4697.

4697	4096	1024	256	64	16	4
601	1021121					
89						
25						
9						
1						

Cela étant fait, on divisera 4697 par cette plus haute puissance 4096 ; ce qui donnera 1 pour quotient, et 601 de reste. Divisant ce reste 601 par la puissance 1024 immédiatement inférieure à la première, on aura zéro pour quotient, et 601 pour reste. Ce reste étant divisé par la puissance 256 donnera 2 pour quotient, et 89 de reste. Je continue de diviser le reste 89 par la puissance 64 immédiatement inférieure à la précédente, et j'ai 1 pour quotient, et 25 de reste. Lequel reste étant divisé par la puissance 16 donnera 1 pour quotient, et 9 pour reste. Enfin, divisant ce dernier reste par la première puissance 4 de la nouvelle base, on aura 2 pour quotient, et 1 pour reste ; lequel reste s'écrira à la droite du dernier chiffre mis au quotient : ce qui donnera le nombre 1021121 pour l'expression demandée.

Deuxième exemple : Transformer dans le système sexternaire le nombre 948 écrit dans le système décimal.

Formant comme ci - dessus un tableau des différentes puissances de la base 6 du système donné jusqu'à la plus haute contenue dans le nombre proposé 949, il viendra à diviser d'abord 948 par 216, ce qui donnera 4 pour quotient, et 84 de reste. Divisant ce reste 84 par la puissance 36 d'un degré inférieur à la précédente, on aura 2 pour quotient et 12 de reste. Ce dernier reste étant divisé par la première puissance de la base, donnera 2 pour quotient exact. Écrivant ce dernier reste, qui est zéro, à la droite du dernier chiffre mis au quotient, on aura 4220 pour l'expression demandée :

$$\begin{array}{c|ccc} 948 & 216 & 36 & 6 \\ 84 & \multicolumn{3}{l}{\overline{4220}} \\ 12 & \\ 0 & \end{array}$$

D'après ce qui précède on voit que tout autre système aurait pu être adopté à la place du système décimal, si ce dernier n'eût offert plus de commodités pour les calculs, et plus d'avantages contre les incommensurables.

THÉORIE DE LA DIVISIBILITÉ DES NOMBRES.

53. Il est important de connaître les nombres qui peuvent en diviser exactement d'autres, tant par rapport aux avantages que l'on en retire, qu'à l'idée juste que l'on conçoit alors sur leur formation ; ainsi l'objet de cette recherche est de découvrir quelques moyens pour s'assurer de la divisibilité des nombres, sans recourir à la division elle-même.

54. Nous allons donc chercher les conditions que doit avoir un nombre pour être divisible ou par 2, ou par 3, ou par 4, ou par 5, ou par 6, ou par 7, ou par 8, ou par 9, etc.

A cet effet rappelons ce qui a été dit n.° 46, qu'un nombre peut toujours être considéré comme étant la somme d'un certain nombre d'unités simples, d'un certain nombre de dixaines, d'un certain nombre de centaines, etc.; on pourrait même plus simplement regarder un nombre comme étant la somme d'un certain nombre d'unités simples, et d'un certain nombre de dixaines, parce que toutes les unités supérieures aux dixaines sont multiples de 10.

Or un nombre qui est la somme de plusieurs autres nombres, est divisible par un nombre donné, lorsque celui-ci divise exactement chacun des nombres composant le nombre proposé (69).

La difficulté est donc ramenée à voir dans quelle circonstance les unités simples, les dixaines, les centaines, etc., d'un nombre, ou simplement ses unités simples et ses dixaines, sont divisibles par 2, par 3, par 4, etc.

Cela posé, si l'on décompose le nombre 5434 en deux parties, dont l'une soit les unités simples, on aura $5430 + 4$, ou $543 \times 10 + 4$, dont la première 543×10 de ces parties sera toujours divisible par 2 et par 5, puisque l'un de ces facteurs 10 sera toujours lui-même divisible par l'un comme par l'autre de ces deux nombres (80). Il faut donc que l'autre partie 4, exprimant les unités simples, soit un multiple de 2 ou de 5, pour que le nombre proposé soit divisible ou par 2 ou par 5 (69).

Ainsi, 1.º *tout nombre terminé ou par zéro, ou par 2, ou par 4, ou par 6, ou enfin par 8, sera seul divisible par 2*, et par cette raison jouira seul de la propriété d'être *pair* : car on entend par *nombres pairs* ceux qui se divisent exactement par 2, parce que, semblablement au nombre 2, ils peuvent être considérés comme étant la somme de deux parties égales d'unités entières. Les nombres 3, 5, 7, 9, etc., qui ne se partagent qu'en deux parties inégales d'unités entières, se nomment *impairs* (*);

2.º *Tout nombre terminé par zéro ou par 5 sera divisible par 5.*

55. Quant à la divisibilité des nombres par 3 et par 9, on se rappellera que ces propriétés ont été développées dans le n.º 46.

56. Pour en venir aux moyens de divisibilité par 4, il suffit de suivre le procédé du n.º 46, qui consiste à observer de la même manière les restes provenans de la division de 10, de 100, de 1000, etc., par 4. Par là nous verrons quel reste donnera la division totale du nombre proposé par le nombre 4; et en outre nous déduirons une règle générale pour obtenir ces restes. En sorte qu'il ne nous restera plus qu'à vérifier si la somme de ces restes est un multiple de 4.

Dividendes.	Diviseur. 4	Restes.
1		1
10		2
100		0
1000		0
etc.		0.

Cela posé, 1 divisé par 4 donne 1 pour reste. Multipliant ce reste 1 successivement par 10, par 100, etc., on formera l'unité dixaine, l'unité centaine, l'unité

(*) Cette propriété des nombres pairs et impairs s'exprime algébriquement en nommant n un entier quelconque; $2n$ représenten alors tous les nombres pairs, et $2n + 1$ tous les nombres impairs.

mille, etc. Or 10 divisé par 4 donne 2 pour reste ;
100 qui se compose de 10×10, étant divisé par le même
nombre 4, donnera pour reste 2×2, ou 4. 1000, qui égale
$10 \times 10 \times 10$, donnera donc pour reste $2 \times 2 \times 2$, ou 8.
On verra de la même manière que les unités supérieures
à l'unité de mille, donnent des restes multiples de 4. Les
nombres 20, 200, 2000, etc., 30, 300, 3000, etc., etc.,
étant divisés par 4, donneraient des restes qui seraient respectivement doubles, triples, etc. de leurs précédens, restes
respectifs 2, 2×2, $2 \times 2 \times 2$, etc.; qui seraient encore des
multiples de 4 (70).

D'où il suit que *tout nombre qui n'aurait ni
unités simples, ni unités dixaines, ou bien
dont les unités simples et les unités dixaines
formeraient un multiple de 4, serait lui-même
divisible par 4.*

257. Nous suivrons le même procédé pour les conditions de
divisibilité par 6, et nous verrons que 10 donne 4 pour
reste; mais, comme 4 est égal à 6—2, il s'ensuit que le
reste de la division de 10 par 6 est —2. 100 qui égale
10×10, donnera donc pour reste $—2 \times —2$, ou $+4$ qui
égale encore 6—2; 1000, qui se compose de $10 \times 10 \times 10$,
donnera pour reste $—2 \times —2 \times —2$, ou —8 : duquel reste
—8 ôtant $+6$, il reste —2 pour le reste de la division de
1000 par 4; ainsi de suite.

	Diviseur.	
Dividendes.	6	Restes.
1		1
10		—2
100		—2
1000		—2
etc.		—2.

Nous conclurons donc de là *qu'un nombre
quelconque sera toujours composé d'un multiple de 6, plus du chiffre de ses unités*

simples, moins le double de tous ces autres chiffres.

Car si les dividendes décuples, au lieu d'être 10 , 100 , 1000 , etc. , étaient ou 20 , 200, 2000, etc. , ou 30, 300, 3000, etc. , ou, etc. , on trouverait pour restes ou —4 , ou —6 , etc. Donc , etc.

Ainsi *un nombre sera divisible par 6 toutes les fois que la différence en plus ou en moins de ses unités simples sur le double de ses autres chiffres , sera nulle ou donnera un nombre multiple de 6.*

58. Arrivons maintenant aux conditions de la divisibilité par 7.

<table>
<tr><td></td><td>Diviseur.</td><td></td></tr>
<tr><td>Dividendes.</td><td>7</td><td>Restes.</td></tr>
<tr><td>1 . . . .</td><td></td><td>1</td></tr>
<tr><td>10 . . . .</td><td></td><td>3</td></tr>
<tr><td>100 . . . .</td><td></td><td>2</td></tr>
<tr><td>1000 . . . .</td><td></td><td>—1</td></tr>
<tr><td>10000 . . . .</td><td></td><td>—3</td></tr>
<tr><td>100000 . . . .</td><td></td><td>—2</td></tr>
<tr><td>1000000 . . . .</td><td></td><td>1</td></tr>
<tr><td>etc . . . .</td><td></td><td>etc.</td></tr>
</table>

A cet effet observons que , 1.º l'unité divisée par 7 donne 1 pour reste ; 2.º 10 étant divisé par 7 donne 3 pour reste ; 3.º 100, qui égale 10 × 10, donnera pour reste 3 × 3 ou 9 , lequel reste se réduit à 2 en retranchant 7 ; 4.º 1000, qui égale 10 × 10 × 10, donnera pour reste 3 × 3 × 3 ou 27 ; mais 27 = 7 × 4 — 1 ; donc le reste de la division de 1000 par 7 est — 1 ; 5.º 10000, qui égale 10 × 10 × 10 × 10, donnera pour reste 3 × 3 × 3 × 3 = 27 × 3 ; mais, comme le premier facteur de ce dernier reste égale 7 × 4 — 1 , il en résulte que ce reste se réduit à — 1 × 3 , ou à — 3 ; 6.º 100000, qui égale 10 × 10 × 10 × 10 × 10 , donnera pour reste 3 × 3 × 3 × 3 × 3 ou 27 × 9, ou à cause que 27 = 28 — 1, et que 9 = 7 + 2 , — 1 × 2 = — 2 ; 7.º 1000000, qui égale 10 × 10 × 10 × 10 × 10 × 10 , donnera pour reste 3 × 3 × 3 × 3 × 3 × 3 ou 27 × 27 , ou $-1 \times -1 = +1$: ainsi de suite; c'est-à-dire qu'en continuant ainsi à diviser par 7 l'unité continuellement décuple, on obtiendra alternativement $+1, +3, +2$, et $-1, -3, -2$.

D'où l'on remarque que les restes 1, 3, et 2 expriment une fois, trois fois et deux fois les chiffres significatifs qui sont à la tête de leur dividende respectif 1, 10, et 100; de même que les restes $-1, -3$ et -2 expriment moins une fois, moins trois fois et moins deux fois les chiffres significatifs qui sont à la tête de leur dividende respectif 1000, 10000 et 100000; ainsi de suite. Si ces chiffres significatifs étaient doubles, triples, etc., les restes seraient doubles triples, etc.

D'où il résulte qu'un nombre qui renfermerait des unités simples de mille, des dixaines et même des centaines de mille, serait exprimé par un multiple de 7, plus par ses unités simples, plus par ses dixaines et ses centaines, moins toutes ses unités de mille. Si ce nombre proposé renfermait des unités de l'un ou de l'autre, et même de chacun des trois ordres décuples immédiatement supérieurs aux centaines de mille, il serait exprimé par un multiple de 7, plus par un nombre égal à la somme des unités de la première tranche de droite, et en outre par un nombre égal à la somme de toutes les unités de la troisième tranche, moins toutes les unités de la seconde tranche; ainsi de suite.

Donc en général *pour s'assurer si un nombre est exactement divisible par 7, il faut le partager en tranches par ordre ternaire en commençant par la droite; puis on multipliera le premier chiffre de chaque tranche par 1, le second par 3, et le troisième par 2, et on fera deux sommes : l'une de tous les produits provenans des tranches de rangs impairs, et l'autre de ceux résultant des tranches de rangs pairs : la différence entre ces deux sommes sera nulle ou multiple de 7 si le nombre proposé est lui-même divisible par 7.*

Exemple : Qu'il s'agisse de vérifier si 585774 est divisible par 7.

A cet effet j'observe que d'après ce qui précède, 585774 est composé d'un multiple de 7, plus $\left((4 \times 1) + (7 \times 3) + (7 \times 2) \right)$ $- \left((5 \times 1) + (8 \times 3) + (5 \times 2) \right) = 39 - 39 = 0$. Donc le nombre proposé est multiple de 7.

259. Continuant de former le tableau des restes de la division par les nombres 8, 11 et 13, en opérant comme précédemment, on verra 1.° *qu'un nombre sera divisible par 8 lorsque la tranche des unités simples sera divisible par 8.*

Dividendes.	Diviseur. 8	Restes.
1		1
10		2
100		4
1000		0
10000		0
etc		etc.

2.° *Qu'un nombre sera divisible par 11, lorsque la différence entre la somme de ses chiffres de rangs pairs et la somme de ses chiffres de rangs impairs, sera nulle ou divisible par 11.*

	Diviseur.	
Dividendes.	11	Restes.
1	. . . .	1
10	. . . .	—1
100	. . . .	1
1000	. . . .	—1
etc	. . . .	etc.

3.º *Que pour vérifier si un nombre est divisible par 13, il faut d'abord partager ce nombre en tranches de trois chiffres chacune à partir du chiffre des dixaines inclusivement; multiplier ensuite de droite à gauche le premier chiffre de chaque tranche par 3, le deuxième par 4, et le troisième par 1; faire la somme des produits provenans des tranches de rangs impairs, faire une seconde somme des produits provenans des tranches de rangs pairs, et augmenter cette dernière somme du chiffre des unités simples du nombre proposé; et enfin prendre la différence qui existe entre ces deux sommes. Si cette différence est zéro ou un multiple de 13, le nombre proposé sera lui-même divisible par 13.*

	Diviseur.	
Dividendes.	13	Restes.
1	. . . .	1
10	. . . .	—3
100	. . . .	—4
1000	. . . .	—1
10000	. . . .	3
100000	. . . .	4
1000000	. . . .	1
etc	. . . .	etc.

On découvrirait, d'après ce procédé, les conditions de divisibilité par 17, par 19, etc.

MOYEN DE VÉRIFIER UN PRODUIT ET UN QUOTIENT D'APRÈS LES PROPRIÉTÉS DE LA DIVISIBILITÉ DES NOMBRES.

260.   Nous avons vu n.° 46 que les conditions de divisibilité par 9 servaient à vérifier la multiplication et la division ; de même les conditions de divisibilité par les autres nombres vont nous fournir des méthodes simples et expéditives pour vérifier ces deux opérations.

261.   D'abord si l'on divise le multiplicande par un certain nombre, on obtiendra un reste si ce dividende n'est pas un multiple du diviseur employé. Le multiplicateur étant divisé par le même nombre, pourra aussi donner un reste. Dans ce cas-ci, le multiplicande étant multiplié par la partie du multiplicateur qui est multiple du diviseur adopté, donnera un produit qui sera multiple de ce même diviseur; le multiplicande étant ensuite multiplié par le reste du multiplicateur, donnera encore un nombre multiple du diviseur, et en outre un nombre qui sera le produit du reste du multiplicande par le reste du multiplicateur.

Concluons donc de là que, *si l'on cherchait les restes que donneraient les divisions partielles du multiplicande et du multiplicateur par le diviseur adopté ; que l'on multipliât ensuite ces restes l'un par l'autre, et que l'on cherchât aussi le reste de ce produit, ce dernier reste devra être le même que celui donné par la division du produit total par le diviseur en question; car l'égalité de ces restes sera seule une preuve que le nombre obtenu est le véritable produit des deux facteurs donnés.*

Il est bon d'observer que nous n'entendons pas parler des restes provenans de la division par 2; car ayant toujours 0 ou 1 pour reste, il suffirait que le produit total fût pair ou impair pour qu'il donnât le même reste que le produit des restes des facteurs.

Nous ne nous servirons pas non plus des restes que donne la division des nombres par 4, par 8, par 5 et par 10; car ces restes ne dépendent que des deux ou des trois premiers chiffres, et même du premier seulement : d'où il suit que les autres chiffres pourraient varier à l'infini sans que la loi des restes l'indiquât. Ainsi nous ne considérerons dans la règle générale ci-dessus que les restes provenans de la division par 3, par 9, par 7, par 11, etc.

A cet effet, proposons-nous pour exemple de vérifier si 1866392 est bien le produit de 7348 par 254.

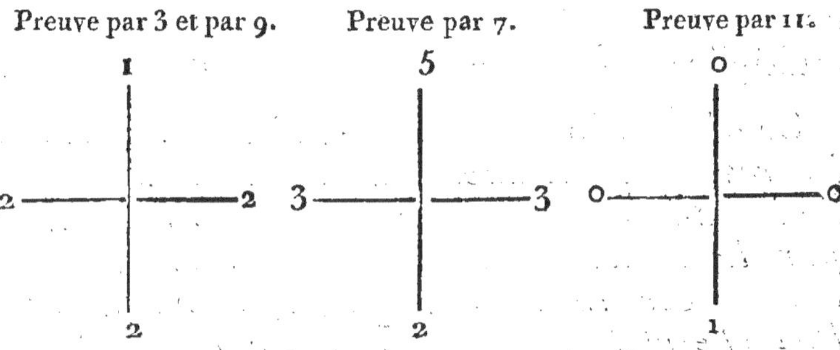

Cherchant donc les restes du multiplicande successivement d'après la divisibilité par 3, par 9, par 7 et par 11; puis cherchant pareillement les restes du multiplicateur d'après les mêmes principes de divisibilité, ayant soin d'écrire chaque reste du multiplicateur respectivement au-dessous de chacun de ceux du multiplicande, comme on le voit ci-dessus, et de multiplier entre eux chacun de ces couples de restes, ce dernier reste, placé à part, devra être égal à celui que l'on obtiendra en divisant le produit donné par le nombre qui aura servi de diviseur à ses facteurs.

262. Quant à la division, on se rappellera ce qui a été dit n.º 46, que, puisque le dividende est la somme du produit du diviseur par le quotient et du reste de l'opération, il s'ensuit évidemment que *le reste que donne la division du dividende par un certain nombre, doit être égal au produit de celui que donne le diviseur par celui que donne le quotient, plus au reste de la division principale.*

RECHERCHE DES DIVISEURS OU DES FACTEURS D'UN PRODUIT.

263. Pour décomposer un nombre donné, non premier en ses facteurs premiers, on le divisera d'abord par deux, autant de fois consécutives que faire se pourra. Supposons qu'il soit divisible trois fois par 2 : alors ce nombre sera le produit de $2 \times 2 \times 2$, ou de $(2)^3$, par le dernier quotient que l'on aura obtenu. On essaiera ensuite la division de ce dernier quotient par 3. Supposons qne cette dernière division puisse s'effectuer deux fois, ce quotient en question sera le produit de $(3)^2$ par un nouveau quotient : de sorte que le nombre proposé sera à son tour le produit de $(2)^3 \times (3)^2$ par le dernier quotient.

On continuera ainsi à éprouver tous les nombres premiers 5, 7, 11, 13, etc., et le nombre donné sera ainsi décomposé en ses facteurs premiers.

Soit, par exemple, 360 le nombre proposé. On divisera ce nombre par 2, puis le quotient 180 encore par 2; et enfin le dernier quotient 90 étant divisé par 2, donne 45. Comme 45 n'est plus divisible par 2, on essaira la division par 3, puis on divisera 15 encore par 3, et on aura le nombre premier 5 : ce qui terminera l'opération, et donnera $360 = (2)^3 \times (3)^2 \times 5$.

Afin de mieux distinguer les facteurs, on donnera au calcul la disposition ci-dessous :

Dividendes.	Diviseurs premiers.
360. . . .	. . . . . 2.
180. . . .	. . . . . 2.
90. . . .	. . . . . 2.
45. . . .	. . . . . 3.
15. . . .	. . . . . 3.
5. . . .	. . . . . 5.

Autre exemple sur le nombre 210:

Dividendes.	Diviseurs premiers.
210. . . .	. . . . . 2.
105. . . .	. . - . 3.
35. . . .	. . . . . 5.
7. . . .	. . . . . 7.

264. Il est important de remarquer que si les nombres premiers employés comme diviseurs, et qui sont au-dessous de la racine carrée du nombre proposé, ne divisent pas ce nombre, il est inutile d'aller au-delà de la racine carrée de ce nombre; et le nombre lui-même est sûrement un nombre premier, puisque tout nombre est le produit de sa racine carrée par

elle--même. Ainsi, si l'on fait croître l'un des facteurs, l'autre doit décroître : ce qui prouve que lorsqu'il y a un diviseur plus grand que la racine carrée du nombre proposé, il y en a aussi un plus petit.

Exemple : 127 est un nombre premier ; car il n'est divisible par aucun des nombres 2, 3, 5, 7, etc., jusqu'à 11, et que sa racine carrée est interceptée par 11 et 12; de même 477 peut être divisé 2 fois par 3, et on a $477 = (3)^2 \times 53$; mais 53 n'est pas divisible par 2, 3, 5, ni par 7. Donc 53 est un nombre premier ; ainsi 477 ne peut être ultérieurement décomposé. Voyez *Euler*, *Lagrange*, *Legendre* et *Gaoust*.

SIMPLIFICATION DES FRACTIONS
PAR LE MOYEN DES FRACTIONS CONTINUES.

65. Nous avons vu, n.º 68, que la simplification des fractions par le plus grand diviseur commun nous offrait de grands avantages pour le calcul des nombres rompus; cependant ce procédé de simplification nous laisse encore assez souvent les fractions sous une forme trop compliquée pour que les calculs soient encore fort longs; et comme il arrive quelquefois que l'on n'a besoin que de résultats approchés, on a cherché à abréger les calculs aux dépens de l'exactitude; c'est pourquoi on a commencé par réduire à l'unité le numérateur des fractions en le divisant par lui-même ; mais, afin de ne pas changer la valeur de ces fractions, il a fallu diviser aussi le dénominateur de cette fraction par son numérateur. Or cette dernière division n'a pas dû s'effectuer exactement : de sorte qu'en négligeant le reste qu'elle donnait, on

avait un dénominateur trop petit, et par conséquent une fraction trop grande.

Supposons qu'on veuille simplifier la fraction irréductible $\frac{13}{37}$.

Divisant les deux termes de cette fraction par 13 , on a:

$$\frac{1}{2} + \frac{11}{13}$$

De sorte qu'en négligeant $\frac{11}{13}$ le dénominateur sera trop
petit, et la fraction $\frac{1}{2}$ trop grande.

Opérant sur $\frac{11}{13}$ comme sur la fraction proposée, on aura:

$$\frac{13}{37} = \frac{1}{2} + \cfrac{1}{1 + \cfrac{2}{11}}$$

Si on néglige la fraction $\frac{2}{11}$, le dénominateur de $\frac{1}{1}$ sera
trop petit : l'expression $\frac{1}{1}$ sera donc trop grande, et le dénominateur de

$$\frac{1}{2} + \cfrac{1}{1}$$

trop grand, et par conséquent cette fraction trop petite;
mais

$$\frac{1}{2} + \cfrac{1}{1} = \frac{1}{3}.$$

Donc la fraction $\frac{1}{3}$ est plus petite que la fraction $\frac{13}{37}$.

En continuant toujours de la même manière
on obtiendra des valeurs successivement plus
grandes et plus petites que la fraction proposée.

Enfin il n'est pas difficile de voir qu'à

mesure qu'on divise toujours les deux termes de la dernière fraction par son numérateur, et que le reste de la division de son dénominateur par son numérateur doit être le numérateur de la nouvelle fraction sur laquelle on opérera, les restes, et par conséquent les numérateurs, iront sans cesse en diminuant jusqu'à l'unité ; alors la dernière fraction ne pourra plus subir l'opération précédente, et là l'expression se terminera.

Ainsi dans l'exemple choisi nous aurons :

$$\frac{13}{37} = \frac{1}{2+\dfrac{1}{1+\dfrac{1}{5+\dfrac{1}{2}}}}$$

Ces sortes de fractions dont chacune a pour dénominateur un nombre entier accompagné d'une fraction, à l'exception de la dernière qui n'a qu'un nombre entier pour dénominateur, s'appellent *fractions continues*.

266. Réciproquement, en commençant l'opération vers la droite, et remontant vers la gauche, on réduira les entiers en fractions de même espèce que celle qui accompagne le dénominateur de l'avant-dernière fraction ; puis on divisera le numérateur de celle-ci par la fraction que l'on aura obtenue ; le quotient ajouté au dénominateur de la fraction immédiatement à gauche donnera le diviseur du numérateur de cette fraction ; ainsi de suite, et on arrivera à la fraction proposée.

Mais si en effectuant les opérations indiquées, on commençait par négliger quelques-unes des premières fractions qui sont à droite, on aurait des expressions ou trop grandes, ou trop petites, et qui seraient d'autant plus simples qu'on aurait négligé plus de termes vers la droite.

On pourrait s'assurer jusqu'à quel point on est éloigné de la vraie valeur de la fraction en prenant la différence entre cette fraction proposée et chacune de celles qu'on a obtenues.

FIN.

TABLE

DES LOGARITHMES

DES

NOMBRES ENTIERS DEPUIS 1 JUSQU'A 270.

Nombres.	0° 0′ 0″ Logarithmes.	D	Nombres.	0° 0′ 30″ Logarithmes.	D	Nombres.	0° 1′ 0″ Logarithmes.	D
0	inf. nég.		30	1,47712		60	1,77815	
1	0,00000		31	1,49136	1424	61	1,78533	718
2	0,30103		32	1,50515	1379	62	1,79239	706
3	0,47712	17609	33	1,51851	1336	63	1,79934	695
4	0,60206	12494	34	1,53148	1297	64	1,80618	684
5	0,69897	9691	35	1,54407	1259	65	1,81291	673
6	0,77815	7918	36	1,55630	1223	66	1,81954	663
7	0,84510	6695	37	1,56820	1190	67	1,82607	653
8	0,90309	5799	38	1,57978	1158	68	1,83251	644
9	0,95424	5115	39	1,59106	1128	69	1,83885	634
10	1,00000	4576	40	1,60206	1100	70	1,84510	625
11	1,04139	4139	41	1,61278	1072	71	1,85126	616
12	1,07918	3779	42	1,62325	1047	72	1,85733	607
13	1,11394	3476	43	1,63347	1022	73	1,86332	599
14	1,14613	3219	44	1,64345	998	74	1,86923	591
15	1,17609	2996	45	1,65321	976	75	1,87506	583
16	1,20412	2803	46	1,66276	955	76	1,88081	575
17	1,23045	2633	47	1,67210	934	77	1,88649	568
18	1,25527	2482	48	1,68124	914	78	1,89209	560
19	1,27875	2348	49	1,69020	896	79	1,89763	554
20	1,30103	2228	50	1,69897	877	80	1,90309	546
21	1,32222	2119	51	1,70757	860	81	1,90849	540
22	1,34242	2020	52	1,71600	843	82	1,91381	532
23	1,36173	1931	53	1,72428	828	83	1,91908	527
24	1,38021	1848	54	1,73239	811	84	1,92428	520
25	1,39794	1773	55	1,74036	797	85	1,92942	514
26	1,41497	1703	56	1,74819	783	86	1,93450	508
27	1,43136	1639	57	1,75587	768	87	1,93952	502
28	1,44716	1580	58	1,76343	756	88	1,94448	496
29	1,46240	1524	59	1,77085	732	89	1,94939	491
30	1,47712	1472	60	1,77815	730	90	1,95424	485

Nombres.	0° 1' 30" Loga-rithmes.	D	Nombres.	0° 2' 0" Loga-rithmes.	D	Nombres.	0° 2' 30" Loga-rithmes.	D
90	1,95424		120	2,07918		150	2,17609	
91	1,95904	480	121	2,08279	361	151	2,17898	289
92	1,96379	475	122	2,08636	357	152	2,18184	286
93	1,96848	469	123	2,08991	355	153	2,18469	285
94	1,97313	465	124	2,09342	351	154	2,18752	283
95	1,97772	459	125	2,09691	349	155	2,19033	281
96	1,98227	455	126	2,10037	348	156	2,19312	279
97	1,98677	450	127	2,10380	343	157	2,19590	278
98	1,99123	446	128	2,10721	341	158	2,19866	276
99	1,99564	441	129	2,11059	338	159	2,20140	274
100	2,00000	436	130	2,11394	335	160	2,20412	272
101	2,00432	432	131	2,11727	333	161	2,20683	271
102	2,00860	428	132	2,12057	330	162	2,20952	269
103	2,01284	424	133	2,12385	328	163	2,21219	267
104	2,01703	419	134	2,12710	325	164	2,21484	265
105	2,02119	416	135	2,13033	323	165	2,21748	264
106	2,02531	412	136	2,13354	321	166	2,22011	263
107	2,02938	409	137	2,13672	318	167	2,22272	261
108	2,03342	404	138	2,13988	316	168	2,22531	259
109	2,03743	401	139	2,14301	313	169	2,22789	258
110	2,04139	396	140	2,14613	312	170	2,23045	256
111	0,04532	393	141	2,14922	309	171	2,23300	255
112	2,04922	390	142	2,15229	307	172	2,23553	253
113	2,05308	386	143	2,15534	305	173	2,23805	252
114	2,05690	382	144	2,15836	302	174	2,24055	250
115	2,06070	380	145	2,16137	301	175	2,24304	249
116	2,06446	376	146	2,16435	298	176	2,24551	247
117	2,06819	373	147	2,16732	297	177	2,24797	246
118	2,07188	369	148	2,17026	294	178	2,25042	245
119	2,07555	367	149	2,17319	293	179	2,25285	243
120	2,07918	363	150	2,17609	290	180	2,25527	242

Nombres.	0° 3' 0" Logarithmes.	D	Nombres.	0°3'30" Logarithmes.	D	Nombres.	0° 4' 0" Logarithmes.	D
180	2,25527		210	2,32222		240	2,38021	
181	2,25768	241	211	2,32428	206	241	2,38202	181
182	2,26007	239	212	2,32634	206	242	2,38382	180
183	2,26245	238	213	2,32838	204	243	2,38561	179
184	2,26482	237	214	2,33041	203	244	2,38739	178
185	2,26737	235	215	2,33244	203	245	2,38917	178
186	2,26951	234	216	2,33445	201	246	2,39094	177
187	2,27184	233	217	2,33646	201	247	2,39270	176
188	2,27416	232	218	2,33846	200	248	2,39445	175
189	2,27646	230	219	2,34044	198	249	2,39620	175
190	2,27875	229	220	2,34242	198	250	2,39794	174
191	2,28103	228	221	2,34439	197	251	2,39967	173
192	2,28330	227	222	2,34635	196	252	2,40146	173
193	2,28556	226	223	2,34830	195	253	2,40312	172
194	2,28780	224	224	2,35025	195	254	2,40483	171
195	2,29003	223	225	2,35218	193	255	2,40654	171
196	0,29226	223	226	2,35411	193	256	2,40824	170
197	2,29447	221	227	2,35602	192	257	2,40993	169
198	2,29667	220	228	2,35793	191	258	2,41162	169
199	2,29885	219	229	2,35984	191	259	2,41330	168
200	2,30103	218	230	2,36173	189	260	2,41497	167
201	2,30320	217	231	2,36361	188	261	2,41664	167
202	2,30535	215	232	2,36549	188	262	2,41830	166
203	2,30750	215	233	2,36736	187	263	2,41996	166
204	2,30963	213	234	2,36922	186	264	2,42160	164
205	2,31175	212	235	2,37107	185	265	2,42325	165
206	2,31387	212	236	2,37291	184	266	2,42488	163
207	2,31597	210	237	2,37475	184	267	2,42651	163
208	2,31806	209	238	2,37658	183	268	2,42813	162
209	2,32015	209	239	2,37840	182	269	2,42975	162
210	2,32222	207	240	2,38021	181	270	2,43136	161

TABLE DES MATIÈRES.

FIN DE LA TABLE DES MATIÈRES.

ERRATA.

Page 23, ligne 3, au lieu de *successiveve-ment*, lisez *successivement*.

Page 71, ligne 4, au lieu de $\frac{1}{7}\times\frac{4}{7}$, lisez $\frac{1}{7}+\frac{4}{7}$.

Page 79, ligne 4, au lieu de, on aura $\frac{20}{34}$, lisez on aura $\frac{20}{24}$.

Page 128, au titre, au lieu *d'arithmétique*, lisez *traité*.